React 与 React Native 跨平台开发：
使用 JavaScript 与 TypeScript 构建
网页端、桌面端和移动端应用

[美] 米哈伊尔·萨赫尼乌克 等著

刘 璋 译

清華大學出版社

北 京

内 容 简 介

本书详细阐述了与 React 和 React Native 相关的基本解决方案，主要包括为什么选择 React、使用 JSX 渲染、理解 React 组件和 Hooks、React 方式中的事件处理、打造可复用组件、TypeScript 类型检查和验证、使用路由处理导航、使用延迟组件和 Suspense 进行代码分割、用户界面框架组件、高性能状态更新、从服务器获取数据、React 中的状态管理、服务器端渲染、React 中的单元测试、为什么选择 React Native、React Native 内部机制、快速启动 React Native 项目、使用 Flexbox 构建响应式布局、屏幕间的导航、渲染项目列表、地理位置与地图、收集用户输入、响应用户手势、显示进度、展示模态屏幕、使用动画、控制图像显示、离线使用等内容。此外，本书还提供了相应的示例、代码，以帮助读者进一步理解相关方案的实现过程。

本书适合作为高等院校计算机及相关专业的教材和教学参考书，也可作为相关开发人员的自学用书和参考手册。

北京市版权局著作权合同登记号 图字：01-2024-4705

Copyright © Packt Publishing 2024.First published in the English language under the title
React and React Native,Fifth Edition.
Simplified Chinese-language edition © 2025 by Tsinghua University Press.All rights reserved.

本书中文简体字版由 Packt Publishing 授权清华大学出版社独家出版。未经出版者书面许可，不得以任何方式复制或抄袭本书内容。

本书封面贴有清华大学出版社防伪标签，无标签者不得销售。

版权所有，侵权必究。举报：010-62782989，beiqinquan@tup.tsinghua.edu.cn。

图书在版编目（CIP）数据

React 与 React Native 跨平台开发：使用 JavaScript 与 TypeScript 构建网页端、桌面端和移动端应用 /（美）米哈伊尔·萨赫尼乌克等著；刘璋译.
北京：清华大学出版社，2025.3. — ISBN 978-7-302-68450-3
Ⅰ．TN929.53
中国国家版本馆 CIP 数据核字第 202592X5M6 号

责任编辑：贾小红
封面设计：刘　超
版式设计：楠竹文化
责任校对：范文芳
责任印制：宋　林

出版发行：清华大学出版社
　　　网　　　址：https://www.tup.com.cn，https://www.wqxuetang.com
　　　地　　　址：北京清华大学学研大厦 A 座　　　　邮　　编：100084
　　　社 总 机：010-83470000　　　　　　　　　　邮　　购：010-62786544
　　　投稿与读者服务：010-62776969，c-service@tup.tsinghua.edu.cn
　　　质量反馈：010-62772015，zhiliang@tup.tsinghua.edu.cn
印 装 者：保定市中画美凯印刷有限公司
经　　销：全国新华书店
开　　本：185mm×230mm　　　印　　张：24.5　　　字　　数：454 千字
版　　次：2025 年 4 月第 1 版　　　　　　　　　印　　次：2025 年 4 月第 1 次印刷
定　　价：129.00 元

产品编号：108469-01

译 者 序

在当今这个信息技术飞速发展的时代，React 和 React Native 已经成为前端开发领域炙手可热的技术。它们以其高效、灵活和跨平台的特性，赢得了全球开发者的广泛青睐。本书正是为了帮助那些渴望掌握这些技术，希望通过实践来提升自己开发技能的 JavaScript 开发者。

本书紧跟技术发展的步伐，涵盖了 React 的最新功能、增强和修复，同时兼容 React Native。它不仅包含了新的内容，涵盖了现代跨平台应用程序开发中的关键功能和概念，而且包含了从 React 的基础知识到 Hooks、服务器渲染和单元测试等流行特性，本书将以循序渐进的方式帮助读者成为一名专业的 React 开发者。

在翻译本书的过程中，我们努力保持原书的实用性和易读性，同时尽量适应中文读者的阅读习惯。我们希望本书能够成为 React 和 React Native 开发者的良师益友，无论是初学者还是有一定基础的开发者，都能在本书中找到自己需要的内容。

本书的目标读者是希望学习如何使用 React 和 React Native 进行移动和 Web 应用开发的 JavaScript 开发者。读者不需要事先了解 React，但需要具备 JavaScript、HTML 和 CSS 的基础知识。书中内容从 React 组件的基本构建块开始，逐步深入使用 TypeScript 提升组件稳定性，再到应用开发的高级功能，最终将所学知识应用于为 Web 和原生平台开发用户界面组件。

为了充分利用本书，我们建议读者具备一定的 JavaScript 编程经验，并且能够跟随示例进行操作，这需要一个命令行终端、一个代码编辑器和一款网络浏览器。学习 React Native 的要求与 React 开发相同，但要在真实设备上运行应用，读者将需要一部 Android 或 iOS 智能手机。为了在模拟器上运行 iOS 应用，读者将需要一台 Mac 计算机。至于使用 Android 模拟器，读者可以使用任何类型的个人计算机。

最后，愿本书能够成为您在 React 和 React Native 开发道路上的得力助手，助您高效构建出功能丰富、用户体验优异的应用。让我们一起探索 React 和 React Native 的无限可能，开启一段精彩的编程旅程。

在本书的翻译过程中，除刘璋外，张博也参与了部分翻译工作，在此表示感谢。由于译者水平有限，疏漏之处在所难免，在此诚挚欢迎读者提出任何意见和建议。

译　者

前　　言

近年来，React 和 React Native 已经在 JavaScript 开发人员中表现出了其所受欢迎的程度，成为全面、实用的 React 生态系统指南的首选方案。本书包含 React 的最新功能：增强和修复，同时兼容 React Native，涵盖现代跨平台应用程序开发中的关键功能和概念。

从 React 的基础知识到 Hooks、服务器渲染和单元测试等流行特性，本书以循序渐进的方式帮助读者成为一名专业的 React 开发者。

读者首先从学习 React 组件的基本构建块开始。然后将学习如何使用 TypeScript 提升组件的稳定性。随着内容的不断深入，读者将学习应用开发的更高级功能，并将所学知识应用于为 Web 和原生平台开发用户界面组件。

到本书结束时，读者将能够独立构建适用于 Web 的 React 应用程序和适用于多个平台（包括 Web、移动和桌面）的 React Native 应用程序。

读者对象

本书面向任何希望开始学习如何使用 React 和 React Native 进行网页端、桌面端和移动端应用开发的 JavaScript 开发者。读者不需要事先了解 React。然而，为了能够理解本书所涵盖的内容，读者需要具备 JavaScript、HTML 和 CSS 的基础知识。

本书内容

全书共分 28 章，主要内容如下。

第 1 章描述 React 是什么以及为什么要用它来构建应用程序。

第 2 章介绍 JSX 的基础知识，这是 React 组件所使用的标记语言。

第 3 章介绍 React 应用程序中组件和 Hooks 的核心机制。

第 4 章概述 React 组件如何处理事件。

第 5 章通过示例讲解重构组件的过程。

第 6 章描述 React 组件经历的各个阶段，以及为什么对 React 开发者来说很重要。

第 7 章提供大量示例，展示如何为 React Web 应用设置路由。

第 8 章介绍代码分割技术，这些技术可以带来性能更好、更高效的应用程序。

第 9 章概述如何开始使用 MUI，这是一个用于构建用户界面的 React 组件库。

第 10 章深入探讨 React 中支持高效状态更新和高性能应用程序的新特性。

第 11 章讨论如何可以使用各种方式从服务器检索数据。

第 12 章涵盖使用 Redux 和 MobX 等流行解决方案在应用程序中的管理状态。

第 13 章探讨如何使用 Next.js 构建在服务器和客户端渲染内容的大型 React 应用程序。

第 14 章讲述专注于使用 Vitest 进行单元测试的软件测试。

第 15 章描述 React Native 库是什么以及它与原生移动开发的区别。

第 16 章提供 React Native 架构的概览。

第 17 章介绍如何开始一个新的 React Native 项目。

第 18 章描述如何创建布局并添加样式。

第 19 章展示在应用中切换屏幕的方法。

第 20 章描述如何在应用程序中实现数据列表。

第 21 章解释如何追踪地理位置并在应用中添加地图。

第 22 章讨论如何创建表单。

第 23 章提供如何处理用户手势的示例。

第 24 章向读者展示如何处理进程指示和进度条。

第 25 章考察如何创建对话框模态视图。

第 26 章描述如何在应用中实现动画。

第 27 章概述在 React Native 应用中如何渲染图像。

第 28 章展示当手机没有互联网连接时如何处理应用的问题。

背景知识

本书假定读者对 JavaScript 编程语言有基本的了解。同时假定读者会跟随示例进行操作，这需要一个命令行终端、一个代码编辑器和一款网络浏览器。第 1 章将学习如何搭建一个 React 项目。

学习 React Native 的要求与 React 开发相同，但要在真实设备上运行应用，需要先准备一个 Android 或 iOS 系统的智能手机。为了在模拟器上运行 iOS 应用，需要使用 Mac 计算机。至于使用 Android 模拟器，则可以使用任何类型的个人计算机。

下载示例代码文件

本书的代码包托管在 GitHub 上，地址为 https://github.com/PacktPublishing/React-and-React-Native-5E。此外，还在 https://github.com/PacktPublishing/提供了其他书籍和视频教程的代码包。

下载彩色图像

本书还提供了一个 PDF 文件，其中包含了本书中使用的屏幕截图及图表的彩色图像。读者可以通过以下链接下载 https://packt.link/gbp/9781805127307。

本书约定

代码块如下所示。

```
export default function First() {
  return <p>Feature 1, page 1</p>;
}
```

当希望引起读者对代码块中特定部分的注意时，相关的行或条目会被突出显示。

```
export default function List({ data, fetchItems, refreshItems,
isRefreshing }) {
  return (
    <FlatList
data={data}
      renderItem={({ item }) => <Text style={styles.
item}>{item.value}</Text>}
onEndReached={fetchItems} onRefresh={refreshItems}
refreshing={isRefreshing}
/> );
}
```

命令行输入或输出如下所示。

```
npm install @react-navigation/bottom-tabs @react-navigation/
drawer
```

☑ 表示警告或重要的注意事项。

☀ 表示提示信息或操作技巧。

读者反馈和客户支持

由于水平有限，本书难免有不足之处，欢迎读者批评指正并提出建议。

关于本书的意见，读者可向 customercare@packtpub.com 发送邮件，并以书名作为邮件标题。

勘误表

尽管我们希望做到尽善尽美，但错误依然在所难免。如果读者发现谬误之处，无论是文字错误抑或是代码错误，还望不吝赐教。对此，读者可访问 http://www.packtpub.com/submit-errata，选取对应书籍，输入并提交相关问题的详细内容。

版权须知

一直以来，互联网上的版权问题从未间断，Packt 出版社对此类问题异常重视。若读者在互联网上发现本书任何形式的副本，请告知我们网络地址或网站名称，我们将对此予以处理。关于盗版问题，读者可发送邮件至 copyright@packtpub.com。

若读者针对某项技术具有专家级的见解，抑或计划撰写书籍或完善某部著作的出版工作，则可访问 authors.packtpub.com。

问题解答

读者对本书有任何疑问，均可发送邮件至 questions@packtpub.com，我们将竭诚为您服务。

目　　录

第 1 部分　React

第 2 部分　React Native

第 1 部分

React

第 1 部分内容将涵盖 React 工具和概念的基础知识，并将它们应用到构建高性能 Web 应用程序中。

这一部分将包括以下章节。

第 1 章　为什么选择 React

正在阅读这本书的读者，可能已经对 React 有所了解。但如果您不熟悉 React，不用担心，本书已经将哲学定义降到最低。然而，本书涵盖了丰富的内容，所以我认为设定基调是第一步。我们的目标是学习 React 和 React Native，但也会构建一个可扩展和适应性强的架构，能够应对今天和未来使用 React 构建的一切内容。换句话说，我们想要围绕 React 打造一个基础框架，配备一套能够经得起时间考验的额外工具和方法。本书将指导读者使用路由、TypeScript 类型系统、测试等工具。

本章首先简要解释 React 存在的原因。然后将思考 React 的简洁性以及它如何处理 Web 开发者面临的许多典型性能问题。接下来将讨论 React 的声明式哲学以及 React 程序员可以预期的工作抽象层次。之后将触及 React 的一些主要功能。最后将探讨如何设置一个项目以开始使用 React。

一旦对 React 有了概念性的理解以及它如何解决 UI 开发问题，读者将有能力理解本书其余部分的内容。本章主要涉及以下内容。

- React 是什么？
- React 中的新功能。
- 搭建一个新的 React 项目。

1.1　React 是什么

React 是一个用于构建用户界面的 JavaScript 库。这是一个非常完美的定义，因为事实证明，大多数事件正是我们所需要的。这一描述的优点在于它省略了其他所有内容。React 不是一个庞大的框架，也不是一个全栈解决方案，不会处理从数据库到通过 WebSocket 连接进行实时更新的所有事情。实际上，我们可能不需要这些预先打包的解决方案。如果 React 不是一个框架，那么它到底是什么呢？

1.1.1　React 仅仅是视图层

React 通常被认为是应用程序中的视图层。应用程序通常被划分为不同的层次，如视图层、逻辑层和数据层。在这种情况下，React 主要用于处理视图层，这包括根据数据和应用程序状态的变化渲染和更新用户界面。React 组件改变了用户所看到的内容。如图 1.1 展示了 React 在前端代码中的定位。

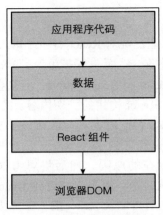

图 1.1　React 应用程序层

　　这就是 React 的全部核心概念。当然，当随着内容的逐步深入，这一主题会有微妙的变化，但流程或多或少是相同的。

　　（1）应用逻辑：从生成数据的一些应用逻辑开始。

　　（2）将数据渲染到用户界面：下一步是将这些数据渲染到用户界面。

　　（3）React 组件：为了完成这项任务，将数据传递给一个 React 组件。

　　（4）组件的作用：React 组件承担起将 HTML 渲染到页面上的责任。

　　React 看起来是另一种渲染技术。我们将在本章的剩余部分讨论 React 能够简化应用开发的一些关键领域。

1.1.2　化繁为简

　　React 没有太多需要学习和理解的复杂部件。虽然 React 拥有一个相对简单的 API，但要注意的是，在表面之下，React 以一定程度的复杂性运作。本书将深入探讨这些内部工作机制，探索 React 的架构和机制的各个方面，并为读者提供全面的了解。持有一个小的 API 工作的优势是，用户可以花更多的时间熟悉它，对其进行实验等。对于大型框架来说则恰恰相反，用户所有的时间都用于了解一切是如何工作的。图 1.2 给出了在用 React 编程时需要考虑的 API 的大致概念。

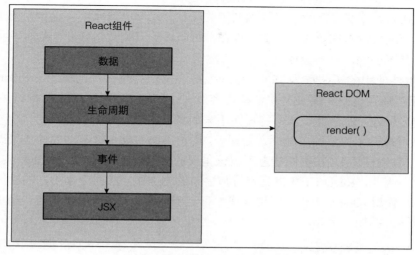

图 1.2　React API 的简洁性

React 分为两个主要的 API。

● React 组件 API：这些是由 React DOM 渲染的页面部分。

● React DOM：这是用于在网页上执行渲染的 API。

在 React 组件中，我们需要考虑以下几个方面。

● 数据：这是来自某处的数据（组件不关心来源），并由组件进行渲染。

● 生命周期：例如，生命周期的一个阶段是组件即将被渲染。在 React 组件中，方法或 Hooks 响应组件在 React 渲染过程中进入和退出阶段的变化，这些变化随着时间发生。

● 事件：我们编写的代码，用以响应用户交互。

● JSX：这是在 React 组件中描述 UI 结构常用的语法。尽管 JSX 与 React 密切相关，但它也可以与其他 JavaScript 框架和库一起使用。

不要过分纠结 React API 不同领域的具体含义。这里的要点是，React 本质上是简单的，这意味着不必在这里花费大量时间了解 API 细节。相反，一旦掌握了基础知识，我们可以花更多时间探讨与声明式 UI 结构完美融合的 React 使用模式。

1.1.3　声明式 UI 结构

React 新手很难理解组件如何将标记与 JavaScript 结合起来声明 UI 结构。如果用户在查看 React 示例时也有相同的不良反应，请不要担心。最初，我们可能会对这种方法持怀疑态度，我认为原因在于，我们已经受到了关注点分离原则的熏陶。这一原则规定，逻辑和表现等不同的关注点应该相互独立。现在，每当看到事物被组合在一起时，我们就会本能地认为这是不好的，且不应该发生。

React 组件使用的语法称为 JSX（JavaScript XML 的简称，也称为 JavaScript 语法扩展）。一个组件通过返回一些 JSX 来渲染内容。JSX 本质上通常是 HTML 标记，加上 React 组件的自定义标签。基于此，本书将在接下来的章节中进行详细讲解。

关于声明式 JSX 方法的突破性之处在于，用户不必手动执行复杂的操作来改变组件的内容。相反，我们描述 UI 在不同状态下应该呈现的样子，React 会高效地更新实际的 DOM 以进行匹配。因此，React UI 变得更容易和更高效地工作，从而带来更好的性能。

例如，想使用 jQuery 来构建应用程序。有一个页面，上面有一些内容，当单击一个按钮时，在段落上添加一个类：

```
$(document).ready(function() {
  $('#my-button').click(function() {
    $('#my-paragraph').addClass('highlight');
  });
});
```

执行这些步骤已经足够简单。这被称为命令式编程，它在 UI 开发中存在一定的问题。命令式编程在 UI 开发中的问题在于，它可能导致难以维护和修改的代码。这是因为命令式代码通常紧密耦合，意味着对代码进行的一部分的更改可能会在其他地方产生意想不到的后果。此外，命令式代码难以推理，因为用户很难理解控制流程和应用程序在任何给定时间的状态。虽然更改元素类的示例很简单，但实际应用程序往往涉及 3、4 个步骤才能使某些事情发生。

React 组件不要求以命令式的方式执行相关步骤。这就是为什么 JSX 对 React 组件至关重要。XML 风格的语法使描述 UI 应该是什么样子变得容易。也就是说，组件将要渲染的 HTML 元素是什么？

```
export const App = () => {
  const [isHighlighted, setIsHighlighted] = useState(false);
  return (
    <div>
      <button onClick={() => setIsHighlighted(true)}>Add Class</button>
      <p className={isHighlighted && "highlight"}>This is paragraph</p>
    </div>
  );
};
```

在这个例子中，不仅仅是在编写浏览器应该执行的命令式过程。这更像是一个指令，说明 UI 应该是什么样子以及在它上面应该发生什么用户交互。这就是声明式编程，非常适合 UI 开发。

一旦声明了 UI 结构，随后就需要指定它是如何随时间变化的。

1.1.4　数据随时间变化

另一个 React 新手难以把握的概念是，JSX 就像一个静态字符串，代表一块渲染输出。这就是数据和时间流逝发挥作用的地方。React 组件依赖传入的数据。这些数据代表了 UI 的动态部分，例如，基于布尔值渲染的 UI 元素可能在组件下次渲染时发生变化。图 1.3 说明了这一理念。

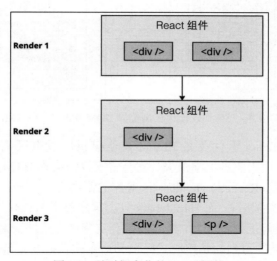

图 1.3　随时间变化的 React 组件

React 组件渲染时，就像在某个确切时刻对 JSX 拍摄快照一样。随着应用程序在时间轴上向前推进，用户拥有了一系列有序的渲染 UI 组件。除了声明式地描述 UI 应该是什么样，重新渲染相同的 JSX 内容也使开发者的工作变得更加容易。这里，挑战在于确保 React 能够处理这种方法所带来的性能需求。

1.1.5　性能至关重要

使用 React 构建 UI 意味着可以用 JSX 声明 UI 的结构。这比逐件组装 UI 的命令式方法出错更少。然而，声明式方法确实在性能方面带来了挑战。

例如，对于初始渲染来说，拥有一个声明式的 UI 结构是很好的，因为页面上还没有任何内容。因此，React 渲染器可以查看在 JSX 中声明的结构，并在浏览器的 DOM 中进行渲染。

☑ 注意

文档对象模型（DOM）代表了浏览器渲染后的 HTML。DOM API 是 JavaScript 能够改变页面内容的方式。

这一概念在图 1.4 中进行了说明。

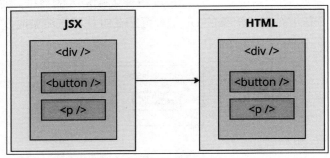

图 1.4　JSX 语法如何在浏览器 DOM 中转换为 HTML

在初始渲染时，React 组件及其 JSX 与其他模板库没有区别。例如，有一个名为 Handlebars 的模板库，用于服务器端渲染，它会将模板渲染为 HTML 标记字符串，然后将其插入浏览器 DOM 中。React 与 Handlebars 等库的不同之处在于，React 能够适应数据变化时需要重新渲染组件的情况，而 Handlebars 只会重建整个 HTML 字符串，就像在初始渲染时那样。由于这在性能上存在问题，最终通常会实施命令式的变通方法，手动更新 DOM 的小部分内容。我们最终得到的是声明式模板和命令式代码的混乱局面，用以处理 UI 的动态方面的内容。

我们在 React 中没有这样做。这就是 React 与其他视图库的不同之处。组件在初始渲染时是声明性的，即使在重新渲染时也是如此。正是 React 在后台所做的工作，使得重新渲染声明式 UI 结构成为可能。

在 React 中，当创建一个组件时，我们会清晰而直接地描述它应该呈现的样子。即使在更新组件时，React 也会在幕后平滑地处理变化。换句话说，组件在初始渲染时是声明式的，并且在重新渲染时也保持这种风格。这是因为 React 使用了虚拟 DOM，它用于在内存中保存真实 DOM 元素的表示。这样做的目的是，每次重新渲染一个组件时，它可以将新内容与页面上已经显示的内容进行比较。基于差异，虚拟 DOM 可以执行必要的命令式步骤来进行更改。因此，我们不仅在需要更新 UI 时能够保留声明式代码，而且 React 还会确保这一过程以一种高效的方式完成。该过程如图 1.5 所示。

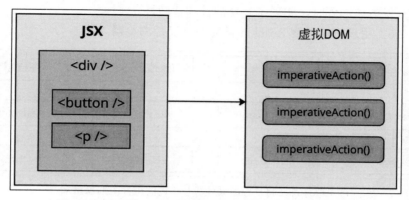

图 1.5　React 将 JSX 语法转译成命令式的 DOM API 调用

✍ **注意**

当阅读有关 React 的资料时，经常会看到诸如 diffing（差异比较）和 patching（修补）之类的词汇。diffing 是指比较旧内容（UI 的先前状态）与新内容（更新后的状态）以识别差异，这很像比较两个版本的文档以查看变化。patching 是指执行必要的 DOM 操作来渲染新内容，确保只进行特定的更改，这对于性能至关重要。

与任何其他 JavaScript 库一样，React 受限于主线程的运行至完成（run-to-completion）的特性。例如，如果 React 虚拟 DOM 逻辑正忙于比较内容和修补真实的 DOM，浏览器就无法响应用户的输入，如单击操作或交互行为。

稍后将会看到，React 对内部渲染算法进行了修改，以缓解这些性能问题。随着性能问题的解决，我们需要确保 React 足够灵活，从而能够适应未来可能想要部署应用程序的不同平台。

1.1.6　正确的抽象级别

在深入研究 React 代码之前，需要在高层次上介绍的另一个主题是抽象。

上一节讨论了 JSX 语法如何转换为更新用户界面的底层操作。要了解 React 如何转换声明式 UI 组件，一个更好的方法是，不必关心渲染目标是什么。React 的渲染目标是浏览器 DOM，但正如我们将要看到的，它并不局限于浏览器 DOM。

React 有可能被用于在任何设备上创建的任何用户界面。我们才刚刚开始通过

React Native 看到这一点，但其可能性是无穷无尽的。如果 React Toast（尚不存在）突然变得与我们息息相关，也不必感到惊讶。React 的抽象层实现了一种平衡，在保持实用、高效的用户界面开发方法的同时，实现了多功能性和适应性。

通过图 1.6，用户可以了解 React 的目标不仅仅是浏览器。

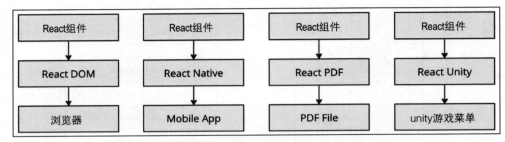

图 1.6   React 将目标渲染环境从实现的组件中抽象出来

从左到右依次是 React DOM、React Native、React PDF 和 React Unity。所有这些 React 渲染器库都接收 React 组件，并返回特定平台的结果。正如用户所看到的，要实现新的目标，同样的模式也适用以下场合。

● 针对目标实现特定的组件。

● 实现一个 React 渲染器，它可以在后台执行特定于平台的操作。

显然，这只是对任何特定 React 环境的实现内容的过度简化。但细节并不重要。重要的是，我们可以利用 React 知识，在任何平台上专注于描述用户界面的结构。

现在已经了解了抽象在 React 中的作用，让我们来看看 React 的新功能。

1.2   React 的新功能

React 是一个在不断变化的 Web 开发领域持续进化的库。当读者开始学习并掌握 React 的进程时，了解该库的演变及其随时间的更新是很重要的。

React 的一个优势是其核心 API 在最近几年保持了相对稳定。这提供了一种连续性，允许开发者利用他们从早期版本中获得的知识。React 的概念基础保持不变，这意味着 3 年或 5 年前获得的技能今天仍然适用。React 从 React 0.x 到 React 18 版本，进行了许多关键的更改和增强，如下所示。

● React 0.14：这个版本引入了函数组件，允许开发者将函数用作组件，简化了基本 UI 元素的创建。当时，没有人知道现在我们将只编写功能组件，而几乎完全放弃基于类的组件。

- React 15：采用新的版本命名方案，React 15 的下一个更新带来了内部架构的彻底改革，从而提高了性能和稳定性。
- React 16：这个版本是 React 历史上最值得关注的发布之一。它引入了 Hooks，这是一个革命性的概念，使开发者能够在不需要类组件的情况下使用状态和其他 React 特性。Hooks 使代码更简单、更易读，改变了开发者编写组件的方式。在本书中，我们将探索许多 Hooks。此外，React 16 还引入了 Fiber，这是一种新的调和机制，特别是在处理动画和复杂的 UI 结构时，显著提高了性能。
- React 17：这个版本专注于更新和维护与以前版本的兼容性。它引入了一个新的 JSX 转换系统。
- React 18：此版本继续沿着改进的轨迹前进，并强调性能增强和新增功能，如自动批量渲染、状态转换、服务器组件和流式服务器端渲染。大部分与性能相关的重要更新将在第 12 章中探讨。关于服务器渲染的更多细节将在第 14 章中讨论。
- React 19：此版本引入了几个重大特性和改进。React 编译器是一个新编译器，它支持自动记忆化并优化重新渲染，消除了手动使用 useMemo、useCallback 和 memo 优化的需求。增强的 Hooks 简化了常见任务，如用于数据获取的 use（promise）、用于表单处理的 useFormStatus() 和 useFormState()，以及用于 UI 的 useOptimistic()。React 19 还带来了简化的 API，如 ref 成为常规属性，React.lazy 被替换，Context. Provider 简化为 Context。异步渲染允许在渲染期间异步获取数据，而不会阻塞 UI，同时错误处理改进提供了更好的机制来诊断和修复应用程序中的问题。

React 的稳定性和兼容性使其成为一个适合长期使用的可靠库，而持续的更新确保它始终保持在 Web 和移动开发领域的前沿。在本书中，所有示例都将使用最新的 React API，确保它们在未来版本中保持功能性和相关性。

现在我们已经探讨了 React 的演变和更新，接下来可以更深入地研究 React，并检查如何设置新的 React 项目。

1.3　搭建一个新的 React 项目

开始时，有几种方式可以创建一个 React 项目。本节将探讨 3 种常见的方法。
- 使用 Web 打包工具。
- 使用框架。

- 使用在线代码编辑器。

☑ 注意

要开始开发和预览 React 应用程序，首先需要在计算机上安装 Node.js。Node.js 是一个用于执行 JavaScript 代码的运行时环境。

接下来将详细介绍每一种方案。

1.4　使用 Web 打包工具

使用 Web 打包工具是创建 React 项目的高效方式，特别是构建单页应用程序（SPA）时。本书的所有示例将使用 Vite 作为 Web 打包工具。Vite 以其卓越的速度和易于设置及使用而闻名。

要使用 Vite 设置项目，需要执行以下步骤。

（1）确保计算机上安装了 Node.js，方法是访问官方 Node.js 网站（https://nodejs.org/）并下载适合操作系统的版本。

（2）打开终端或命令提示符，并访问想要创建项目的目录。

```
mkdir react-projects
cd react-projects
```

（3）运行以下命令并使用 Vite 创建一个新的 React 项目。

```
npm create vite@latest my-react-app -- --template react
```

此命令将创建一个名为 my-react-app 的新目录，并使用 Vite 模板设置 React 项目。

（4）项目创建完成后，终端应如下所示。

```
Scaffolding project in react-projects/my-react-app...
Done. Now run:

  cd my-react-app
  npm install
    npm run dev
```

（5）进入项目目录并安装依赖项。终端中的结果显示应如下所示。

```
added 279 packages, and audited 280 packages in 21s
```

```
103 packages are looking for funding
  run 'npm fund' for details

found 0 vulnerabilities
```

最后，通过运行以下命令启动开发服务器：npm run dev

此命令启动开发服务器，用户可以通过打开浏览器并访问 http://localhost:3000 来查看 React 应用程序。

至此，我们已经成功使用 Vite 作为 Web 打包工具搭建了 React 项目。有关 Vite 及其可能的配置的更多信息，请访问官方网站 https://vitejs.dev/。

1.4.1　使用框架

对于现实世界和商业项目，建议使用在 React 之上构建的框架。这些框架开箱即提供额外的功能，如路由和数据资源管理（图像、SVG 文件、字体等）。它们还指导用户有效地组织项目结构，因为框架经常强制执行特定的文件组织规则。一些流行的 React 框架包括 Next.js、Gatsby 和 Remix。

在第 13 章中，我们将探索设置 Next.js 以及它与使用普通 Web 打包工具之间的一些差异。

1.4.2　在线代码编辑器

在线代码编辑器结合了 Web 打包工具和框架的优势，允许用户在云端或直接在浏览器内设置 React 开发环境。这消除了在机器上安装内容的需要，进而直接在浏览器中编写和探索 React 代码。

有各种在线代码编辑器可供选择，其中一些最受欢迎的选项包括 CodeSandbox、StackBlitz 和 Replit，这些平台提供了用户友好的界面，并允许在没有任何本地设置的情况下创建、共享和协作 React 项目。

要开始使用在线代码编辑器，甚至不需要账户。只需在浏览器中单击此链接：https://react.new。几秒钟后，将看到 CodeSandbox 已经准备好使用模板项目，并且编辑器的实时预览可以直接在浏览器标签页中获得。如果想要保存更改，则需要创建一个账户。

那么如果用户更喜欢基于浏览器的开发环境，使用在线代码编辑器是学习和尝试 React 的便捷方式。

本节探讨了搭建 React 项目的几种不同方法。无论是选择 Web 打包工具、框架还是在线代码编辑器，每种方法都提供了其独特的优势。读者可以选择自己喜欢的并适合项目需求的方法。接下来将开始 React 开发之旅。

1.5　本章小结

本章全面介绍了 React，以便读者对它是什么及其必要内容有一个大致的了解，从而为本书的其余部分定下基调。React 是一个用于构建 UI 的库，它的 API 很小。然后介绍了 React 的一些关键概念。我们讨论了 React 的简洁性，因为它没有很多活动部件。

接下来探讨了 React 组件和 JSX 的声明式特性。然后了解到 React 通过编写可以重复渲染的声明式代码来实现高效的性能。

本章还介绍了渲染目标这一概念，以及 React 如何轻松成为各种平台的首选 UI 工具。然后，本章提供了 React 历史的简要概述，并介绍了最新的发展。最后深入介绍了如何搭建一个新的 React 项目并启动学习过程。

目前这些介绍性和概念性的内容已经足够。随着我们继续本书的旅程，我们将重新审视这些概念。第 2 章将讨论 JSX 渲染。

第2章 使用JSX渲染

本章将介绍 JSX，这是一种嵌入在 JavaScript 代码中的 XML/HTML 标记语法，用于声明 React 组件。在最基础的层面上，使用 HTML 标记来描述 UI 的各个部分。构建 React 应用程序涉及将这些 HTML 标记片段组织成组件。在 React 中，创建组件允许定义超越基本 HTML 标记的自定义元素。这些自定义元素或组件是使用 JSX 定义的，然后将其转换为浏览器的标准 HTML 元素。创建和重用自定义组件的能力是 React 的核心特性，它能够构建更动态和复杂的 UI。这就是 React 变得有趣的地方——拥有自己的 JSX 标签，可以使用 JavaScript 表达式赋予组件生命。JSX 是用来描述使用 React 构建的 UI 的语言。

本章主要涉及下列主题。
- 第一个 JSX 内容。
- 渲染 HTML。
- 创建自己的 JSX 元素。
- 使用 JavaScript 表达式。
- 构建 JSX 片段。

2.1 技 术 要 求

本章的代码可以在配套的 GitHub 仓库的以下目录中找到：https://github.com/PacktPublishing/React-and-React-Native-5E/tree/main/Chapter02。

2.2 第一个 JSX 内容

在本节将实现一个 Hello World JSX 应用程序。这个初次尝试只是开始——这是一个简单但有效的方式，用来熟悉这种语法及其功能。

随着内容的深入，我们将探讨更复杂、更微妙的例子，展示 JSX 在构建 React 应用程序中的威力和灵活性。此外还将讨论是什么让这种语法适用于声明式 UI 结构。

以下是第一个 JSX 应用程序。

```
import * as ReactDOM from "react-dom";

const root = ReactDOM.createRoot(document.getElementById("root"));

root.render(
  <p>
    Hello, <strong>JSX</strong>
  </p>
);
```

让我们一步步了解这里发生了什么。

render()函数将 JSX 作为参数，并将其渲染到传递给 ReactDOM.createRoot()的 DOM 节点上。

这个例子中的实际 JSX 内容渲染了一个带有一些粗体文本的段落。这里没有发生什么特别的事情，所以我们本可以直接将这个标记作为普通字符串插入 DOM 中。然而，这个例子的目的是展示将 JSX 渲染到页面上所涉及的基本步骤。

在幕后，JSX 不能被网络浏览器直接理解，需要转换为浏览器可以执行的标准 JavaScript 代码。这种转换通常使用 Vite 或 Babel 这样的工具来完成。当 Vite 处理 JSX 代码时，它会将 JSX 编译成 React.createElement()调用。这些调用创建了代表虚拟 DOM 元素的 JavaScript 对象。例如，上述示例中的 JSX 表达式被编译成：

```
import * as ReactDOM from "react-dom";

const root = ReactDOM.createRoot(document.getElementById("root"));

root.render(
  React.createElement(
    "p",
    null,
    "Hello, ",
    React.createElement("strong", null, "JSX")
  )
);
```

React.createElement() 的第一个参数是元素的类型（如像 div 或 p 这样的字符串用于 DOM 元素，或者用于复合组件的 React 组件）。第二个参数是一个包含此元素属性的对象，后续参数是此元素的子元素。这种转换是由 Vite 在后台完成的，读者永远不会编写这样的代码。由 React.createElement()创建的这些对象，被称为 React 元素，它们以 React 可以操作的对象格式描述了 UI 组件的结构和属性。然后 React 使用这些对象来构建实际的 DOM

并保持其最新状态。这个过程涉及一个协调算法,有效地更新 DOM 以匹配 React 元素。当组件的状态发生变化时,React 会计算出更新 DOM 所需的最小变化集,而不是重新渲染整个组件。这使得更新更加高效,也是使用 React 的关键优势之一。

在继续更深入的代码示例之前,让我们花一点时间反思 Hello World 示例。JSX 内容简短而简单。它也是声明式的,因为它描述了要渲染什么,而不是如何渲染。具体来说,通过查看 JSX,可以看到该组件将渲染一个段落及其中的一些粗体文本。如果这是通过命令式完成的,会涉及更多的步骤,并且需要按特定顺序执行。

刚刚实现的示例让用户对声明式 React 的精髓有所体会。随着内容的不断深入,JSX 标记将变得更加复杂。然而,它总是描述 UI 中的内容。

render()函数告诉 React 采用 JSX 标记,并以最高效的方式更新 UI。React 通过这种方式使用户能够声明 UI 的结构,而无须考虑执行更新屏幕上元素的有序步骤,这种方法通常会导致错误。React 支持在任何 HTML 页面上找到的标准 HTML 标签,如 div、p、h1、ul、li 等。

现在我们已经了解了 JSX 是什么,它的工作原理,以及它遵循的声明式思想,下面将探讨如何渲染纯 HTML 标记以及应该遵循的约定。

2.3　渲染 HTML

归根结底,React 组件的工作是在浏览器的 DOM 中渲染 HTML。这就是为什么 JSX 原生支持 HTML 标签。在这一部分,我们将查看一些渲染 HTML 标签的代码。然后,将介绍在 React 项目中使用 HTML 标签时通常遵循的一些规则。

2.3.1　内置 HTML 标签

当渲染 JSX 时,元素标签引用 React 组件。由于为 HTML 元素创建组件将是烦琐的,React 提供了 HTML 组件。我们可以在 JSX 中渲染任何 HTML 标签,输出将正如我们所期望的那样。

现在,让我们尝试渲染这些标签。

```
import * as ReactDOM from "react-dom";

const root = ReactDOM.createRoot(document.getElementById("root"));
```

```
root.render(
  <div>
    <button />
    <code />
    <input />
    <label />
    <p />
    <pre />
    <select />
    <table />
    <ul />
  </div>
);
```

不用担心这个例子渲染输出的格式。我们确保可以渲染任意 HTML 标签，并且它们能够按照预期渲染，无须任何特殊定义和导入内容。

☑ **注意**

用户可能已经注意到了外围的<div>标签，它将所有其他标签作为其子元素组合在一起。这是因为 React 需要一个根元素来执行渲染。在本章后面的内容中，用户将学习如何在不使用父元素包装的情况下渲染相邻元素。

使用 JSX 渲染的 HTML 元素严格遵循常规 HTML 元素语法，但在大小写敏感性和属性方面有一些微妙的差异。

2.3.2　HTML标签约定

当在 JSX 标记中渲染 HTML 标签时，期望使用小写来编写标签名称。实际上，将 HTML 标签名称大写会失败。标签名称是大小写敏感的，而非 HTML 元素则使用大写。这样，在扫描标记时，很容易区分内置的 HTML 元素和其他元素。

此外也可以向 HTML 元素传递它们的任何标准属性。当传递一些意想不到的内容时，会记录一个关于未知属性的警告。以下是一个阐述这些观点的例子。

```
import * as ReactDOM from "react-dom";

const root = ReactDOM.createRoot(document.getElementById("root"));

root.render(
  <button title="My Button" foo="bar">
```

```
    My Button
  </button>
);

root.render(<Button />);
```

当运行这个示例时，它将无法编译，因为 React 不知道<Button>元素，它只知道<button>。

用户可以使用任何有效的 HTML 标签作为 JSX 标签，只要记得它们是大小写敏感的，并且需要传递正确的属性名称。除了只有属性值的简单 HTML 标签，还可以使用更具语义的 HTML 标签来描述页面内容结构。

2.3.3　描述 UI 结构

JSX 能够以一种将它们联系在一起，形成完整 UI 结构的方式描述屏幕元素。让我们来查看一些 JSX 标记，这些标记声明了一个比单个段落更复杂的结构。

```
import * as ReactDOM from "react-dom";

const root = ReactDOM.createRoot(document.getElementById("root"));

root.render(
  <section>
    <header>
      <h1>A Header</h1>
    </header>
    <nav>
      <a href="item">Nav Item</a>
    </nav>
    <main>
      <p>The main content...</p>
    </main>
    <footer>
      <small>&copy; 2024</small>
    </footer>
  </section>
);
```

这段 JSX 标记描述了一个相当复杂的 UI 结构。然而，它比命令式代码更容易阅读，因为它是 HTML，而 HTML 适合简洁地表达层次结构。

当需要改变 UI 时，我们应这样考虑 UI——它不是作为一个单独的元素或属性，而是整个 UI。

渲染内容如图 2.1 所示。

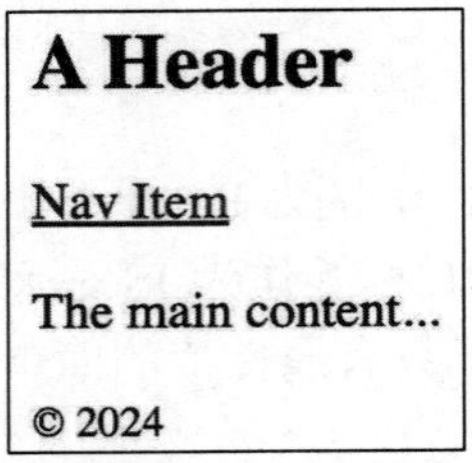

A Header

Nav Item

The main content...

© 2024

图 2.1　使用 JSX 语法描述 HTML 标签结构

此标记中包含许多语义元素，它们描述了 UI 的结构。例如，<header> 元素描述了页面的顶部，即标题所在的位置，而 <main> 元素描述了主要页面内容所在的位置。这种类型的复杂结构使开发者更容易理解。但在开始实现动态 JSX 标记之前，让我们创建一些自己的 JSX 组件。

2.4　创建自己的 JSX 元素

组件是 React 的基本构建块。实际上，它们可以被看作是 JSX 标记的词汇，允许通过可重用、封装的元素创建复杂的界面。本节将深入探讨如何创建自己的组件，并将 HTML 标记封装在其中。

2.4.1　封装 HTML

创建新的 JSX 元素，以便可以封装更大的结构。这意味着，用户不必输入复杂的标记，而是可以使用自定义标签。React 组件返回在标签使用位置的 JSX。考虑以下示例：

```
import * as ReactDOM from "react-dom";

function MyComponent() {
  return (
    <section>
      <h1>My Component</h1>
      <p>Content in my component...</p>
    </section>
  );
```

```
}
const root = ReactDOM.createRoot(document.getElementById("root"));
root.render(<MyComponent />);
```

渲染的输出结果如图 2.2 所示。

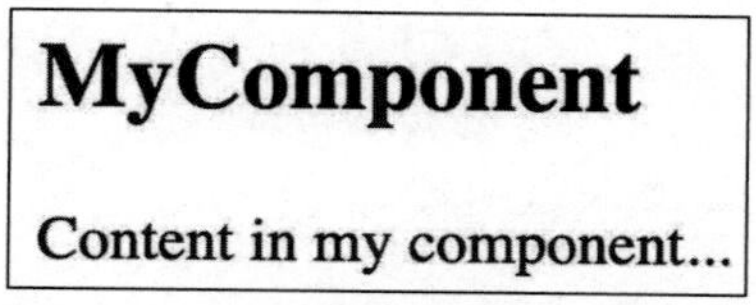

MyComponent

Content in my component...

图 2.2　组件渲染封装的 HTML 标记

这是我们实现的第一个 React 组件，下面花点时间来剖析这里发生了什么。我们创建了一个名为 MyComponent 的函数，在该函数的返回语句中放入了 HTML 标签。这就是创建一个用作新 JSX 元素的 React 组件的方式。

正如在 render()调用中看到的，用户正在渲染一个<MyComponent>元素。该组件封装的 HTML 是从创建的函数返回的。在这种情况下，当 JSX 由 react-dom 渲染时，它被替换为一个<section>元素及其内部的所有内容。

☑ **注意**

当 React 渲染 JSX 时，使用的所有自定义元素都必须在相同的作用域内有相应的 React 组件。在前一个例子中，MyComponent 函数在与 render()调用相同的范围内声明，所以一切都如预期工作。通常，导入组件，将它们添加到适当的作用域中。随着本书内容的不断深入，将看到更多这样的例子。

HTML 元素，如<div>，通常会包含嵌套的子元素。让我们看看是否能够通过实现组件创建的 JSX 元素做同样的事情。

2.4.2　嵌套元素

使用 JSX 标记对于描述具有父子关系的 UI 结构非常有用。子元素是通过将它们嵌套在另一个组件内来创建的，即父组件。

例如，<li>标签仅作为<ul>标签或<ol>标签的子元素时才有效——用户也会使用自己的 React 组件创建类似的嵌套结构。为此，需要使用 children 属性。让我们看看这是如何工作的。以下是 JSX 标记。

```
import * as ReactDOM from "react-dom";

import MySection from "./MySection";
import MyButton from "./MyButton";

const root = ReactDOM.createRoot(document.getElementById("root"));

root.render(
  <MySection>
    <MyButton>My Button Text</MyButton>
  </MySection>
);
```

用户正在导入两个自己的 React 组件，即 MySection 和 MyButton。

现在，如果查看 JSX 标记，将会注意到<MyButton>是<MySection>的子元素。此外，还会注意到 MyButton 组件接收文本作为其子元素，而不是更多的 JSX 元素。

让我们从 MySection 开始，看看这些组件是如何工作的。

```
export default function MySection(props) {
  return (
    <section>
      <h2>My Section</h2>
      {props.children}
    </section>
  );
}
```

该组件渲染一个标准的<section> HTML 元素、一个标题，然后是{props.children}。正是这最后一部分允许组件访问嵌套的元素或文本并渲染它们。

☑ 注意

上述示例中使用的两个大括号用于 JavaScript 表达式。我们将在下一节中更详细地介绍 JSX 标记中 JavaScript 表达式语法的细节。

下面查看 MyButton 组件。

```
export default function MyButton(props) {
  return <button>{props.children}</button>;
}
```

该组件使用了与 MySection 完全相同的模式，它取得{props.children}的值，并用标记将它包围起来。这里，React 处理细节内容。在这个例子中，按钮文本是 MyButton 的子元素，而 MyButton 又反过来是 MySection 的子元素。然而，按钮文本是透明地通过 MySection 传递的。换句话说，没有必要在 MySection 中编写任何代码来确保 MyButton 获得它的文本。图 2.3 显示了渲染输出的结果。

图 2.3　使用子 JSX 值渲染的按钮元素

现在用户已经知道如何构建自己的 React 组件，这些组件在标记中引入新的 JSX 标签。到目前为止，我们在本章中看到的组件都是静态的。也就是说，一旦渲染了它们，它们就不会再更新。JavaScript 表达式是 JSX 中的动态部分，并根据不同的条件提供不同的输出。

2.5　使用 JavaScript 表达式

如前所述，JSX 具有一种特殊语法，允许嵌入 JavaScript 表达式。每次 React 渲染 JSX 内容时，标记中的表达式都会被求值。这一特性是 JSX 动态性的核心，它使组件的内容和属性能够根据不同的数据或状态条件而变化。每次 React 渲染或重新渲染 JSX 内容时，这些嵌入的表达式都会被求值，允许显示的 UI 反映当前的数据和状态。除此之外，我们还将学习如何将数据集合映射到 JSX 元素。

2.5.1　动态属性值和文本

一些 HTML 属性或文本值是静态的，这意味着它们在 JSX 标记重新渲染时不会改变。其他值（属性或文本的值）则基于应用程序其他地方找到的数据。记住，React 只是视图层。下面让我们看一个例子，以便能感受到 JavaScript 表达式在 JSX 标记中的语法。

```
import * as ReactDOM from "react-dom";
const enabled = false;
const text = "A Button";
const placeholder = "input value...";
const size = 50;
```

```
const root = ReactDOM.createRoot(document.getElementById("root"));

root.render(
  <section>
    <button disabled={!enabled}>{text}</button>
    <input placeholder={placeholder} size={size} />
  </section>
);
```

任何有效的 JavaScript 表达式，包括嵌套的 JSX，都可以放在大括号 {} 中。对于属性和文本，通常是变量名或对象属性。注意，在这个例子中，!enabled 表达式计算了一个布尔值。图 2.4 显示了渲染输出的结果。

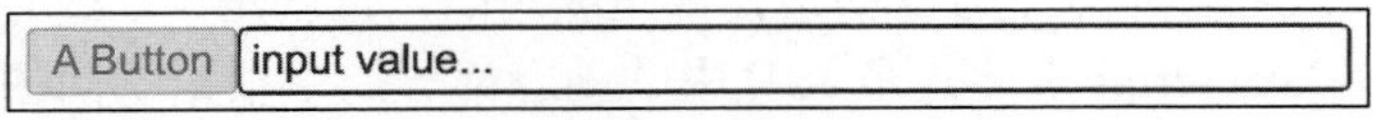

| A Button | input value... |

图 2.4　动态更改按钮的属性值

✓ **注意**

如果用户正在使用推荐的可下载配套代码进行操作，请尝试调整这些值，并查看渲染的 HTML 如何变化。

在 JSX 语法中，原始 JavaScript 值的使用非常直接。显然，用户可以在 JSX 中使用更复杂的值，如对象和数组，以及处理事件的函数。

2.5.2　处理事件

在 React 中，可以轻松地将函数传递给组件的属性来处理用户交互，如按钮单击、表单提交和鼠标移动。这可以创建交互式和响应式的 UI。React 提供了一种方便的方式来直接将事件处理器附加到组件上，使用的语法类似在传统 JavaScript 中使用 addEventListener 方法和 removeEventListener 方法。

为了说明这一点，让我们考察一个例子。其中，我们想要在 React 组件中处理按钮单击事件。

```
import * as ReactDOM from "react-dom";

const handleClick = () => {
  console.log("Button clicked!");
};
```

```
const root = ReactDOM.createRoot(document.getElementById("root"));

root.render(
  <section>
    <button onClick={handleClick}>Click me</button>
  </section>
);
```

在这个例子中，我们定义了一个名为 handleClick 的函数，该函数将在单击按钮时被调用。然后，我们将该函数作为一个事件处理器附加到<button>组件的 onClick 属性上。每当按钮被单击时，React 就会调用 handleClick 函数。

与传统 JavaScript 中使用 addEventListener 方法和 removeEventListener 方法相比，React 抽象出了一些复杂的内容。当使用 React 的事件处理机制时，无须担心手动将事件监听器附加到 DOM 元素或从 DOM 元素上分离。React 管理事件委托，并提供了一种声明式的方法来处理组件内的事件。

☑ **注意**

React 默认实现事件委托以优化性能。它不是给每个单独的元素附加事件处理器，而是在应用的根（或父组件）上附加单一的事件处理器。当事件在子元素上触发时，它会沿着组件树向上冒泡，直到到达带有事件处理程序的父元素。React 的合成事件系统随后根据事件对象的目标属性来确定应该由哪个组件处理事件。这允许 React 高效地管理事件，而无须在每个单独的元素上附加处理器。

通过使用这种方法，可以轻松地将事件传递给子组件，在父组件中处理它们，甚至可以通过多层嵌套组件传播事件。这有助于构建模块化和可重用的组件架构。我们将在第 3 章中看到这一实际应用。

☑ **注意**

除了 onClick 事件外，React 还支持广泛的其他事件，如 onChange、onSubmit、onMouseOver 以及所有标准事件。用户可以将事件处理器附加到各种元素上，如按钮、输入字段、复选框等。

总之，React 提倡单向数据流，这意味着数据从父组件流向子组件。要将数据或信息从子组件传回父组件，用户可以定义回调函数作为属性（props），并使用必要的数据调用它们。在本书的后续章节中，我们将更深入地探讨 React 中的事件处理以及如何创建自定义回调函数。

2.5.3　将集合映射到元素

有时，用户需要编写改变标记结构的 JavaScript 表达式。上述内容学习了如何使用 JavaScript 表达式语法动态更改 JSX 元素的属性值。当需要基于 JavaScript 集合添加或删除元素时，情况又当如何？

☑ **注意**

在本书中，当提到 JavaScript 集合时，通常指的是普通的对象和数组，或者更一般地说，任何可迭代的事物。

动态控制 JSX 元素的最佳方式是从集合中映射它们。下面让我们查看一个实际的例子。

```
import * as ReactDOM from "react-dom";

const array = ["First", "Second", "Third"];

const object = {
  first: 1,
  second: 2,
  third: 3,
};

const root = ReactDOM.createRoot(document.getElementById("root"));

root.render(
  <section>
    <h1>Array</h1>
    <ul>
      {array.map((i) => (
        <li key={i}>{i}</li>
      ))}
    </ul>

    <h1>Object</h1>
    <ul>
      {Object.keys(object).map((i) => (
        <li key={i}>
          <strong>{i}: </strong>
          {object[i]}
```

```
        </li>
      ))}
    </ul>
  </section>
);
```

　　第一个集合是一个名为 array 的数组，其中填充了字符串值。向下移动到 JSX 标记，可以看到对 array.map() 的调用，它返回一个新的数组。映射函数实际上返回了一个 JSX 元素（<li>），这意味着数组中的每个项目现在都在标记中得到了表示。

☑ **注意**

　　评估这个表达式的结果是一个数组。别担心，JSX 知道如何渲染元素数组。为了提高性能，关键是给数组内的每个组件分配一个唯一的 key 属性，这使得 React 能够在后续重新渲染期间高效地管理更新行为。

　　对象集合使用相同的技术，只是需要调用 Object.keys() 然后映射这个数组。将集合映射到页面上的 JSX 元素的好处在于，可以根据收集到的数据控制 React 组件的结构。

　　这意味着用户不必依赖命令式逻辑来控制用户界面。

　　图 2.5 显示了渲染输出的结果。

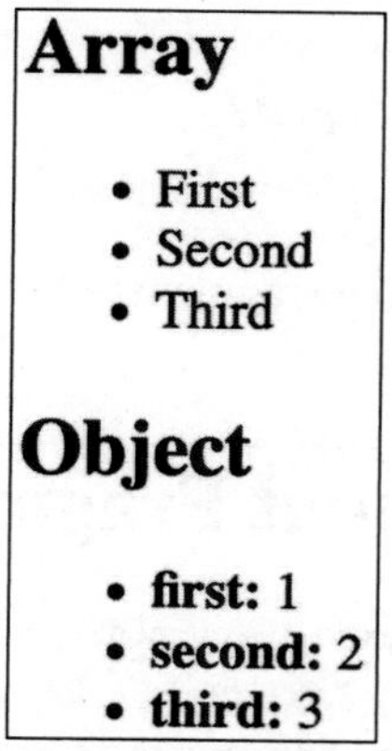

Array

- First
- Second
- Third

Object

- **first:** 1
- **second:** 2
- **third:** 3

图 2.5　将 JavaScript 集合映射到 HTML 元素的结果

　　JavaScript 表达式为 JSX 内容注入了活力。React 评估表达式并根据已经渲染的内容和变化来更新 HTML 内容。了解如何利用这些表达式非常重要，因为这是任何 React 开发者日常工作中最普遍的活动之一。

　　接下来将学习如何在不依赖 HTML 标签的情况下组合 JSX 标记。

2.6   构建 JSX 片段

片段是一种在不必向页面添加不必要结构的情况下组合标记块的方式。例如，一种常见的方法是让 React 组件返回包装在<div>元素中的内容。该元素没有实际的用途，并且会给 DOM 增加杂乱性。

让我们来看一个例子。这里有两个版本的组件。一个使用了包装元素，另一个使用了新的片段特性。

```
import * as ReactDOM from "react-dom";

import WithoutFragments from "./WithoutFragments";
import WithFragments from "./WithFragments";

const root = ReactDOM.createRoot(document.getElementById("root"));

root.render(
  <div>
    <WithoutFragments />
    <WithFragments />
  </div>
);
```

其中，两个渲染的元素是<WithoutFragments>和<WithFragments>。图 2.6 显示了它们渲染后结果。

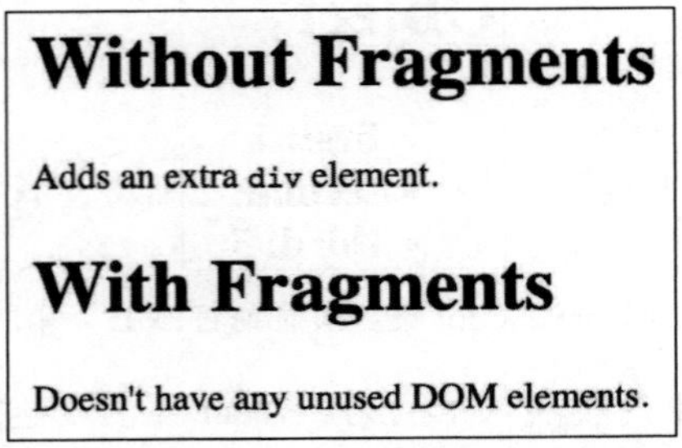

Without Fragments

Adds an extra div element.

With Fragments

Doesn't have any unused DOM elements.

图 2.6   片段有助于在没有任何视觉差异的情况下渲染更少的 HTML 标签

接下来将比较这两种方法。

2.6.1　使用包装元素

第一种方法是将兄弟元素包装在\<div>中，如下所示。

```
export default function WithoutFragments() {
  return (
    <div>
      <h1>Without Fragments</h1>
      <p>
        Adds an extra <code>div</code> element.
      </p>
    </div>
  );
}
```

该组件的精髓在于\<h1>标签和\<p>标签。然而，为了从 render()函数返回它们，必须用\<div>将它们包装起来。的确，使用浏览器的开发者工具检查 DOM 揭示了\<div>除了增加另一个结构层次之外，并没有做任何事情，如图 2.7 所示。

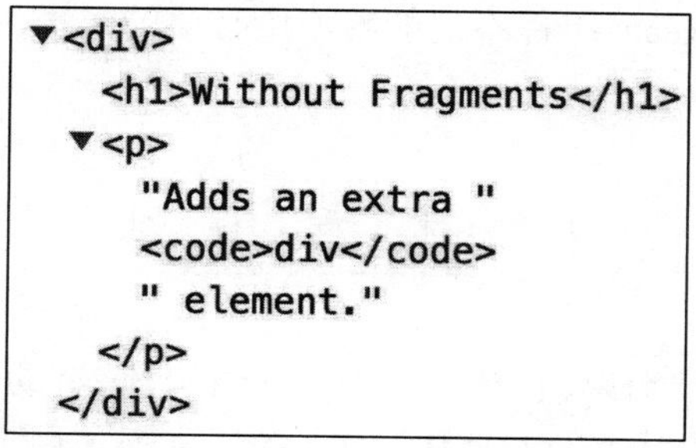

```
▼<div>
    <h1>Without Fragments</h1>
  ▼<p>
      "Adds an extra "
      <code>div</code>
      " element."
    </p>
  </div>
```

图 2.7　DOM 中的另一个结构层次

现在，请想象一个应用中包含许多这样的组件，那将会有很多无意义的元素。下面考察如何使用片段来避免不必要的标签。

2.6.2　使用片段

让我们来看看 WithFragments 组件，其中，已经避免了使用不必要的标签。

```
export default function WithFragments() {
  return (
```

```
  <>
    <h1>With Fragments</h1>
    <p>Doesn't have any unused DOM elements.</p>
  </>
  );
}
```

这里使用了<>元素，而不是用<div>包装组件内容。这是一种特殊类型的元素，它表示只需要渲染它的子元素。<>是 React 的 Fragment 组件的简写形式。如果需要向片段传递 key 属性，则不能使用<>语法。

如果检查 DOM，则可以看到与 WithoutFragments 组件相比的差异之处，如图 2.8 所示。

```
<h1>With Fragments</h1>
<p>Doesn't have any unused DOM elements.</p>
```

图 2.8　在片段构建中减少 HTML 代码的依赖

随着 JSX 标记中片段的引入，页面上的 HTML 渲染量减少了，因为我们不再需要仅为了将元素分组而使用如<div>这样的标签。相反，当一个组件渲染一个片段时，React 知道在组件使用的地方渲染片段的子元素。

因此，片段功能使得 React 组件不仅能够渲染必要的元素，而且不再有无任何作用的元素出现在渲染页面上。

2.7　本　章　小　结

本章学习了 JSX 的基础知识，包括其声明式的结构，这有助于编写更易于维护的代码。随后编写了一些代码来渲染基本的 HTML，并学习了如何使用 JSX 描述复杂的结构；每一个 React 应用至少都包含一些结构。

接下来，本章讨论了如何通过实现自己的 React 组件来扩展 JSX 标记的词汇。另外，我们还学习了如何将动态内容引入 JSX 元素属性，以及如何将 JavaScript 集合映射到 JSX 元素，从而消除了控制 UI 显示的命令式逻辑的需要。最后，学习了如何渲染 JSX 内容的片段，防止了不必要的 HTML 元素的使用。

现在，我们已经对在 JavaScript 模块中嵌入声明式 XML 来渲染 UI 有了一定的了解，第 3 章将更深入地探讨 React 组件、属性和状态。

第3章　理解React组件和Hooks

本章将深入探讨 React 组件及其基本原理，并向读者介绍 Hooks 的强大功能。

我们将探索组件数据的核心概念以及如何塑造 React 应用结构，并将讨论两种主要类型的组件数据，即属性和状态。属性允许将数据传递给组件，而状态使组件能够动态管理和更新它们的内部数据。我们将研究这些概念如何应用于函数组件，并阐释设置组件状态和传递属性的机制。

本章主要涉及下列主题。

- React 组件简介。
- 组件属性是什么？
- 组件状态是什么？
- React 钩子。
- 执行初始化和清理操作。
- 使用上下文钩子共享数据。
- 使用钩子进行记忆化处理。

3.1　技　术　要　求

本章的代码可以在以下链接找到：https://github.com/PacktPublishing/React-and-React-Native-5E/tree/main/Chapter03。

3.2　React 组件简介

React 组件是现代 Web 和移动应用的构建基石。它们封装了可重用的代码段，定义了用户界面不同部分的结构、行为和外观。通过将 UI 分解为更小的、自包含的组件，React 使开发者能够创建可扩展的、易于维护的、交互式的应用。

在 React 的核心，一个组件是一个返回 JSX 语法的 JavaScript 函数或类，这种语法类似 HTML 标记。本书将主要关注函数组件，因为它们已经成为近年来构建组件的首选方法。

与类组件相比，函数组件更简单、更简洁、更容易理解。它们利用 JavaScript 函数的能力，并使用 React Hooks 来管理状态和执行副作用。

使用 React 组件的一个主要优势是它们的可重用性。组件可以在应用的多个部分中重用，减少代码重复并提高开发效率。此外，组件促进了模块化的开发方法，允许开发者将复杂的 UI 分解为更小的、易于管理的部分。

3.3　组件属性是什么

在 React 中，组件属性通常称为 props，允许用户从父组件向其子组件传递数据。props 提供了一种自定义和配置组件的方式，使它们变得灵活且可重用。props 是只读的，这意味着子组件不应该直接修改它们。相反，父组件可以更新 props 的值，并触发子组件使用更新后的数据重新渲染。

在定义函数组件时，可以将其传递的 props 作为一个参数来访问。

```
const MyComponent = (props) => {
  return (
    <div>
      <h1>{props.title}</h1>
      <p>{props.description}</p>
    </div>
  );
};
```

在上述示例中，MyComponent 函数组件作为参数接收 props 对象。我们可以通过使用点标记法，如 props.title 和 props.description，来访问单个 props，并在组件的 JSX 标记内渲染数据。同样，也可以使用解构来访问 props。

```
const MyComponent = ({ title, description }) => {
  return (
    <div>
      <h1>{title}</h1>
      <p>{description}</p>
    </div>
  );
};
```

我们可以看到，这种方法更为简洁，并且还允许用户使用另一种解构特性——默认值，我们将在本章中讨论这一特性。

3.3.1　传递属性值

React 组件的属性值是通过在组件渲染时传递 JSX 属性来设置的。第 7 章将更详细地介绍如何验证传递给组件的属性值。现在，让我们创建几个除 MyComponent 之外的组件，期望不同类型的属性值。

```
const MyButton = ({ disabled, text }) => {
  return <button disabled={disabled}>{text}</button>;
};
```

这个简单的按钮组件期望一个布尔类型的 disabled 属性和一个字符串类型的 text 属性。在我们创建组件以展示如何传递以下属性时，您会发现我们已经将这些属性传递给了按钮 HTML 元素。

- disabled 属性：将其放入名为 disabled 的按钮属性中。
- text 属性：将其作为子元素属性传递给按钮。
- 同样重要的是，任何想要传递给组件的 JavaScript 表达式都应该用花括号括起来。
- 让我们再创建一个期望数组属性值的组件。

```
const MyList = ({ items }) => (
  <ul>
    {items.map((i) => (
      <li key={i}>{i}</li>
    ))}
  </ul>
);
```

只要它是一个有效的 JavaScript 表达式，用户可以通过 JSX 传递几乎所有想要的属性值。MyList 组件接收一个 items 属性，这是一个数组，并被映射到<li>元素上。

现在，让我们编写一些代码来设置这些属性值。

```
import * as ReactDOM from "react-dom";
import MyButton from "./MyButton";
import MyList from "./MyList";
import MyComponent from "./MyComponent";

const root = ReactDOM.createRoot(document.getElementById("root"));
```

```
const appState = {
  text: "My Button",
  disabled: true,
  items: ["First", "Second", "Third"],
};

function render(props) {
  root.render(
    <main>
      <MyComponent
        title="Welcome to My App"
        description="This is a sample component."
      />
      <MyButton text={props.text} disabled={props.disabled} />
      <MyButton text="Another Button" disabled />
      <MyList items={props.items} />
    </main>
  );
}

render(appState);

setTimeout(() => {
  appState.disabled = false;
  appState.items.push("Fourth");

  render(appState);
}, 1000);
```

render() 函数每次被调用时看起来都在创建新的 React 组件实例。React 足够智能，能够判断出这些组件已经存在，并确定只需要计算新属性值带来的输出差异。在这个例子中，setTimeout() 调用导致延迟了 1 秒。然后，appState.disabled 的值被改为 false，appState.items 数组在末尾添加了一个新的值。调用 render 将使用新的属性值重新渲染组件。

这个例子的另一个要点是，我们持有一个 appState 对象，它保存了应用程序的状态。这个状态的一部分随后以属性的形式传递给组件，当组件渲染时。状态必须存储在某个地方，而在本例中，它位于组件之外。我们将在第 12 章深入探讨这种方法及其重要性，即 React 中的状态管理。

注意，我们又渲染了一个按钮，并以不同的方式传递了属性。

```
<MyButton text="Another Button" disabled />
```

这是一个有效的 JSX 表达式，如果想要向组件传递常量值，我们可以不带花括号传递字符串，并在组件中只保留属性名称来传递布尔值 true。

3.3.2 默认属性值

除了传递数据，还可以使用 defaultProps 属性为 props 指定默认值。这在未提供 props 时很有帮助，确保组件仍然能够实现正确的行为。

```
const MyButton = ({ disabled, text }) => (
  <button disabled={disabled}>{text}</button>
);

MyButton.defaultProps = {
  disabled: false,
  text: "My Button",
};
```

在这种情况下，如果父组件没有提供 text 或 disabled 属性，组件将回退到在 defaultProps 中指定的默认值。

如上所述，使用解构，我们有一个更方便的方式来设置默认属性。

让我们来看一下 MyButton 组件的更新示例。

```
const MyButton = ({ disabled = false, text = "My Button" }) => (
  <button disabled={disabled}>{text}</button>
);
```

使用解构，我们可以在函数内部定义属性并设置其默认值。这样更为简洁，并且在拥有许多属性的大型组件中更容易查看。

接下来将更深入地探讨使用 Hooks 的组件状态以及其他关键概念。

3.4 组件状态是什么

在 React 中，组件状态指的是组件内部持有的数据。它代表了可以在组件内部使用并随时间更新的可变值。状态允许组件跟踪可能发生变化的信息，如用户输入、API 响应或任何需要动态响应的其他数据。

状态是 React 提供的一个特性，它使组件能够管理和更新自己的数据。它允许组件在状态变化时重新渲染，确保用户界面反映了最新的数据。

要在 React 组件中定义状态，应该在组件内部使用 useState 钩子（hook）。然后，可以在组件的方法或 JSX 代码中访问和修改状态。当状态更新时，React 将自动重新渲染组件及其子组件以反映这些变化。

在深入组件中使用状态示例之前，让我们简要探讨一下 React 钩子是什么。

3.5　React 钩子

React 钩子（hook）是 React 16.8 版本引入的一个特性，它允许在函数组件中使用状态和其他 React 特性。在钩子出现之前，状态管理和生命周期方法主要用在类组件中。钩子提供了一种在函数组件中实现类似功能的方式，使它们更强大，更易于编写和理解。

钩子能够"钩入"React 内部特性的函数，如状态管理、上下文、副作用等。它们以前缀 use 关键字命名（如 useState、useEffect、useContext 等）。React 提供了几种内置钩子，用户也可以创建自定义钩子来封装可重用的有状态逻辑。最常用的内置钩子包括：

● useState：允许向函数组件添加状态。它返回一个包含两个元素的数组，当前状态值和一个更新状态的函数。

● useEffect：在组件中执行副作用操作，如获取数据、订阅事件或手动操作 DOM。它默认在每次渲染后运行，并且可以用来处理组件的生命周期事件，如组件挂载、更新或卸载。

● useContext：允许从 React 上下文中使用值。它提供了一种在不嵌套多个组件的情况下访问上下文值的方式。

● useCallback 和 useMemo：用于性能优化。useCallback 记忆化一个函数，防止它在每次渲染时重新创建，而 useMemo 记忆化一个值，仅在其依赖项改变时重新计算。

我们将在本章中检查所有这些钩子，并将在整本书中使用它们。接下来继续探讨状态，并探索如何使用 useState 钩子来管理它。

3.5.1　使用钩子维护状态

我们将首先看到的 React 钩子 API 被称为 useState，它使函数式 React 组件能够拥有状态。本节将学习如何初始化状态值以及如何使用钩子改变组件的状态。

3.5.2　初始状态值

当组件首次渲染时，它们可能期望已经设置了一些状态值。这被称为组件的初始状态，我们可以使用 useState 钩子来设置初始状态。

让我们查看下列示例。

```
export default function App() {
  const [name] = React.useState("Mike");
  const [age] = React.useState(32);

  return (
    <>
      <p>My name is {name}</p>
      <p>My age is {age}</p>
    </>
  );
}
```

App 组件是一个返回 JSX 标记的函数式 React 组件。但由于 useState 钩子，现在它也是一个有状态的组件。这个示例初始化了两个状态值，即 name 和 age。这就是为什么会有两个对 useState 的调用，每个状态值一个。

用户可以根据需要在组件中拥有任意多的状态片段。最佳实践是每个状态值使用一个useState 调用。用户可以使用单个 useState 调用将对象定义为组件状态，但这样做会十分复杂，因为用户需要通过对象而不是直接访问状态值。使用这种方法更新状态值也更加复杂。如有疑问，可为每个状态值使用一个 useState 钩子。

当调用 useState 时，我们会得到一个返回的数组。该数组的第一个值就是状态值本身。由于这里使用了数组解构语法，我们可以将这个值命名为想要的任何名称；在本例中，它是 name 和 age。这两个常量在组件首次渲染时都包含值，因为我们为它们各自传递了初始状态值给 useState。图 3.1 显示了页面渲染时的样子。

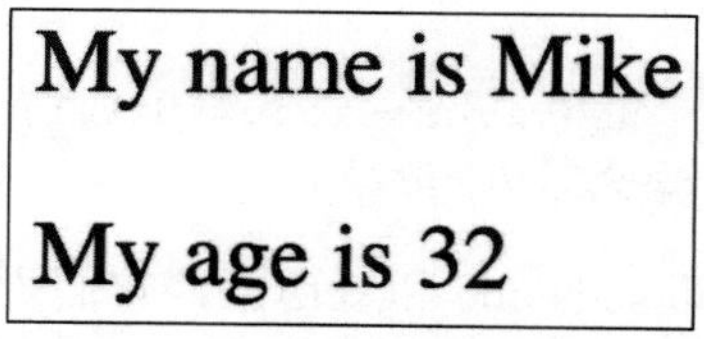

My name is Mike

My age is 32

图 3.1　使用状态钩子的值进行渲染输出

　　现在用户已经了解了如何设置组件的初始状态值，接下来将学习如何更新这些值。

　　React 组件使用状态来存储随时间变化的值。如上所述，组件使用的状态值起初处于某种状态，然后会因某些事件而改变。例如，服务器对 API 请求返回了新数据，或者用户单击了一个按钮或更改了一个表单字段。

　　要更新状态，useState 钩子为每一个状态提供了一个单独的函数，我们可以从 useState 钩子返回的数组中访问这些函数。其中，数组的第一个元素是状态值，第二个元素是用来更新该值的函数。让我们来看一个例子。

```
function App() {
  const [name, setName] = React.useState("Mike");
  const [age, setAge] = React.useState(32);

  return (
    <>
      <section>
        <input value={name} onChange={(e) => setName(e.target.value)} />
        <p>My name is {name}</p>
      </section>
      <section>
        <input
          type="number"
          value={age}
          onChange={(e) => setAge(e.target.value)}
        />
        <p>My age is {age}</p>
      </section>
    </>
  );
}
```

　　正如初始状态值部分的示例一样，这个例子中的 App 组件有两个状态片段：name 和 age。与之前的示例不同，这个组件使用两个函数来更新每一片状态。这些函数是从调用 useState 返回的。

```
const [name, setName] = React.useState("Mike");
const [age, setAge] = React.useState(32);
```

　　现在，我们有两个函数，即 setName 和 setAge，它们可以用来更新组件的状态。让我们来看一下更新名称状态的文本输入字段。

```
<section>
  <input value={name} onChange={(e) => setName(e.target.value)} />
  <p>My name is {name}</p>
</section>
```

每当用户在\<input\>字段中更改文本时，就会触发 onChange 事件。此事件的处理程序调用 setName，并将其 e.target.value 作为参数传递。传递给 setName 的参数是 name 的新状态值。接下来的段落显示，每次用户更改文本输入时，文本输入也会使用新的名字值进行更新。

接下来，让我们看看 age 数字输入字段以及这个值是如何传递给 setAge 的。

```
<section>
  <input
    type="number"
    value={age}
    onChange={(e) => setAge(e.target.value)}
  />
  <p>My age is {age}</p>
</section>
```

age 字段遵循的模式与 name 字段完全相同。唯一的区别是将输入类型设置为数字类型。任何时候数字发生变化，都会在 onChange 事件的响应中调用 setAge，并传入更新后的值。接下来的段落显示，每次对 age 状态进行更改时，数字输入也会随之更新。

图 3.2 显示了两个输入字段及其对应的两个段落在屏幕上渲染时的样子。

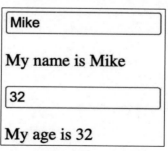

图 3.2　使用钩子更改状态值

本节学习了 useState 钩子，它用于向函数式 React 组件添加状态。每一片状态都使用其自己的钩子，并且有自己的值变量和自己的设置器函数。这极大地简化了在组件中访问和更新状态。任何给定的状态值都应该有一个初始值，以便组件可以在第一次渲染时正确显示。

要重新渲染使用状态钩子的函数式组件，可以使用 useState 返回的设置器函数并根据需要更新状态值。

接下来将了解如何使用钩子执行初始化和清理操作。

3.6 执行初始化和清理操作

通常 React 组件需要在组件创建时执行相关操作。例如，一个常见的初始化操作是获取组件所需的 API 数据。另一个常见操作是确保在组件被移除时取消任何未完成的 API 请求。本节将了解 useEffect 钩子以及它如何帮助用户处理这两种场景。此外，我们还将学习如何确保初始化代码不会运行得过于频繁。

3.6.1 获取组件数据

useEffect 钩子用于在组件中执行"副作用"操作。另一种思考副作用代码的方式是，函数式组件只有一项工作：返回要渲染的 JSX 内容。如果组件需要做其他事情，如获取 API 数据，这应该在 useEffect 钩子中完成。例如，如果只是将 API 调用作为组件函数的一部分，那么可能会引入竞态条件和其他难以修复的错误行为。

让我们来看一个使用钩子获取 API 数据的示例。

```
function App() {
  const [id, setId] = React.useState("loading...");
  const [name, setName] = React.useState("loading...");

  const fetchUser = React.useCallback(() => {
    return new Promise((resolve) => {
      setTimeout(() => {
        resolve({ id: 1, name: "Mike" });
      }, 1000);
    });
  }, []);

  React.useEffect(() => {
    fetchUser().then((user) => {
      setId(user.id);
      setName(user.name);
    });
```

```
  });

  return (
    <>
      <p>ID: {id}</p>
      <p>Name: {name}</p>
    </>
  );
}
```

useEffect 钩子期望一个函数作为参数。该函数在组件完成渲染后被调用，且以一种安全的方式执行（不会干扰 React 在内部对组件进行的任何其他操作）。让我们从模拟 API 函数开始，更细致地查看这个示例的各个部分。

```
const fetchUser = React.useCallback(() => {
  return new Promise((resolve) => {
    setTimeout(() => {
      resolve({ id: 1, name: "Mike" });
    }, 1000);
  });
}, []);
```

fetchUser() 函数使用 useCallback 钩子定义。这个钩子用于记忆化函数，意味着它只会被创建一次，并且在依赖项没有变化的情况下，在随后的渲染中不会被重新创建。useCallback 接收两个参数：第一个是想要记忆化的函数，第二个是依赖项列表，这些依赖项用来确定 React 何时应该重新创建这个函数，而不是使用记忆化版本。fetchUser() 函数传递了一个空数组（[]）作为依赖项列表。这意味着该函数只会在初始渲染期间被创建一次，并且在随后的渲染中不会被重新创建。

fetchUser() 函数返回一个 promise。这个 promise 处理了一个包含两个属性的简单对象，即 id 和 name。setTimeout() 函数将 promise 处理延迟了 1 秒钟，因此这个函数是异步的，就像一个普通的 fetch 调用一样。

接下来，让我们看看 App 组件使用的钩子。

```
const [id, setId] = React.useState("loading...");
const [name, setName] = React.useState("loading...");

React.useEffect(() => {
  fetchUser().then((user) => {
    setId(user.id);
    setName(user.name);
```

```
  });
});
```

可以看到，除了 useCallback，在这个组件中还使用了两个钩子：useState 和 useEffect。像这样组合钩子的功能是非常强大且被鼓励的。首先，我们设置了组件的 id 和 name 状态。然后，useEffect 被用来设置一个函数，当 promise 解决时，该函数会调用 fetchUser 并设置组件的状态。

图 3.3 展示了 App 组件首次渲染时的样子，使用的是 id 和 name 的初始状态。

1 秒钟后，从 fetchUser 返回的 promise 通过 API 数据得以处理，随后这些数据被用来更新 ID 和名称状态。这导致 App 重新渲染，如图 3.4 所示。

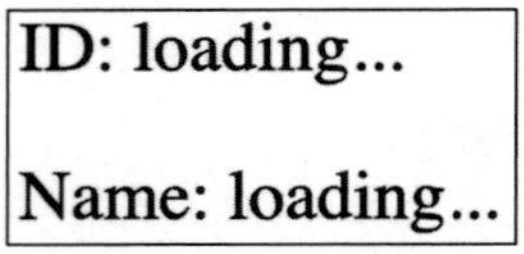

ID: loading...	ID: 1
Name: loading...	Name: Mike

图 3.3　在数据到达之前显示加载文本 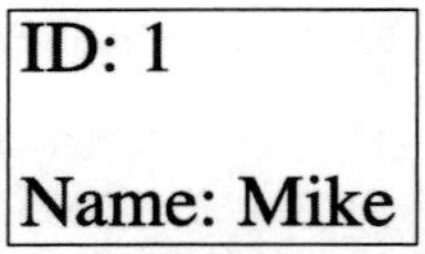　　　　图 3.4　状态发生改变，移除了加载文本并显示返回的值

用户会在 API 请求未处理时浏览应用程序。useEffect 钩子可以用来处理取消这些请求。

3.6.2　取消操作和重置状态

在某些时候，用户很有可能会浏览应用程序，并在对其 API 请求做出响应之前导致组件卸载。有时，组件可以监听某些事件，应该在卸载组件之前删除所有监听器以避免内存泄露。一般来说，当相关组件从屏幕上删除时，停止执行任何后台操作是很重要的。

幸运的是，useEffect 钩子有一个机制，可以在组件被移除时清理诸如待定的 setInterval 等副作用。让我们来看一个实际操作中的例子。

```
import * as React from "react";

function Timer() {
  const [timer, setTimer] = React.useState(100);

  React.useEffect(() => {
    const interval = setInterval(() => {
      setTimer((prevTimer) => (prevTimer === 0 ? 0 : prevTimer - 1));
    }, 1000);

    return () => {
      clearInterval(interval);
```

```
  };
}, []);

return <p>Timer: {timer}</p>;
}

export default Timer;
```

这是一个简单的 Timer 组件。它拥有计时器状态，在 useEffect()钩子中设置了定时器回调来更新计时器，并渲染当前计时器值的输出。下面进一步查看 useEffect()钩子。

```
React.useEffect(() => {
  const interval = setInterval(() => {
    setTimer((prevTimer) => (prevTimer === 0 ? 0 : prevTimer - 1));
  }, 1000);

  return () => {
    clearInterval(interval);
  };
}, []);
```

此处通过调用 setInterval() 函数创建了一个定时器，该函数带有一个回调，用于更新计时器状态。需要注意到一件有趣的事情，那就是对于 setTimer() 函数，我们传递的是一个回调而不是一个数字。这是 React 的一个有效 API：当需要使用先前的状态值来计算新的状态值时，我们可以传递一个回调函数，其中第一个参数是当前或 "先前" 的状态值，我们应该从这个回调函数返回新的状态值来更新状态。

在 useEffect 内部，我们还返回了一个函数，React 在组件被移除时运行这个函数。在这个例子中，调用 setInterval 创建的定时器通过调用从 useEffect 返回的函数来清除，其中调用了 clearInterval。从 useEffect 返回的函数将在组件即将卸载时被触发。

下面查看 App 组件，它渲染并移除了 Timer 组件。

```
const ShowHideTimer = ({ show }) => (show ? <Timer /> : null);

function App() {
  const [show, setShow] = React.useState(false);

  return (
    <>
      <button onClick={() => setShow(!show)}>
        {show ? "Hide Timer" : "Show Timer"}
```

```
    </button>
    <ShowHideTimer show={show} />
  </>
  );
}
```

App 组件渲染了一个按钮，用来切换显示状态。该状态值决定了是否渲染 Timer 组件，但是通过使用 ShowHideTimer 便捷组件来实现。如果 show 为真，则渲染<Timer />；否则，移除 Timer，并触发 useEffect 清理行为。

图 3.5 显示了屏幕首次加载时的样子。

Timer 组件没有被渲染，因为 App 组件的显示状态是 false。尝试单击显示计时器按钮。这将改变显示状态并渲染 Timer 组件，如图 3.6 所示。

图 3.5　一个用于触发状态变化的按钮 　　　　图 3.6　显示计时器

用户可以再次单击 Hide Timer 按钮以移除 Timer 组件。如果没有在 useEffect 中添加清理间隔，这将在每次计时器渲染时创建新的监听器，进而导致内存泄露问题。

React 允许控制何时运行效果。例如，当想要在首次渲染后发起所有 API 请求，或者想要在特定状态变化时执行效果。接下来我们将探讨如何做到这一点。

3.6.3　优化副作用行为

默认情况下，React 假定运行的每个效果都需要被清理，并且应该在每次渲染时执行。实际情况通常并非如此。例如，有一些特定的属性或状态值，在变化时需要清理并再次执行。可以将一个值数组作为第二个参数传递给 useEffect 以进行监视。例如，如果用户有一个在变化时需要清理的已解析状态，那么可以这样编写效果代码。

```
const [resolved, setResolved] = useState(false);
useEffect(() => {
  // ...the effect code...
  return () => {
    // ...the cleanup code
  };
}, [resolved]);
```

在这段代码中，只有当解析后的状态值发生变化时，效果才会被触发并运行。如果效果运行了，但解析后的状态没有变化，那么清理代码将不会执行，原始的效果代码也不会再次运行。另一个常见的情况是，除了在组件被移除时，绝不运行清理代码。实际上，这就是我们在获取用户数据部分的示例中想要发生的事情。目前，效果在每次渲染后都运行。这意味着需要不断重复获取用户 API 数据，而我们真正想要的只是在组件首次挂载时获取一次。

让我们对获取组件数据请求示例中的 App 组件进行一些修改。

```
React.useEffect(() => {
  fetchUser().then((user) => {
    setId(user.id);
    setName(user.name);
  });
}, []);
```

我们向 useEffect 添加了第二个参数，即一个空数组。这告诉 React 没有要监视的值，我们只想在组件渲染后运行效果，以及在组件被移除时运行清理代码。除此之外，我们还在 fetchUser 函数中添加了 console.count('fetching user')。这使得查看浏览器开发者工具控制台并确保数据只获取一次变得更加容易。如果移除了传递给 useEffect 的[]参数，则会发现 fetchUser 被调用了多次。

本节介绍了 React 组件中的副作用。副作用是一个重要的概念，因为它们是 React 组件与外部世界之间的桥梁。副作用最常见的用例之一是在组件首次创建时获取所需的数据，然后在组件被移除后进行清理。

接下来将探讨与 React 组件共享数据的另一种方式：上下文（context）。

3.7　使用上下文钩子共享数据

React 应用程序通常有一些全局性的数据片段。这意味着多个组件（可能是应用程序中的每个组件）都共享这些数据。例如，当前登录用户的信息可能在多个地方被使用。这就是 Context API 派上用场的地方。Context API 提供了一种创建共享数据存储的方式，树中的任何组件都可以访问，无论其深度如何。

为了使用 Context API，我们需要使用 React 库中的 createContext() 函数来创建一个上下文。

```
import { createContext } from 'react';
```

```
const MyContext = createContext();
```

上述示例使用 createContext 创建了一个名为 MyContext 的上下文。这会创建一个包含 Provider 和 Consumer 的上下文对象。

Provider 组件负责向其子组件提供共享数据。我们使用 Provider 包装组件树的相关部分，并通过 value 属性传递数据。

```
<MyContext.Provider value={/* shared data */}>
  {/* Child components */}
</MyContext.Provider>
```

在 MyContext.Provider 中的任何组件都可以使用 Consumer 组件或 useContext() 钩子访问共享数据。让我们看看如何使用钩子读取上下文。

```
import React, { useContext } from 'react';

const MyComponent = () => {
  const value = useContext(MyContext);

  // Render using the shared data
};
```

通过使用 Context API，可以避免"属性钻取"问题，即不需要通过多个组件层级传递数据。它简化了数据共享的过程，并允许组件直接访问共享数据，使代码更易于阅读和维护。值得注意的是，Context API 并不适合所有场景，应该谨慎使用。它最适用于共享真正全局的数据或与组件树大部分相关的数据。对于小规模的数据共享，仍然推荐使用属性传递。

3.8　使用钩子进行记忆化处理

在 React 中，在每次渲染时函数组件都会被调用，这意味着昂贵的计算和函数创建可能会对性能产生负面影响。为了优化性能并防止不必要的重新计算，React 提供了 3 个钩子：useMemo()、useCallback() 和 useRef()。这些钩子分别允许记忆化值、函数和引用。

3.8.1　useMemo() 钩子

useMemo() 钩子用于记忆化计算结果，确保只有在依赖项发生变化时才重新计算。它接收一个函数和一个依赖项数组，并返回记忆化值。

以下是使用 useMemo() 钩子的示例。

```
import { useMemo } from 'react';

const Component = () => {
  const expensiveResult = useMemo(() => {
    // Expensive computation
    return computeExpensiveValue(dependency);
  }, [dependency]);

  return <div>{expensiveResult}</div>;
};
```

在这个例子中，我们使用 useMemo 记忆化了 expensiveResult 值。当依赖值发生变化时，函数内的计算才会执行。如果依赖保持不变，将返回之前记忆化的值，而不是重新计算结果。

3.8.2　useCallback() 钩子

我们在本章中已经探讨了 useCallback() 钩子，但这里想强调一个重要的用例。当函数组件渲染时，它的所有函数都会被重新创建，包括在组件内部定义的任何内联回调。这可能导致接收这些回调作为 props 的子组件进行不必要的重新渲染，因为它们将回调视为新的引用并触发重新渲染。让我们来看一个例子。

```
const MyComponent = () => {
  return <MyButton onClick={() => console.log("click")} />;
};
```

在这个例子中，我们为 onClick 属性提供的内联函数将在 MyComponent 每次渲染时被创建。这意味着 MyButton 组件每次都将接收一个新的函数引用，这将导致 MyButton 组件进行新的渲染。

以下是一个演示使用 useCallback 钩子的例子。

```
const MyComponent = () => {
  const clickHandler = React.useCallback(() => {
    console.log("click");
  }, []);
```

```
    return <MyButton onClick={clickHandler} />;
};
```

在这个例子中，clickHandler 函数使用 useCallback 进行了记忆化。空的依赖项数组[]表明该函数没有依赖项，并应在组件的生命周期内保持不变。

结果是，在 MyComponent 的每次渲染中都向 MyButton 提供了相同的函数实例，防止了子组件的不必要重新渲染。

3.8.3　useRef() 钩子

useRef() 钩子允许创建一个可在组件渲染之间持久存在的可变引用。它通常用于存储需要在渲染之间保留的值或引用，而不触发重新渲染。此外，useRef 还可以用来访问 DOM 节点或 React 组件实例。

```
const Component = () => {
  const inputRef = useRef();

  const handleButtonClick = () => {
    inputRef.current.focus();
  };

  return (
    <div>
      <input type="text" ref={inputRef} />
      <button onClick={handleButtonClick}>Focus Input</button>
    </div>
  );
};
```

在这个例子中，我们使用 useRef 创建了 inputRef，并将其分配给输入元素的 ref 属性。这允许使用 inputRef.current 属性访问 DOM 节点。在 handleButtonClick 函数中，需要调用 inputRef.current 上的 focus 方法，在单击按钮时聚焦输入元素。

通过使用 useRef 访问 DOM 节点，用户可以在不触发组件重新渲染的情况下直接与底层 DOM 元素交互。

通过 useMemo 钩子、useCallback 钩子和 useRef 钩子的记忆化功能，用户可以避免不必要的计算、防止不必要的重新渲染，并在渲染之间保留值和引用，以此优化 React 应用程序的性能。这可以带来更流畅的用户体验和更高效的资源使用。

3.9　本 章 小 结

　　本章介绍了 React 组件和 React 钩子。通过相应的代码学习了组件属性或 props，这些代码将属性值从 JSX 传递到组件。本章讨论了状态是什么以及如何使用 useState 钩子进行操作。然后学习了 useEffect，它使得在函数式 React 组件中进行生命周期管理成为可能，如在组件挂载时获取 API 数据，在组件被移除时清理任何未完成的异步操作。接下来，学习了如何使用 useContext()钩子来访问全局应用程序数据。最后了解了使用 useMemo()钩子、useCallback()钩子 和 useRef() 钩子进行记忆化的方法。第 4 章将学习 React 组件的事件处理。

第4章　React方式中的事件处理

本章的重点是事件处理。React对处理事件包含一种独特的方法：在JSX中声明事件处理程序。我们将从查看如何在JSX中声明特定元素的事件处理程序开始。然后将探索内联和高阶事件处理函数。

之后将学习React如何在内部将事件处理程序映射到DOM元素。最后将了解React传递给事件处理程序函数的合成事件，以及它们如何为了性能目的而被复用。一旦完成了本章的阅读，读者将能够在React组件中自如地实现事件处理程序。

本章主要涉及下列主题。

- 声明事件处理程序。
- 声明内联事件处理程序。
- 将处理程序绑定到元素。
- 使用合成事件对象。
- 理解事件池化。

4.1　技术要求

本章介绍的代码可以在以下链接找到：https://github.com/PacktPublishing/React-and-React-Native-5E/tree/main/Chapter04。

4.2　声明事件处理程序

React组件中事件处理的与众不同之处在于它是声明式的。与jQuery等相比，必须编写命令式代码来选择相关的DOM元素，并将事件处理函数附加到它们上面。

JSX标记中声明式事件处理程序的优势在于它们是UI结构的一部分。不必追踪分配事件处理程序的代码，这在心理上是一种解放。

本节将编写一个基本的事件处理程序，以便可以感受React应用程序中声明式事件处理的语法。然后将学习如何使用通用事件处理函数。

4.2.1　声明处理函数

让我们来看一个为元素的单击事件声明事件处理程序的基本组件。

```
function MyButton(props) {
  const clickHandler = () => {
    console.log("clicked");
  };

  return <button onClick={clickHandler}>{props.children}</button>;
}
```

事件处理函数 clickHandler 被传递给<button>元素的 onClick 属性。

通过查看这个标记，用户可以确切地看到当按钮被单击时将运行哪段代码。

☑ **注意**

查看官方 React 文档以获取支持的事件属性名称完整列表，对应网址为 https://react.dev/reference/react-dom/components/common。

接下来考察如何使用同一个元素的不同事件处理程序来响应多种类型的事件。

4.2.2　多个事件处理程序

声明式事件处理程序语法的一个优点是，当一个元素被分配了多个处理程序时，它很容易阅读。例如，有时候一个元素可能有两个或三个处理程序。对于单个事件处理程序，命令式代码就难以处理，更不用说多个处理程序了。当一个元素需要更多的处理程序时，它只是另一个 JSX 属性而已。从代码可维护性的角度来看，这种方法具有良好的扩展性，如下所示。

```
function MyInput() {
  const onChange = () => {
    console.log("changed");
  };

  const onBlur = () => {
    console.log("blured");
  };
```

```
return <input onChange={onChange} onBlur={onBlur} />;
}
```

这个<input>元素可以有更多的事件处理程序，代码的可读性仍然会很好。

随着不断地向组件添加更多的事件处理程序，用户会发现它们中的许多处理程序执行相同的操作。接下来将学习关于内联事件处理函数的知识。

4.3 声明内联事件处理程序

将处理函数分配给 JSX 属性的典型方法是使用命名函数。然而，有时候用户想要使用内联函数，其中函数被定义为标记的一部分。这是通过直接将箭头函数分配给 JSX 标记中的事件属性来完成的。

```
function MyButton(props) {
  return (
    <button onClick={(e) => console.log("clicked", e)}>
      {props.children}
    </button>
  );
}
```

内联事件处理程序的主要使用场景是当您有一个静态参数值，且想要传递给另一个函数时。此示例使用单击的字符串调用 console.log。用户可以在 JSX 标记之外为此目的设置一个特殊函数，通过创建一个新函数或使用高阶函数来实现。但那样的话，用户将不得不为另一个函数想出一个新的名称。有时，内联方式更简单。

接下来将了解 React 如何在浏览器中将处理函数绑定到底层的 DOM 元素上。

4.4 将处理程序绑定到元素

当在 JSX 中为元素分配事件处理函数时，React 实际上并不会在底层的 DOM 元素上附加事件监听器。相反，它将该函数添加到一个内部函数映射中。页面的文档上设有一个单一的事件监听器。当事件通过 DOM 树冒泡到文档时，React 处理程序会检查是否有任何组件具有匹配的处理程序。图 4.1 展示了该过程。

读者可能会问，React 为什么要这么麻烦？这是在过去几章中提及的原则：尽可能保持声明式 UI 结构与 DOM 分离。DOM 仅仅是一个渲染目标，React 的架构允许它对最终的渲染目标和事件系统保持无关。

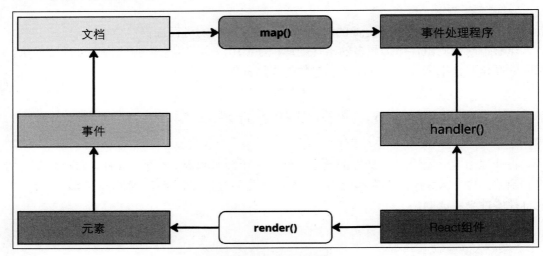

图 4.1　事件处理周期

例如，当渲染一个新组件时，它的事件处理函数仅仅是被添加到 React 维护的内部映射中。当触发一个事件并且触及文档对象时，React 将事件映射到处理程序。如果找到匹配项，那么它将调用处理程序。最后，当 React 组件被移除时，处理程序仅仅是从处理程序列表中被移除。所有这些 DOM 操作实际上并没有触及 DOM。这一切都被单一事件监听器抽象化了。这对性能和整体架构是有益的（换句话说，保持渲染目标与应用程序代码分离）。

在接下来的部分，用户将了解 React 使用的合成事件的实现，以确保良好的性能和安全的异步行为。

4.5　使用合成事件对象

当使用原生的 addEventListener() 函数将事件处理函数附加到 DOM 元素时，回调函数会接收到一个事件参数。React 中的事件处理函数也会接收一个事件参数，但它不是标准事件实例。它被称为 SyntheticEvent，且是原生事件实例的一个简单包装器。

合成事件在 React 中有两个作用。

● 提供了一个一致的事件接口，统一了浏览器之间的不一致性。

● 包含传播工作所必需的信息。

图 4.2 显示了 React 组件背景下合成事件的示意图。

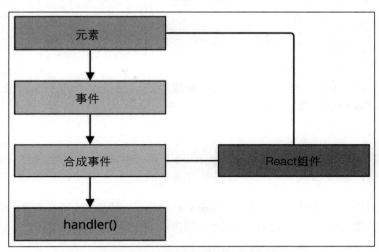

图 4.2　如何创建和处理合成事件

当 React 组件中的 DOM 元素派发事件时，React 会处理这个事件，因为它为自己设置了相应的监听器。然后，根据可用性，它将创建一个新的合成事件或从池中重用一个合成事件。如果为组件声明了与派发的 DOM 事件匹配的任何事件处理程序，它们将使用传递给它们的合成事件运行。

React 中的事件对象具有与原生 JavaScript 事件类似的属性和方法。用户可以访问诸如 event.target 之类的属性来检索触发事件的 DOM 元素，或使用 event.currentTarget 来引用事件处理程序附加的元素。此外，事件对象还提供了诸如 event.preventDefault() 之类的方法，以防止与事件相关联的默认行为，如表单提交或链接单击行为。用户也可以使用 event.stopPropagation() 方法来阻止事件进一步向上传播到组件树中，以防止事件冒泡。

与传统的 JavaScript 事件处理相比，React 中的事件传播工作方式有所不同。在传统方法中，事件通常通过 DOM 树冒泡，触发祖先元素上的处理程序。

在 React 中，事件传播基于组件层次结构而非 DOM 层次结构。当子组件中发生事件时，React 在组件树的根部捕获事件，然后向下遍历到触发事件的特定组件。这种方法称为事件委托，它通过将事件逻辑集中到组件树的根部来简化事件处理。

React 的事件委托提供了几个好处。首先，它减少了附加到单个 DOM 元素的事件监听器的数量，从而提高了性能。其次，它允许处理动态创建或删除元素的事件，而不必担心手动附加或分离事件监听器。

下一节将考察这些合成事件如何出于性能原因而被池化，以及对异步代码的影响。

4.6　理解事件池化

包装原生事件实例的一个挑战是它可能导致性能问题。每个创建的合成事件包装器也需要在某个时候被垃圾回收，这在 CPU 时间方面是昂贵的。

☑ 注意

当垃圾回收器运行时，所有 JavaScript 代码都无法执行。这就是为什么保持内存效率至关重要；频繁的垃圾回收意味着响应用户交互的代码拥有更少的 CPU 时间。

例如，应用程序只处理少量事件，这并不是什么大问题。但是，按照一般标准，应用程序会响应许多事件，即使处理程序实际上并没有对它们进行任何操作。如果 React 不断需要分配新的合成事件实例，将会产生问题。

React 通过分配一个合成实例池来解决这个问题。每当触发事件时，它会从池中取出一个实例并填充其属性。当事件处理程序运行完毕后，合成事件实例会被释放回池中，如图 4.3 所示。

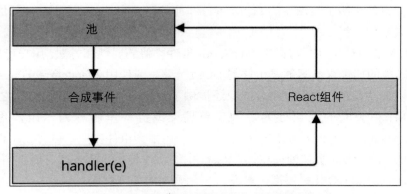

图 4.3　合成事件被重用以节省内存资源

这可以防止在触发许多事件时垃圾回收器频繁运行。池保持对合成事件实例的引用，因此它们永远不会有资格被垃圾回收。React 也永远不必分配新实例。

然而，此处需要注意一个陷阱，它涉及从事件处理程序的异步代码中访问合成事件实例。这是一个问题，因为一旦处理程序运行完毕，实例就会重新进入池中。当它重新进入池中时，其所有属性都会被清除。

以下是一个展示可能出错的示例。

```
function fetchData() {
  return new Promise((resolve) => {
    setTimeout(() => {
      resolve();
    }, 1000);
  });
}

function MyButton(props) {
  function onClick(e) {
    console.log("clicked", e.currentTarget.style);

    fetchData().then(() => {
      console.log("callback", e.currentTarget.style);
    });
  }

  return <button onClick={onClick}>{props.children}</button>;
}
```

第二次调用 console.log 尝试从一个异步回调中访问合成事件属性，该回调直到事件处理程序完成后才运行，导致事件清空其属性。这会在结果中产生一个警告和一个未定义的值。

☑ **注意**

这个示例的目的是说明在编写与事件交互的异步代码时，会出现怎样的问题。

在本节中，我们介绍了事件因性能原因而进行池化，这意味着永远不应以异步方式访问事件对象。

4.7　本 章 小 结

本章介绍了 React 中的事件处理。React 与其他事件处理方法的关键区别在于处理程序是在 JSX 标记中声明的。这使得追踪哪些元素处理哪些事件变得更加简单。

如前所述，在单个元素上拥有多个事件处理程序只是添加新的 JSX 属性。然后，我们学习了内联事件处理函数及其潜在用途，以及 React 实际上是如何将单个 DOM 事件处理程序绑定到文档对象上的。

合成事件是对原生事件的抽象封装；本章介绍了它们的必要性以及它们如何通过池化来高效地使用内存。

第 5 章将学习如何创建可重复用于多种目的的组件。用户不会为遇到的每种用例编写新的组件，而是学习必要的技能来重构现有组件，以便它们可以在多个上下文中使用。

第5章 打造可复用组件

本章的目标是展示如何实现具有多种用途的 React 组件。阅读完本章后，用户将对如何构建应用程序特性充满信心。

本章首先简要介绍 HTML 元素，以及这些元素在帮助实现功能和实用性方面的作用。接下来将讨论一个单体组件的实现，并发现它在使用过程中会产生的问题。下一节将专门讨论如何重新实现单体组件，使该功能由更小的组件组成。

最终，本章以讨论 React 组件的渲染树作为结束，并为用户提供一些建议，同时考察如何在分解组件时避免引入过多复杂性。最后将介绍高级特性组件与实用组件的概念。

本章主要涉及下列主题。

- 可重用的 HTML 元素。
- 单体组件的难点。
- 重构组件结构。
- 渲染属性。
- 渲染组件树。

5.1 技术要求

读者可以在 GitHub 上找到本章的代码文件，地址为 https://github.com/PacktPublishing/React-and-React-Native-5E/tree/main/Chapter05。

5.2 可重用的 HTML 元素

让我们思考一下 HTML 元素。根据 HTML 元素的类型，它要么是以特性为中心，要么是以实用性为中心。以实用性为中心的 HTML 元素比以特性为中心的 HTML 元素更可重用。例如，考虑一下<section>元素。这是一个通用元素，几乎可以在任何地方使用，但其主要用途是组成特性的结构方面：特性的外层壳体和特性的内部部分。这正是<section>元素最有用的场合。

另外，我们持有像<p>、<span>和<button>这样的元素。这些元素因为在设计上的通用性，提供了高度的实用性。应该在用户可以单击并产生动作的地方使用<button>元素。这比特性的概念层次要低。

虽然谈论具有高度实用性的 HTML 元素与专门针对特定特性的元素很容易，但当涉及数据时，讨论就会更加细致。HTML 是静态标记，而 React 组件将静态标记与数据相结合。问题是，如何确保自己正在创建正确的以特性为中心和以实用性为中心的组件？

本章的目的是了解如何从定义功能的单体 React 组件转变为与实用组件相结合的、以功能为中心的小型组件。

5.3　单体组件的难点

如果能够为任何给定的特性实现一个组件，那么将简化工作。至少，没有太多组件需要维护，也不会有太多数据流动的通信路径，因为一切都将是组件内部的。

然而，这种想法由于多种原因而无法实现。拥有单体特性的组件使得协调任何类型的团队开发工作变得困难，如版本控制、合并冲突和并行开发。单体组件越大，以后就越难重构为更好的组件。

此外，还存在特性重叠和特性通信的问题。重叠是因为特性之间的相似性，一个应用程序拥有完全独一无二的一组特性是不太可能的，那将使应用程序非常难以学习和使用。组件通信本质上意味着一个特性中的某些状态将影响另一个特性中的某些状态。状态本身就难以处理，当大量状态被封装在一个单体组件中时更是如此。

学习如何避免单体组件的最佳方法是直接体验一个单体组件。您将在本节的剩余部分实现一个单体组件。在下一节中，将看到组件如何被重构为更可持续的内容。

5.3.1　JSX 标记

要实现的单体组件是一个列出文章的特性组件。出于说明目的，不想过分强调组件的规模。用户可以向列表中添加新项目，切换列表中项目的摘要，并从列表中删除项目。

以下是组件的 JSX 标记。

```
<section>
    <header>
      <h1>Articles</h1>
      <input placeholder="Title" value={title} onChange={onChangeTitle}
```

```
  />
  <input
    placeholder="Summary"
    value={summary}
    onChange={onChangeSummary}
  />
  <button onClick={onClickAdd}>Add</button>
</header>
<article>
  <ul>
    {articles.map((i) => (
      <li key={i.id}>
        <a
          href={'#${i.id}'}
          title="Toggle Summary"
          onClick={() => onClickToggle(i.id)}
        >
          {i.title}
        </a>
         
        <button
          href={'#${i.id}'}
          title="Remove"
          onClick={() => onClickRemove(i.id)}
        >
        &#10007;
      </button>
      <p style={{ display: i.display }}>{i.summary}</p>
    </li>
    ))}
  </ul>
</article>
</section>
```

可以看到，以上使用了过多的 JSX。我们将在下一节中对此进行改进，但目前，让我们来实现这个组件的初始状态。

5.3.2　初始状态

下面考察这个组件的初始状态。

```
const [articles, setArticles] = React.useState([
  {
    id: id.next(),
    title: "Article 1",
    summary: "Article 1 Summary",
    display: "none",
  },
  {
    id: id.next(),
    title: "Article 2",
    summary: "Article 2 Summary",
    display: "none",
  },
]);
const [title, setTitle] = React.useState("");
const [summary, setSummary] = React.useState("");
```

状态由 articles 数组、title 字符串和 summary 字符串组成。文章数组中的每个文章对象都有若干字符串字段，以帮助渲染文章，以及一个 id 字段，该字段是一个数字，并通 id.next()生成。

让我们来看一下相应的工作流程。

```
const id = (function* () {
  let i = 1;
  while (true) {
    yield i;
    i += 1;
  }
})();
```

id 常量是一个生成器，通过定义一个内联生成器函数并立即调用它来创建。这个生成器将无限地产生数字。因此，第一次调用 id.next()返回 1，下一次是 2，以此类推。当需要添加新文章并需要一个新的唯一 ID 时，这个简单的工具将会非常有用。

5.3.3　事件处理程序实现

当前，我们已经持有了组件的初始状态和 JSX。现在，是时候实现事件处理器了。

```
const onChangeTitle = useCallback((e) => {
  setTitle(e.target.value);
}, []);
```

```
const onChangeSummary = useCallback((e) => {
  setSummary(e.target.value);
}, []);
```

onChangeTitle()和 onChangeSummary()方法分别使用钩子的 setState()来更新 title 和 summary 的状态值。新值来自 event 参数的 target.value 属性，这是用户在文本输入中输入的值。

```
const onClickAdd = useCallback(() => {
  setArticles((state) => [
    ...state,
    {
      id: id.next(),
      title: title,
      summary: summary,
      display: "none",
    },
  ]);
  setTitle("");
  setSummary("");
}, [summary, title]);
```

onClickAdd()方法向 articles 状态添加了一个新的文章。该状态值是一个数组。我们使用展开操作符从现有数组构建一个新数组（[...state]），并且新对象被添加到新数组的末尾。构建一个新数组并将其传递给 setArticles()的原因是避免出现意外。换句话说，将状态值视为不可变以防止其他更新相同状态的代码意外地引起问题。接下来，我们将使用一个处理程序来删除文章。

```
const onClickRemove = useCallback((id) => {
  setArticles((state) =>
    state.filter((article) => article.id !== id)
  );
}, []);
```

onClickRemove()方法从 articles 状态中移除了具有给定 ID 的文章。它通过对数组调用 filter()来做到这一点，并返回了一个新的数组，所以该操作是不可变的。过滤操作移除了具有给定 ID 的对象：

```
const onClickToggle = useCallback((id) => {
  setArticles((state) => {
```

```
const articles = [...state];
const index = articles.findIndex((article) => article.id === id);

articles[index] = {
  ...articles[index],
  display: articles[index].display ? "" : "none",
};

return articles;
});
}, []);
```

onClickToggle()方法切换给定 ID 的文章的可见性。在该方法中执行两个不可变操作。
首先构建一个新的文章数组。然后，基于给定 ID 的索引，用一个新对象替换索引处的文章
对象。使用对象展开操作符来填充属性（{...articles[index]}），然后根据现有的显示值切换
显示属性值。

渲染的输出结果如图 5.1 所示。

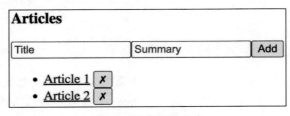

图 5.1　渲染后的文章

此时，我们已经有了一个组件，它可以完成所需的一切功能。但是，该组件是单体的，
且难以维护。试想一下，如果应用程序中还有其他地方也使用 MyFeature 的相同组件，那
么就必须重新"发明"这些组件，因为它们不能共享。在下一节中，我们将把 MyFeature 分
解成更小的可重用组件。

5.4　重构组件结构

本节将学习如何将前一节中实现的特性组件拆分成更易于维护的组件。我们将从 JSX
开始，这是重构的最佳起点。然后将为特性实现新组件。

接下来将使这些新组件转换为函数式组件，而不是基于类。最后将学习如何使用渲染
属性来减少应用程序中直接组件依赖的数量，以及如何通过使用钩子在函数式组件内管理

状态来完全去除类。

5.4.1 从 JSX 开始

单体组件的 JSX 是了解如何将其重构为更小组件的最佳起点。图 5.2 显示了目前正在重构的组件的结构。

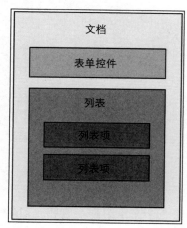

图 5.2 构成 React 组件的 JSX 的可视化效果

JSX 的顶部是表单控件，所以它很容易成为自己的组件。

```
<header>
  <h1>Articles</h1>
  <input
    placeholder="Title"
    value={title}
    onChange={onChangeTitle} />
  <input
    placeholder="Summary"
    value={summary}
    onChange={onChangeSummary} />
  <button onClick={onClickAdd}>Add</button>
</header>;
```

随后将得到一个文章列表。

```
<ul>
  {articles.map((i) => (
```

```
  <li key={i.id}>
    <a
      href={`#${i.id}`}
      title="Toggle Summary"
      onClick={() => onClickToggle(i.id)}
    >
      {i.title}
    </a>
     
    <button
      href={'#${i.id}'}
      title="Remove"
      onClick={() => onClickRemove(i.id)}
    >
      &#10007;
    </button>
    <p style={{ display: i.display }}>{i.summary}</p>
  </li>
))}
</ul>
```

在这个列表中，有可能存在一个文章组件，它将是<li>标签内的所有内容。接下来尝试构建这个组件。

5.4.2　实现文章列表组件

ArticleList 组件实现如下所示。

```
function ArticleList({ articles, onClickToggle, onClickRemove }) {
  return (
    <ul>
      {articles.map((i) => (
        <li key={i.id}>
          <a
            href={'#${i.id}'}
            title="Toggle Summary"
            onClick={() => onClickToggle(i.id)}
          >
            {i.title}
          </a>
           
```

```
          <button
            href={'#${i.id}'}
            title="Remove"
            onClick={() => onClickRemove(i.id)}
          >
            &#10007;
          </button>
          <p style={{ display: i.display }}>{i.summary}</p>
        </li>
      ))}
    </ul>
  );
}
```

现在正将相关的 JSX 从单体组件中取出并放在这里。接下来查看特性组件的 JSX。

```
<section>
  <header>
    <h1>Articles</h1>
    <input placeholder="Title" value={title} onChange={onChangeTitle}
/>
    <input
      placeholder="Summary"
      value={summary}
      onChange={onChangeSummary}
    />
    <button onClick={onClickAdd}>Add</button>
  </header>
  <ArticleList
    articles={articles}
    onClickRemove={onClickRemove}
    onClickToggle={onClickToggle}
  />
</section>
```

文章列表现在由 ArticleList 组件渲染。要渲染的文章列表作为属性传递给该组件，同时传递的还有两个事件处理器。

注意

为什么要将事件处理器传递给子组件？原因是让 ArticleList 组件不必担心状态或状态的变化方式。它只关心渲染内容，并确保适当的事件回调连接到适当的 DOM 元素。这是容器组件的概念，稍后将对此进一步展开讨论。

现在我们已经持有一个 ArticleList 组件，接下来考察是否可以进一步将其拆分为更小的可重用组件。

5.4.3　实现文章项目组件

一种看法是：实现文章列表组件后，可能认为将其进一步拆分是个好主意。

另一种看法是：如果实际上并不需要将项目作为自己的组件，这个新组件并没有引入太多的间接性或复杂性。文章项目组件如下所示。

```
function ArticleItem({ article, onClickRemove }) {
  const [isOpened, setIsOpened] = React.useState(article.display !==
"none");

  const onClickToggle = React.useCallback(() => {
    setIsOpened((state) => !state);
  }, []);

  return (
    <li>
      <a href={'#${article.id}'} title="Toggle Summary"
        onClick={onClickToggle}>
        {article.title}
      </a>
       
      <button
        href={'#${article.id}'}
        title="Remove"
        onClick={() => onClickRemove(article.id)}
      >
        &#10007;
      </button>
      <p style={{ display: isOpened ? "block" : "none" }}>{article.
      summary}</p>
    </li>
  );
}
```

本质上，组件除了一个增强特性保持不变：将展开和折叠文章的逻辑转移到了 ArticleItem 组件中，这提供了几个优点。首先，减少了原始的 MyFeature 组件，因为它根本不需要知道何时隐藏或展开文章。其次，由于在展开文章时，不再使用展开操作符重新创建文章数组，而只是局部更改状态，因而提高了应用程序的性能。因此，在展开文章时，文章列表保持不变，React 不会重新渲染页面，而只有一个组件被重新渲染。

由 ArticleList 组件渲染的新 ArticleItem 组件如下所示。

```
function ArticleList({ articles, onClickRemove }) {
  return (
    <ul>
      {articles.map((article) => (
        <ArticleItem
          key={article.id.value}
          article={article}
          onClickRemove={onClickRemove}
        />
      ))}
    </ul>
  );
}
```

用户是否注意到这个列表仅仅是映射了文章列表？如果想要实现另一个进行过滤的文章列表，情况又当如何？如果是这样，拥有一个可重用的文章项组件是有益的。

接下来将把添加文章的标记移入它自己的组件中。

5.4.4 实现 AddArticle 组件

现在我们已经完成文章列表的工作，接下来考察用于添加新文章的表单控件。对此，可实现下列组件。

```
function AddArticle({
  name,
  title,
  summary,
  onChangeTitle,
  onChangeSummary,
  onClickAdd,
}) {
  return (
    <section>
      <h1>{name}</h1>
      <input placeholder="Title" value={title} onChange={onChangeTitle} />
      <input placeholder="Summary" value={summary}
```

```
onChange={onChangeSummary} />
      <button onClick={onClickAdd}>Add</button>
    </section>
  );
}
```

现在，特性组件只需要渲染<AddArticle>和<ArticleList>组件。

```
<section>
  <AddArticle
    name="Articles"
    title={title}
    summary={summary}
    onChangeTitle={onChangeTitle}
    onChangeSummary={onChangeSummary}
    onClickAdd={onClickAdd}
  />
  <ArticleList articles={articles} onClickRemove={onClickRemove} />
</section>
```

这个组件的重点是特性数据，同时它将 UI 元素的渲染工作委托给其他组件。下一节将考察如何使用渲染属性（render props）将组件作为属性传递，而不是直接将它们作为依赖项导入。

5.5　渲　染　属　性

假设实现一个由几个较小组件组成的特性。MyFeature 组件依赖于 ArticleList 和 AddArticle。现在，想象在应用程序的不同部分使用 MyFeature，这里使用 ArticleList 或 AddArticle 的不同实现是有意义的。对此，根本的挑战是将一个组件替换为另一个组件。

渲染属性是解决这一挑战的好方法。具体思想是向组件传递一个属性，其值是一个返回要渲染的组件的函数。这样，特性组件就不必直接依赖其子组件，用户可以根据需要进行配置，它们作为渲染属性值传入。让我们看一个例子。MyFeature 不再直接依赖 AddArticle 和 ArticleList，而是将它们作为渲染属性传递。下面是 MyFeature 在使用渲染属性填充添加位置时的样子。

```
<section>
  {addArticle({
    title,
```

```
    summary,
    onChangeTitle,
    onChangeSummary,
    onClickAdd,
  })}
  {articleList({ articles, onClickRemove })}
</section>
```

　　addArticle()函数和 articleList()函数被调用时使用的属性值，与原本传递给<AddArticle>和<ArticleList>的相同。现在的不同之处在于，该模块不再将 AddArticle 或 ArticleList 作为依赖项导入。

　　现在，让我们看看<main.js>文件，其中渲染了<MyFeature>。

```
const root = ReactDOM.createRoot(document.getElementById("root"));
root.render(
  <MyFeature
    addArticle={({
      title,
      summary,
      onChangeTitle,
      onChangeSummary,
      onClickAdd,
    }) => (
      <AddArticle
        name="Articles"
        title={title}
        summary={summary}
        onChangeTitle={onChangeTitle}
        onChangeSummary={onChangeSummary}
        onClickAdd={onClickAdd}
      />
    )}
    articleList={({ articles, onClickRemove }) => (
      <ArticleList articles={articles} onClickRemove={onClickRemove} />
    )}
  />
);
```

　　现在，这里的操作比仅仅渲染<MyFeature>时要复杂得多。让我们分析一下为什么会这样。此处就是传递 AddArticle 和 ArticleList 渲染属性的地方。这些属性的值是函数，它们接收来自 MyComponent 的参数。例如，onClickRemove()函数来自 MyFeature，用于更改该组件的状态。用户可以使用渲染属性函数将此功能以及任何其他值传递给将要渲染的组件。这些函数的返回值就是最终被渲染的内容。

本节介绍了传递渲染属性值（函数，这些函数渲染 JSX 标记），可以避免在可能想要共享功能的地方硬编码依赖项。

通常，为组件传递不同的属性值比更改某个模块使用的依赖项更为容易。

5.6　渲染组件树

让我们花一点时间回顾一下本章到目前为止所取得的成就。曾经是单体的特性组件最终几乎专注于状态数据。它处理初始状态和状态转换，如果有任何网络请求，那么它也会处理获取状态的网络请求。这是 React 应用程序中典型的容器组件，也是数据的起点。

实现的新组件更好地组合了特性，它们是这些数据的接收者。这些组件与其容器之间的不同之处在于，它们只关心在渲染时传入它们的属性。换句话说，它们只关心特定时间点的数据快照。从这里开始，这些组件可能会将属性数据作为属性传递给自己的子组件。组合 React 组件的通用模式如图 5.3 所示。

图 5.3　用较小的组件组成较大的 React 组件的模式

容器组件通常包含一个直接子组件。在图 5.3 中，可以看到容器要么有一个条目详情组件，要么有一个列表组件。当然，这两个类别会有变化，因为每个应用程序都是不同的。

这种通用模式具有 3 个级别的组件组合。数据单向流动，从容器一直流向实用组件。

一旦超过了 3 层，应用程序架构就变得难以理解。在某些特殊情况下，用户需要添加 4 层 React 组件，但一般来说，应该避免这样做。

在本章研究的单体组件示例中，首先介绍了一个完全专注于一个特性的单一组件。这意味着该组件在应用程序的其他部分几乎没有什么用途。

原因在于顶层组件处理的是应用程序的状态。有状态的组件很难在其他情况下使用。当重构单体功能组件时，所创建的新组件离数据越来越远。一般来说，组件离有状态数据越远，其实用性就越强，因为它们的属性值可以从应用程序的任何地方传入。

5.7　本　章　小　结

本章讲述了如何避免单体组件设计。然而，单体组件往往是任何 React 组件设计的必然起点。

本章首先介绍了不同 HTML 元素具有不同程度的实用性。接下来讨论了单体 React 组件的问题，并逐步实现了一个单体组件。

随后我们学习了如何将单体组件重构为更可持续的设计。其间，我们了解到容器组件只应考虑处理状态，而较小的组件因为它们的属性值可以从任何地方传入，所以具有更高的实用性。除此之外，还可以使用渲染属性来更好地控制组件依赖和替换。

第 6 章将学习关于组件属性验证和类型检查方面的知识。

第6章 TypeScript类型检查和验证

本章将探讨 React 组件中属性验证的重要性，以创建健壮、无错误的应用程序。本章将介绍 TypeScript，这是 JavaScript 静态类型检查的强大工具。

本章将指导读者在项目中设置 TypeScript，并涵盖其基础和高级概念。

此外，还将提供如何在 React 组件中使用 TypeScript 进行类型检查的示例。

通过本章的学习，读者将拥有扎实的属性验证和类型检查基础，并准备好使用 TypeScript 创建更可预测、更可靠的组件。

本章主要涉及下列主题。

- 了解预期行为。
- TypeScript 简介。
- 在 React 中使用 TypeScript。

6.1 技 术 要 求

本章的代码文件可以在 GitHub 上找到，地址是 https://github.com/PacktPublishing/React-and-React-Native-5E/tree/main/Chapter05。

6.2 了解预期行为

在任何应用程序中，可预测性都是关键内容。一个可预测的应用程序以预期的方式运行，这将减少错误，改善用户体验，并简化维护。当在 React 的背景下谈论可预测性时，通常指的是组件如何根据它们接收的 props 来表现。props 是属性的缩写，并作为 React 组件的输入决定它们的行为和渲染。这就是属性验证概念发挥作用的地方。

6.2.1 属性验证的重要性

属性验证是一种确保组件接收正确数据类型的方法。它就像组件之间的一种契约。当一个组件指定了它期望接收的属性类型时，它就做出了一个承诺，即如果接收到这些类型的属性，它将以某种特定的方式表现。

属性验证之所以至关重要，其原因如下所示。

● 有助于在开发过程中早期捕捉错误：如果一个组件接收到一个意料之外类型的属性，它可能不会按预期行为，从而导致难以追踪的错误。通过验证属性，用户可以在这些错误导致问题之前捕捉到它们。

● 属性验证提高了代码的可读性：通过查看组件的属性类型，可以快速理解组件期望接收哪些数据。这使得在整个应用程序中使用和重用组件变得更加容易。

● 属性验证使组件更加可预测：当一个组件明确指定它期望接收的属性类型时，根据其属性理解组件的行为方式将变得更加容易。

6.2.2　属性验证的缺失可能导致的潜在问题

缺少适当的属性验证，组件可能变得不可预测并容易出错。

让我们来看一个组件。

```
const MyList = ({ list }) => (
  <ul>
    {list.map((user) => (
      <li key={user.name}>
        {user.name} ({user.email})
      </li>
    ))}
  </ul>
);
```

在这个例子中，一个组件期望接收一个列表属性，它应该是一个具有名称和电子邮件属性的对象数组。如果这个组件接收到的列表属性是一个字符串、数字，或者甚至是数组，但没有对象，它可能尝试访问 user.name 或 user.email，这将导致错误。

这类错误可能很难调试，特别是在有很多组件的大型应用程序中。如果没有阅读组件的每行代码，也可能难以理解我们究竟应该为组件提供什么内容。错误可能导致应用程序崩溃或出现意外行为。但如果我们可以为组件添加属性验证，以帮助我们及早捕捉这些错误，并确保组件按预期行为运作呢？ 接下来将对此加以讨论。

6.2.3　属性验证的选项

在 React 和 React Native 中，用户可以使用几种工具进行属性验证。其中之一是 PropTypes，这是一个允许指定组件应接收的属性类型的库。另一个选择是 TypeScript，它是 JavaScript 的静态类型超集，提供了强大的类型检查工具。

接下来将展示使用 PropTypes 的 MyList 组件的示例。查看下列组件。

```
import PropTypes from 'prop-types';

const MyList = ({ list }) => (
  <ul>
    {list.map((user) => (
      <li key={user.name}>
        {user.name} ({user.email})
      </li>
    ))}
  </ul>
);

MyList.propTypes = {
  list: PropTypes.arrayOf(
    PropTypes.shape({
      name: PropTypes.string.isRequired,
      email: PropTypes.string.isRequired,
    })
  ).isRequired,
};
```

在这个例子中，我们使用 PropTypes 来指定 list 属性应该是一个对象数组，每个对象都应该具有 name 和 email 属性，这两个属性都应该是字符串类型。接下来，让我们看看 TypeScript 的示例。

```
type User = {
  name: string;
  email: string;
};

type MyListProps = {
  list: User[];
};

const MyList = ({ list }: MyListProps) => (
  <ul>
    {list.map((user) => (
      <li key={user.name}>
```

```
      {user.name} ({user.email})
    </li>
  ))}
 </ul>
);
```

在 TypeScript 示例中，我们定义了一个 User 类型和一个 MyListProps 类型。User 类型是一个具有 name 和 email 属性的对象，这两个属性都是字符串。MyListProps 类型是一个具有 list 属性的对象，该属性是一个 User 对象数组。

尽管 PropTypes 和 TypeScript 都为属性验证提供了有价值的工具，但我们将在本书的其余部分专注于 TypeScript。TypeScript 提供了一种更全面和更强大的类型检查方法，并且在 React 和 React Native 社区中越来越受欢迎。

在接下来的章节中，所有示例将使用 TypeScript。到本书结束时，读者将深入了解 TypeScript 以及如何在自己的 React 和 React Native 项目中使用它。那么，让我们深入探索 TypeScript 的世界吧。

6.3 TypeScript 简介

当开始学习类型检查和验证时，让我们暂时离开 React 和 React Native，将注意力转向 TypeScript。读者可能在想，"TypeScript 到底是什么"？

TypeScript 是 JavaScript 的静态类型超集，由微软公司开发和维护。这意味着它为 JavaScript 增加了额外的功能，其中最重要的是静态类型。虽然 JavaScript 是动态类型的，但 TypeScript 引入了一个类型系统，允许显式定义变量、函数参数和函数返回值可以拥有的数据类型。

不用担心，TypeScript 与 JavaScript 完全兼容。实际上，任何有效的 JavaScript 代码也是有效的 TypeScript 代码。TypeScript 使用转译器（编译器的一种）将 TypeScript 代码（浏览器无法直接理解的代码）转换成可在 JavaScript 环境中运行的 JavaScript 代码。

考虑以下 JavaScript 函数。

```
function greet(name) {
  return "Hello, " + name;
}

console.log(greet("Mike")); // "Hello, Mike"
console.log(greet(32)); // "Hello, 32"
```

这个函数在传递一个字符串作为参数时按预期工作。但如果传递一个数字，它不会抛出错误，尽管对一个数字进行问候没有太多意义。

现在，让我们看看如何在 TypeScript 中编写这个函数。

```
function greet(name: string) {
  return "Hello, " + name;
}

console.log(greet("Mike")); // "Hello, Mike"
console.log(greet(32)); // Error: Argument of type 'number' is not
assignable to parameter of type 'string'.
```

在 TypeScript 版本中，我们给名称参数添加了类型注解。这告诉 TypeScript 名称应该是一个字符串。尝试用数字调用 greet，TypeScript 会抛出一个错误。有助于在运行代码之前就捕捉到错误。

这是一个简单的例子，它展示了 TypeScript 的一个关键优势：可以帮助用户在代码出现错误之前及早捕捉到。就像是拥有一个乐于助人的副驾驶，他会在潜在问题变得棘手之前指出它们。

6.3.1　为什么要使用 TypeScript

在介绍了 TypeScript 后，让我们深入探讨一下为什么需要学习并在项目中使用它。

● 早期捕获错误：前述内容已经讨论过这一点，但值得将其放在列表的首位。TypeScript 最大的优势之一是其能够在编译时捕获错误，甚至在运行代码之前捕获错误。这可以帮助预防许多在常规 JavaScript 中可能直到运行时才被捕获的常见错误。

● 提高代码可读性：TypeScript 的类型注释使得函数期望的参数类型或函数返回值的类型变得清晰。这可以使代码更容易阅读和理解，特别是对于可能在同一代码库上工作的其他开发人员。

● 更容易重构：TypeScript 的静态类型也使得代码重构变得更容易。如果更改了一个变量的类型或者函数的签名，那么 TypeScript 可以帮助用户找到代码中所有需要进行相应更改的地方。

● 社区和工具支持：TypeScript 在 JavaScript 社区中十分流行，并被许多大公司如微软、谷歌和爱彼迎等使用。这意味着有大量的开发人员可以提供支持，并且涵盖丰富的学习 TypeScript 的资源。此外，许多代码编辑器对 TypeScript 均有出色的支持，提供了诸如自动完成、类型推断和错误高亮显示等功能。

● 与现代框架和库的集成：TypeScript 可与现代 JavaScript 框架如 React 和

React Native 很好地集成，这些框架内置了 TypeScript 定义，使得构建强类型应用程序更容易。此外，大多数流行的 JavaScript 库都有可用的 TypeScript 定义。这些定义通常由社区贡献，提供了关于库函数和对象的类型信息，使得在 TypeScript 项目中使用这些库更加容易和安全。TypeScript 在 JavaScript 生态系统中的广泛应用确保了可以在代码库的任何地方发挥 TypeScript 的优势。

● 就业市场需求的增加：TypeScript 的受欢迎程度不仅限于开发实践，而且它在就业市场上也越来越受到追捧。从初创公司到大型企业，许多公司都在其项目中采用 TypeScript，因此对熟练掌握 TypeScript 的开发人员的需求也在增长。这在涉及 React 和 React Native 的角色中尤其如此，TypeScript 通常因其在扩展和维护大型代码库方面的优势而被使用。通过学习 TypeScript，读者不仅为项目获得了一项有价值的技能，也使自己作为开发人员更具市场竞争力。

总体而言，TypeScript 提供了一系列好处，可以帮助用户编写更加健壮、易于维护的代码。它是所有 JavaScript 开发者工具箱中的宝贵工具，它在就业市场的日益普及使其成为职业发展值得投资的技能。

但是，理解 TypeScript 的好处只是第一步。要真正发挥 TypeScript 的力量，需要知道在项目中如何使用它。在下一节中，我们将指导读者在 React 项目中设置 TypeScript，涵盖从安装 TypeScript 到配置项目及其应用的一切内容。

6.3.2　在项目中设置 TypeScript

在第 1 章中，我们经历了使用 Vite 创建一个新的 React 项目的过程。现在，让我们看看如何创建一个 TypeScript 项目。

Vite 提供了一个模板，用于创建一个新的 React 和 TypeScript 项目。用户可以使用以下命令来创建一个新项目。

```
npm create vite@latest my-react-app -- --template react-ts
```

此命令创建一个使用 react-ts 模板的新 Vite 项目，其中包含 TypeScript。基于此模板的项目将在项目根目录中包含 tsconfig.json 文件。此文件用于为项目配置 TypeScript。tsconfig.json 文件如下所示。

```
{
  "compilerOptions": {
    "target": "esnext",
    "module": "esnext",
```

```
    "jsx": "react-jsx",
    "strict": true,
    "moduleResolution": "node",
    "esModuleInterop": true
  }
}
```

这些设置告诉 TypeScript 将代码编译为最新版本的 JavaScript（"target": "esnext"），使用最新的模块系统（"module": "esnext"），并使用 React 17 中引入的新 JSX 转换（"jsx": "react-jsx"）。"strict": true 选项启用了广泛的类型检查行为，以捕获更多问题。

设置好 TypeScript 后，可以编写一些代码。然而，TypeScript 使用的文件扩展名与 JavaScript 不同：没有 JSX 的文件使用*.ts，包含 JSX 的文件使用*.tsx。接下来使用 TypeScript 创建第一个 React 组件。

```
type AppProps = {
  message: string;
};

function App({ message }: AppProps) {
  return <div>{message}</div>;
}
```

在这个示例中，我们为 App 组件的属性定义了一个 AppProps 类型。这告诉 TypeScript message 属性应该是一个字符串。

现在，让我们看看 main.tsx 文件，如图 6.1 所示。

```
ReactDOM.createRoot(document.getElementById("root")!).render(
  <React.StrictMode>
    <App />      Property 'message' is missing in type '{}' but required in type 'AppProps'.
  </React.StrictMode>
);
```

图 6.1　在 main.tsx 文件中的 App 组件，带有 TypeScript 的错误信息

这是 TypeScript 检查和验证组件中属性使用的方式。这里应该传递 message 属性，如图 6.2 所示。

```
ReactDOM.createRoot(document.getElementById("root")!).render(
  <React.StrictMode>
    <App message="Hello TypeScript" />
  </React.StrictMode>
```

图 6.2　在 main.tsx 文件中无错误的 App 组件

最终，用户可以使用以下命令运行项目。

```
npm run dev
```

此命令启动 Vite 开发服务器。如果代码中有任何类型错误，那么 TypeScript 也会在控制台中显示它们。

6.3.3　TypeScript 中的基本类型

TypeScript 的一个关键特性是其丰富的类型系统。TypeScript 引入了几种基本类型，可以用来描述数据结构。要指定变量的类型，需要在变量名后使用冒号，然后是类型。

TypeScript 中的基本类型如下所示。

● boolean：最基本的数据类型是简单的真/假值，JavaScript 和 TypeScript 称之为 boolean。

```
let isDone: boolean = false;
```

● number：与 JavaScript 中一样，TypeScript 中的所有数字都是浮点值。这些浮点数被赋予了数字类型。

```
let age: number = 32;
```

● string：无论是在网页还是服务器上创建程序，处理文本数据都是 JavaScript 的基本组成部分。与其他语言一样，我们使用字符串类型来指代这些文本数据类型。

```
let color: string = "blue";
```

● Array：TypeScript 与 JavaScript 一样，允许使用值的数组。数组类型可以以两种方式之一书写。第一种方式是使用元素的类型，然后是[]来表示该元素类型的数组。

```
let list: number[] = [1, 2, 3];
```

第二种方式使用泛型数组类型，即 Array<elemType>。

```
let list: Array<number> = [1, 2, 3];
```

● tuple：元组类型允许表达一个数组，其中固定数量元素的类型是已知的，但不需要相同。例如，您可能想要将一个值表示为一个 string 和一个 number 的配对。

```
let x: [string, number];
x = ["hello", 10]; // OK
```

● enum：从 JavaScript 的标准数据类型集合中，一个有益的补充是 enum。正如在 C# 等语言中一样，enum 是一种为一组数值赋予更友好名称的方式。

```
enum Color {
  Red,
  Green,
  Blue,
}
let c: Color = Color.Green;
```

● any：在编写应用程序时，需要描述那些未知类型的变量。这些值来自动态内容，如来自用户或第三方库。在这些情况下，如果希望退出类型检查，让这些值通过编译期检查，那么，我们使用 any 类型来标记它们。

```
let notSure: any = 4;
notSure = "maybe a string instead";
notSure = false; // okay, definitely a Boolean
```

● unknown：unknown 类型是 any 的类型安全对应物。任何类型都可以赋值给 unknown，但未知类型除了自身和 any 类型，不能赋值给任何其他类型，除非有类型断言或基于控制流的收缩。同样，除非首先进行断言或收缩到更具体的类型，否则不允许对 unknown 类型执行任何操作。

```
let notSure: unknown = 4;
notSure = "maybe a string instead";

// OK, because of structural typing
notSure = false;

let surelyNotAString: string = notSure; // Error, 'unknown' is not
assignable to 'string'
```

在这个示例中，不能在没有类型检查的情况下将 notSure 赋值给 surelyNotAString，因为 notSure 是 unknown 类型。这有助于防止错误，因为我们不能在未检查类型的情况下无意中对 unknown 类型的变量执行操作。

unknown 类型的一个常见用例是在 catch 子句中，错误对象的类型是未知的。

```
try {
  // some operation that might throw
} catch (error: unknown) {
  if (error instanceof Error) {
```

```
    console.log(error.message);
  }
}
```

在这个示例中，不知道 error 类型可能是什么，因此将其赋予未知类型。这迫使我们在与之交互之前必须检查它的类型。

● void：void 有点像 any 的反面，即完全没有类型。用户通常会看到它作为不返回值的函数的返回类型。

```
function warnUser(): void {
  console.log("This is my warning message");
}
```

● undefined 和 null：在 TypeScript 中，undefined 和 null 实际上各自拥有名为 undefined 和 null 的类型。与 void 类似，它们本身并不是非常有用。

```
let u: undefined = undefined;
let n: null = null;
```

然而，在可选类型中，undefined 扮演着至关重要的角色。在 TypeScript 中，可以通过在类型名称后添加 "?" 来使类型成为可选。这意味着该值可以是指定的类型或者是 undefined。例如：

```
function greet(name?: string) {
  return 'Hello ${name}';
}

greet("Mike");
greet(undefined); // OK
greet(); // Also OK
```

● never：在 TypeScript 中，never 类型代表一种永远不会出现的值的类型。它用于那些函数永远不会返回值或到达其执行路径末端的情况。例如，一个抛出错误的函数或者一个包含无限循环的函数可以被标注为 never 类型。

```
function throwError(errorMsg: string): never {
    throw new Error(errorMsg);
}

function infiniteLoop(): never {
    while (true) {
    }
}
```

理解这些基本类型是使用 TypeScript 的关键一步。当开始在项目中使用 TypeScript 时，会发现这些类型是编写健壮、可维护代码的强大工具。

下一节将深入探讨 TypeScript 的类型系统，并探索接口和类型别名，它们提供了定义复杂类型的方法。

6.3.4　接口和类型别名

虽然基本类型适用于简单的数据类型，但在处理更复杂的数据结构时，我们需要更强大的工具。这就是接口和类型别名的用武之地。它们允许定义复杂类型并赋予它们名称。

1. 接口

TypeScript 中的接口是定义复杂类型契约的一种方式。它描述了一个对象应该具有的形状。以下是一个例子。

```
interface User {
  name: string;
  email: string;
}
```

在这个示例中，我们定义了一个具有两个属性的 User 接口：name 和 email，这两个属性都是字符串类型。我们可以使用这个接口对对象进行类型检查。

```
const user: User = {
  name: "Alice",
  email: "alice@example.com",
};
```

如果尝试将一个不符合 User 接口的对象赋值给 user 变量，那么 TypeScript 将会抛出一个错误。

2. 类型别名

类型别名与接口非常相似，但它们可以用于其他类型，不仅仅是对象。以下是一个类型别名的示例。

```
type Point = {
  x: number;
  y: number;
};

type ID = number | string;
```

在这个示例中，我们定义了一个 Point 类型，它代表二维空间中的一个点，以及 ID 类型，可以是字符串或数字。我们可以像使用接口一样使用这些类型别名。

```
const point: Point = {
  x: 10,
  y: 20,
};

const id: ID = 100;
```

3. 接口与类型别名

应该在什么时候使用接口，在什么时候使用类型别名呢？在许多情况下，这二者是可以互换的，主要取决于个人偏好。

然而，它们之间也存在一些差异。接口更具扩展性，因为它们可以多次声明，并且会被合并在一起。类型别名不能重新打开以添加新属性。另外，类型别名可以表示其他类型，如联合类型、交叉类型、元组，以及接口当前不可用的任何其他类型。

总体而言，如果用户在定义一个对象的形状，则接口或类型别名都可以工作。如果定义的类型不是对象，则需要使用类型别名。

在这一部分中，我们已经迈出了进入 TypeScript 世界的第一步。学习了如何在 Vite 项目中设置它，它的基本类型，以及如何使用接口和类型别名定义复杂类型。

现在，让我们探讨如何将 TypeScript 与 React 组件、状态、事件处理器结合使用。

6.4　在 React 中使用 TypeScript

前述内容介绍了 TypeScript 的基础知识并讨论了它的优势。现在，是时候开始实际使用 React 中的 TypeScript 了。

在这一部分中，我们将探讨如何在 React 应用程序的所有不同部分使用 TypeScript 进行类型检查。我们将查看组件、属性、状态、事件处理器、上下文和引用。别担心，本书会通过大量示例来帮助读者阐明这些概念。

6.4.1　在 React 组件中对属性进行类型检查

在一个 React 应用程序中， TypeScript 的一个主要应用领域是组件，特别是属性。考察以下示例。

```
type GreetingProps = {
  name: string;
};

const Greeting = ({ name }: GreetingProps) => {
  return <h1>Hello, {name}!</h1>;
};
```

在这个示例中，我们定义了一个 GreetingProps 类型，它指定了 Greeting 组件应该接收的属性的形状。然后我们使用这个类型来对 Greeting 组件中的 name 属性进行类型检查。

这是一个只有一个属性的简单示例，但相同的方法也可用于具有更复杂属性的组件。例如，如果一个组件接收一个对象或数组作为属性，那么可以定义一个描述该对象或数组形状的类型。以下是一个示例。

```
type UserProps = {
  user: {
    name: string;
    email: string;
  };
};

const UserCard = ({ user }: UserProps) => {
  return (
    <div>
      <h1>{user.name}</h1>
      <p>{user.email}</p>
    </div>
  );
};
```

在这个示例中，UserCard 组件接收一个 user 属性，该属性是一个包含 name 和 email 属性的对象。我们定义了一个 UserProps 类型来描述这个对象的形状，并使用它来对 user 属性进行类型检查。

让我们考虑 React 中的另一个常见场景：可选属性。有时，一个组件具有并非总是必需的属性。在这些情况下，我们可以为属性提供默认值，并在类型定义中将其标记为可选。以下是一个示例。

```
type ButtonProps = {
  children: React.ReactNode;
  disabled?: boolean;
```

```
};

const Button = ({ children, disabled = false }: ButtonProps) => {
  return <button disabled={disabled}>{children}</button>;
};
```

在 ButtonProps 类型中，使用 React 的 React.ReactNode 类型来定义 children 属性。这是 React 提供的一个特殊类型，可以接收任何可渲染的内容。包括字符串、数字、JSX 元素这些类型的数组，甚至是返回这些类型的函数。通过使用 React.ReactNode，表明 children 属性可以是 React 可以渲染的任何类型的内容。

此外还使用了可选的 disabled 属性。通过在 ButtonProps 类型的属性名后添加"?"来标示 disabled 是可选的。还为组件函数参数中的 disabled 提供了 false 作为默认值。

这样，可以包含或不包含 disabled 属性并使用 Button 组件，而 TypeScript 仍然会正确地进行类型检查。

```
<Button>Click me!</Button> // OK
<Button disabled>Don't click me!</Button> // OK
```

6.4.2　类型状态

正如对属性进行类型检查一样，也可以在组件中使用 TypeScript 对状态进行类型检查。确保始终使用正确类型的状态值，从而为代码提供了另一层安全性。

下面查看一个如何在函数组件中应用 TypeScript 到状态的示例。

```
const Counter = () => {
  const [count, setCount] = React.useState<number>(0);

  return (
    <div>
      <p>Count: {count}</p>
      <button
        onClick={() => {
          setCount(count + 1);
        }}
      >
        Increment
      </button>
    </div>
  );
};
```

在这个 Counter 组件中，使用 React.useState<number>(0)声明一个状态变量 count，其初始值为 0。通过将<number>作为类型参数传递给 useState，告诉 TypeScript count 应该是一个数字。省略传递<number>，因为 TypeScript 足够智能，能够根据初始值的类型推断出 count 应该是一个数字。

这也意味着 setCount() 函数将只接收数字。如果尝试用非数字参数调用 setCount()函数，TypeScript 将会抛出一个错误。

6.4.3　事件处理器的类型定义

TypeScript 在 React 应用程序中的另一个非常有用之处是在事件处理器中。通过对事件处理器进行类型检查，可以确保正在使用正确的事件类型，并在事件对象上访问正确的属性。

让我们看一个带有输入字段和类型化事件处理器的函数组件的示例。

```
const InputField = () => {
  const [value, setValue] = React.useState("");

  const handleChange = (event: React.ChangeEvent<HTMLInputElement>) => {
    setValue(event.target.value);
  };

  return <input value={value} onChange={handleChange} />;
};
```

在 InputField 组件中，我们定义了一个 handleChange() 函数，它将在输入字段的值发生变化时被调用。我们使用 React.ChangeEvent<HTMLInputElement>类型作为事件参数，以指定这个函数应该接收来自输入字段的更改事件。

这个类型包括可以从一个输入框的更改事件中预期的所有属性，如 event.target.value。如果尝试访问这种类型的事件上不存在的属性，那么 TypeScript 将会抛出一个错误。

6.4.4　上下文类型检查

在 React 中使用 TypeScript 时，还可以对上下文进行类型检查，以确保始终使用正确类型的值。让我们看一个例子：

```
type ThemeContextType = {
  theme: string;
```

```
  setTheme: (theme: string) => void;
};

const ThemeContext = React.createContext<ThemeContextType | null>(null);


const ThemeProvider = ({ children }: { children: React.ReactNode }) => {
  const [theme, setTheme] = React.useState('light');

  return (
    <ThemeContext.Provider value={{ theme, setTheme }}>
      {children}
    </ThemeContext.Provider>
  );
};

const useTheme = () => {
  const context = React.useContext(ThemeContext);
    if (context === null) {
      throw new Error('useTheme must be used within a ThemeProvider');
    }
  return context;
};
```

在这个示例中，我们使用 React.createContext 创建了一个 ThemeContext。提供 ThemeContextType 作为 createContext 的类型参数，以指定上下文值的形状。这个类型包括一个主题字符串 theme 和一个设置主题的函数 setTheme。

接下来，创建一个 ThemeProvider 组件，为上下文提供了 theme 和 setTheme 值。在 useTheme 钩子内部，通过 React.useContext 来使用 ThemeContext。如果上下文为 null，则抛出一个错误。

这是一种常见的模式，用于确保上下文在提供者内部使用。

通过这个示例，这里想强调一个重要的 TypeScript 特性。在 useTheme 钩子中，我们没有指定类型。它返回上下文值，由于错误检查，TypeScript 知道它是 ThemeContextType 类型且非空。这意味着当使用 useTheme 时，TypeScript 将自动提供正确的、非空的上下文类型。

6.4.5　引用类型检查

接下来关注 React 中的另一个强大特性：引用。正如在第 3 章中已经了解到的，引用提供了一种直接在组件内部访问 DOM 节点或 React 元素的方式。但如何确保正确地使用引用呢？答案在于 TypeScript。

关于如何在引用上应用 TypeScript，查看下面的例子。

```
const InputWithRef = () => {
  const inputRef = React.useRef<HTMLInputElement>(null);

  const focusInput = () => {
    if (inputRef.current) {
      inputRef.current.focus();
    }
  };

  return (
    <div>
      <input ref={inputRef} type="text" />
      <button onClick={focusInput}>Focus the input</button>
    </div>
  );
};
```

在 InputField 组件中，我们使用 React.useRef 创建了一个引用，并提供 HTMLInputElement 作为 useRef 的类型参数，以指定引用的类型。HTMLInputElement 是 TypeScript 内置的 DOM 类型定义之一，它代表 DOM 中的一个输入元素。这个类型对应于引用所附加的 DOM 元素的类型。

这意味着 inputRef.current 将是 HTMLInputElement|null 类型，并且 TypeScript 将知道它具有一个 focus 方法。

6.5　本 章 小 结

本章深入探讨了 React 中的类型检查和验证。从属性验证的重要性开始，然后引入了 TypeScript 及其在健壮类型检查方面的优势。

接下来将 TypeScript 应用于 React，展示了它在 React 组件的不同方面进行类型检查的用法，包括属性、状态、事件处理器、上下文和引用。这一切都使用户能够创建可靠、易于维护的应用程序，且有助于早期发现错误，从而显著提高代码的质量和开发效率。

在第 7 章中，我们将把注意力转移到 React 应用程序中的导航。其中将学习如何设置和使用路由，并在应用程序的不同部分之间进行导航。

第7章 使用路由处理导航

几乎每个网络应用程序都需要路由功能，这是根据一组路由处理器声明来响应 URL 的过程。换而言之，这是将 URL 映射到渲染内容的过程。然而，由于需要管理不同的 URL 模式，且须将它们映射到适当的内容渲染，这项任务比最初看起来要复杂得多。这包括处理嵌套路由和动态参数，并确保正确的导航流程，这也是使用 react-router 包的原因，它是 React 的事实上的标准路由工具。

首先，我们将学习如何使用 JSX 语法声明路由的基础知识。然后将了解路由的动态方面的内容，如动态路径段和查询参数。接下来将学习如何使用 react-router 的组件实现链接。

本章主要涉及下列主题。

- 声明路由。
- 处理路由参数。
- 使用链接组件。

7.1 技 术 要 求

读者可以在 GitHub 上找到本章的代码文件，地址为 https://github.com/PacktPublishing/React-and-React-Native-5E/tree/main/Chapter07。

7.2 声 明 路 由

使用 react-router，用户可以将路由与它们渲染的内容一同放置。通过 JSX 语法及其关联的组件定义路由，react-router 使开发者能够为 React 应用程序创建一个清晰和符合逻辑的结构。这种聚集使得理解应用程序的不同部分如何连接和导航变得更容易，从而提高了代码库的可读性和可维护性。

本章将探讨基于 react-router 的、React 应用程序中路由的基础知识。我们将从创建一个基本的示例路由开始，熟悉路由声明的语法和结构。然后将深入探讨如何按功能组织路由，而不是依赖单一的路由模块。最后将实现一个常见的父子路由模式，以演示如何处理更复杂的路由场景。

7.2.1　Hello Route

在开始编写代码之前，首先设置 react-router 项目。运行以下命令以将 react-router-dom 添加到依赖项中。

```
npm install react-router-dom
```

下面创建一个简单的路由，用于在激活时渲染一个简单的组件。

（1）首先，我们有一个小的 React 组件，并在路由被激活时对其进行渲染。

```
function MyComponent() {
  return <p>Hello Route!</p>;
}
```

（2）接下来查看路由定义。

```
import React from "react";
import ReactDOM from "react-dom/client";
import { createBrowserRouter, RouterProvider } from "react-routerdom";
import MyComponent from "./MyComponent";

const router = createBrowserRouter([
  {
    path: "/",
    element: <MyComponent />,
  },
]);

ReactDOM.createRoot(document.getElementById("root")!).render(
  <React.StrictMode>
    <RouterProvider router={router} />
  </React.StrictMode>
);
```

RouterProvider 组件是应用程序的最顶层组件。让我们分解它以了解路由内部发生了什么。

我们在 createBrowserRouter 函数中声明了实际的路由。任何路由都有两个关键属性：path 和 element。当 path 属性与活动 URL 匹配时，就会渲染组件。但确切地说，路由器本身并不直接渲染任何内容，它负责管理其他组件如何根据当前 URL 进行连接。换而言之，路由器检查当前 URL 并从 createBrowserRouter 声明中返回相应的组件。确实如此，当在浏览器中查看这个示例时，<MyComponent>会按预期渲染，如图 7.1 所示。

Hello Route!

图 7.1　组件的渲染输出结果

当路径属性与当前 URL 匹配时，路由组件会被元素属性的值替换。在这个例子中，路由返回了<MyComponent>。如果给定的路由不匹配，将不会有任何内容被渲染。

这个示例展示了 React 中路由的基础内容。声明路由非常简单直观。为了进一步加深对 react-router 的理解，建议实践这里所涵盖的概念。尝试自己创建更多的路由，并观察它们如何影响应用程序的行为。之后可以尝试更高级的技术，如使用 React.lazy 和 Suspense 延迟加载组件（第 8 章将对此加以讨论），以及实现基于路由的代码分割来优化应用程序性能。

通过更深入地探索这些主题并将它们应用到自己的项目中，用户将更加欣赏 react-router 的能力，以及它在构建现代、高效和用户友好的 React 应用程序中的作用。

7.2.2　解耦路由声明

当应用程序在单个模块中声明了数十个路由时，路由的困难之处就显现出来了，因为这使得在心理上将路由映射到特定功能变得更加困难。

为了解决这个问题，应用程序的每个顶级功能可以定义自己的路由。这样，即可清楚地知道哪些路由属于哪个功能。下面，让我们从 App 组件开始。

```
const router = createBrowserRouter([
  {
    path: "/",
    element: <Layout />,
    children: [
      {
        index: true,
        element: <h1>Nesting Routes</h1>,
      },
      routeOne,
      routeTwo,
    ],
  },
]);
```

```
export const App = () => <RouterProvider router={router} />;
```

在这个示例中，应用程序包含两个路由。这些路由作为路由对象被导入，并被放置在 **createBrowserRouter** 内部。这个路由器中的第一个元素是<Layout />组件，它渲染一个页面模板，且带有永远不变的数据，并作为路由数据的位置。

```
function Layout() {
  return (
    <main>
      <nav>
        <Link to="/">Main</Link>
        <span> | </span>
        <Link to="/one">One</Link>
        <span> | </span>
        <Link to="/two">Two</Link>
        </nav>
      <Outlet />
    </main>
  );
}
```

该组件包含了一个带有链接的导航工具栏和<Outlet />组件。它是一个内置的 react-router 组件，将被匹配的路由元素替换。

路由器的规模仅与应用程序功能的数量相当，而不是路由的数量，后者可能会大得多。让我们来看看其中的一个特性路由。

```
const routes: RouteObject = {
  path: "/one",
  element: <Outlet />,
  children: [
    {
      index: true,
      element: <Redirect path="/one/1" />,
    },
    {
      path: "1",
      element: <First />,
    },
    {
      path: "2",
```

```
        element: <Second />,
      },
    ],
  ],
};
```

模块 one/index.js 导出一个包含 3 个路由的配置对象。

- 当匹配到/one 路径时，重定向到/one/1。
- 当匹配到/one/1 路径时，渲染 First 组件。
- 当匹配到/one/2 路径时，渲染 Second 组件。

这意味着当应用程序加载 URL /one 时，<Redirect>组件会将用户引导至/one/1。像 RouterProvider 一样，Redirect 组件内部没有 UI 元素，它仅管理逻辑。

这与 React 将组件嵌入布局中以处理特定功能的做法相一致。这种方法允许清晰的关注点分离，组件仅专注于渲染 UI 元素，而其他组件（如 Redirect）则专注于处理路由逻辑。

react-router 中的 Redirect 组件负责以编程方式将用户导航到不同的路由。它通常用于根据某些条件（如认证状态或路由参数）将用户从一个 URL 重定向到另一个 URL。通过将导航逻辑抽象到一个单独的组件中，它促进了应用程序内的代码重用性和可维护性。

这里使用 Redirect 是因为根路由上没有内容。通常，应用程序在某个功能或整个应用程序的根路径上实际上并没有内容需要渲染。这种模式允许将用户发送到适当的路由和适当的内容。图 7.2 显示了当打开应用程序并单击 One 链接时将看到的内容。

Main | One | Two

Feature 1, page 1

图 7.2　第 1 页的内容

第二个功能遵循与第一个功能完全相同的模式。以下是 First 组件的示例。

```
export default function First() {
  return <p>Feature 1, page 1</p>;
}
```

在这个例子中，每个功能都使用相同的最小渲染内容。这些组件是用户在导航到特定路由时最终需要看到的内容。通过这种方式组织路由，我们使相关功能在路由方面实现了自包含。

在接下来的部分中，将学习如何将路由进一步组织成父子关系。

7.3　处理路由参数

到目前为止，在本章中看到的 URL 都是静态的。大多数应用程序将同时使用静态路由和动态路由。在这一部分中，用户将学习如何将动态 URL 段传递给组件、如何使这些段变为可选，以及如何获取查询字符串参数。

7.3.1　路由中的资源 ID

一个常见的用例是将资源的 ID 作为 URL 的一部分。这使得代码可以轻松获取 ID，然后发起 API 调用以获取相关的资源数据。接下来将实现一个渲染用户详情页的路由。这将需要一个包含用户 ID 的路由，然后需要某种方式将 ID 传递给组件，以便它可以获取用户信息。

让我们从声明路由的 App 组件开始。

```
const router = createBrowserRouter([
  {
    path: "/",
    element: <UsersContainer />,
    errorElement: <p>Route not found</p>,
  },
  {
    path: "/users/:id",
    element: <UserContainer />,
    errorElement: <p>User not found</p>,
    loader: async ({ params }) => {
      const user = await fetchUser(Number(params.id));
      return { user };
    },
  },
]);

function App() {
  return <RouterProvider router={router} />;
}
```

:语法标记了 URL 变量的开始。id 变量将被传递给 UserContainer 组件。在显示组件之前，将触发加载器函数，异步获取指定用户 ID 的数据。在数据加载出错的情况下，errorElement 属性提供了一个后备方案，以有效处理这类情况。以下是 UserContainer 的实现方式。

```
function UserContainer() {
  const params = useParams();
  const { user } = useLoaderData() as { user: User };

  return (
    <div>
      User ID: {params.id}
      <UserData user={user} />
    </div>
  );
}
```

useParams()钩子用于获取 URL 中的任何动态部分。在这种情况下，用户感兴趣的是 id 参数。然后，我们使用 useLoaderData() 钩子从加载器函数中获取用户数据。如果 URL 完全缺少该段内容，那么这段代码根本不会运行；路由器将退回到 errorElement 组件。

现在，让我们来看一下本例中使用的 API 函数。

```
export type User = {
  first: string;
  last: string;
  age: number;
};


const users: User[] = [
  { first: "John", last: "Snow", age: 40 },
  { first: "Peter", last: "Parker", age: 30 },
];


export function fetchUsers(): Promise<User[]> {
  return new Promise((resolve) => {
    resolve(users);
  });
}
```

```typescript
export function fetchUser(id: number): Promise<User> {
  return new Promise((resolve, reject) => {
    const user = users[id];

    if (user === undefined) {
      reject('User ${id} not found');
    } else {
      resolve(user);
    }
  });
}
```

fetchUsers()函数由 UsersContainer 组件用来填充用户链接列表。fetchUser()函数将从模拟数据中的用户数组中查找并解析一个值。以下是负责渲染用户详细信息的 User 组件。

```typescript
type UserDataProps = {
  user: User;
};

function UserData({ user }: UserDataProps) {
  return (
    <section>
      <p>{user.first}</p>
      <p>{user.last}</p>
      <p>{user.age}</p>
    </section>
  );
}
```

当运行这个应用程序并导航到/时，应该会看到如图 7.3 所示的用户列表。
单击第一个链接应该前往/users/0，其显示效果如图 7.4 所示。

图 7.3　应用程序首页的内容　　　　　图 7.4　用户页面的内容

导航至一个不存在的用户，如/users/2，对应结果如图 7.5 所示。

User not found

图 7.5　当未找到用户时

收到这条错误信息（而不是 500 错误）的原因是，API 端点知道如何处理缺失的资源。

```
if (user === undefined) {
  reject('User ${id} not found');
}
```

该拒绝行为将由 react-router 使用所提供的 errorElement 组件来处理。

下一节将考察如何定义可选的路由参数。

7.3.2　查询参数

有时，我们需要可选的 URL 路径值或查询参数。对于简单的选项，URL 工作得最好，如果有多个值组件可以使用，查询参数工作得最好。

让我们实现一个用户列表组件，该组件渲染用户的列表。作为可选方案，希望能够以降序排列列表。让我们用可以接收查询字符串的路由来实现这一点。

```
const router = createBrowserRouter([
  {
    path: "/",
    element: <UsersContainer />,
  },
]);

ReactDOM.createRoot(document.getElementById("root")!).render(
  <React.StrictMode>
    <RouterProvider router={router} />
  </React.StrictMode>
);
```

路由中没有特殊的设置来处理查询参数，它由组件来处理提供给它的任何查询字符串。因此，虽然路由声明没有提供定义接收的查询字符串的机制，但是路由器仍会将查询参数传递给组件。让我们来看一下用户列表容器组件的实现。

```
export type SortOrder = "asc" | "desc";

function UsersContainer() {
  const [users, setUsers] = useState<string[]>([]);
```

```
const [search] = useSearchParams();

useEffect(() => {
  const order = search.get("order") as SortOrder;

  fetchUsers(order).then((users) => {
    setUsers(users);
  });
}, [search]);

return <Users users={users} />;
}
```

该组件查找 order 查询字符串。它使用此字符串作为 fetchUsers()API 的参数来确定排序顺序。

以下是 Users 组件的示例。

```
type UsersProps = {
  users: string[];
};

function Users({ users }: UsersProps) {
  return (
    <ul>
      {users.map((user) => (
        <li key={user}>{user}</li>
      ))}
    </ul>
  );
}
```

当导航到/时，渲染的内容如图 7.6 所示。

通过导航到/?order=desc 来包含 order 查询参数，对应结果如图 7.7 所示。

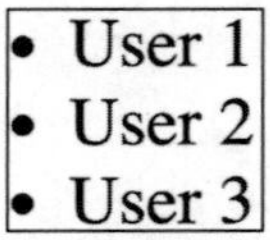

图 7.6　以默认顺序渲染用户列表 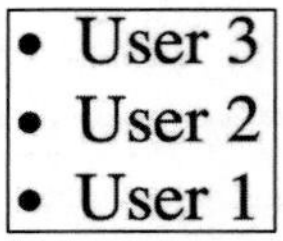　　　　图 7.7　以降序渲染用户列表

本节学习了路由中的参数。最常见的模式是在应用程序的 URL 中包含资源的 ID，这意味着组件需要能够解析这些信息以便与 API 交互。此外还学习了路由中的查询参数，这

些参数对于动态内容、过滤或在组件之间传递临时数据非常有用。接下来将学习关于链接组件的内容。

7.4　使用链接组件

本节将学习如何创建链接。用户可能会想到使用标准的<a>元素来链接由 react-router 控制的页面。这种方法的问题在于，简单来说，这些链接会尝试通过发送 GET 请求在后端定位页面。这不是我们想要的结果，因为路由配置已经在应用程序中，我们可以在本地处理路由。

首先看一个示例，它展示了<Link>组件的行为在某种程度上类似<a>元素，只不过它们是在本地工作的。然后，将看到如何构建使用 URL 参数和查询参数的链接。

7.4.1　基本链接

在 React 应用中，链接的概念是指，它们指向路由，而路由又指向组件，这些组件渲染新内容。Link 组件还负责处理浏览器历史记录 API，并查找路由-组件映射。以下是一个渲染两个链接的应用程序组件。

```
function Layout() {
  return (
    <>
      <nav>
        <p>
          <Link to="first">First</Link>
        </p>
        <p>
          <Link to="second">Second</Link>
        </p>
      </nav>
      <main>
        <Outlet />
      </main>
    </>
  );
}

const router = createBrowserRouter([
```

```
  {
    path: "/",
    element: <Layout />,
    children: [
      {
        path: "/first",
        element: <First />,
      },
      {
        path: "/second",
        element: <Second />,
      },
    ],
  },
]);

function App() {
  return <RouterProvider router={router} />;
}
```

to 属性指定了单击时激活的路由。在这种情况下，应用程序有两个路由：/first 和 /second。图 7.8 显示了渲染后的链接。

当单击 First 链接时，页面内容将变更为如图 7.9 所示的结果。

图 7.8　链接到应用程序的第 1 页和第 2 页　　图 7.9　应用程序渲染时的第 1 页

现在已经可以使用 Link 组件来渲染基本路径的链接，接下来将学习如何构建带有参数的动态链接。

7.4.2　URL 和查询参数

构造传递给<Link>的路径的动态部分涉及字符串操作。路径中的所有部分都放入 to 属性中。这意味着需要编写更多的代码来构造字符串，但也意味着在路由器中发生的后台魔法更少。

让我们创建一个简单的组件，它将回显传递给 echo URL 段或 echo 查询参数的任何内容。

```
function Echo() {
  const params = useParams();
  const [searchParams] = useSearchParams();

  return <h1>{params.msg || searchParams.get("msg")}</h1>;
}
```

为了获取传递给路由的搜索参数，可以使用 useSearchParams()钩子，它提供了一个 URLSearchParams 对象。在这种情况下，可以调用 searchParams.get("msg")来获取需要的参数。

现在，让我们看看渲染两个链接的 App 组件。第一个组件将构建一个使用动态值作为 URL 参数的字符串。第二个组件将使用 URLSearchParams 构建 URL 的查询字符串部分。

```
const param = "From Param";
const query = new URLSearchParams({ msg: "From Query" });

export default function App() {
  return (
    <section>
      <p>
        <Link to={'echo/${param}'}>Echo param</Link>
      </p>
      <p>
        <Link to={'echo?${query.toString()}'}>Echo query</Link>
      </p>
    </section>
  );
}
```

图 7.10 显示了两个链接渲染后的示例。

图 7.10   不同类型的链接参数

Param 链接将前往/echo/From%20Param，其显示效果如图 7.11 所示。

From Param

图 7.11　页面的参数版本

Query 链接将前往/echo?msg=From+Query，其显示效果如图 7.12 所示。

From Query

图 7.12　页面的查询版本

通过学习链接组件和动态链接结构，用户将获得更具交互性和可浏览性的网络体验，使用户能够通过 URL 和查询参数在应用程序中移动，从而丰富他们的浏览旅程。

7.5　本 章 小 结

本章学习了 React 应用程序中的路由。路由器的工作是渲染与 URL 相对应的内容。react-router 包是这项工作的标准工具。我们了解到路由是 JSX 元素，就像它们渲染的组件一样。有时，用户需要将路由拆分为基于功能的模块。组织页面内容的一个常见模式是有一个父组件，它随着 URL 的变化而渲染动态部分。然后学习了如何处理 URL 段和查询字符串的动态部分。此外还学习了如何在整个应用程序中使用<Link>元素构建链接。

理解 React 应用程序中的路由为构建具有高效导航的复杂应用程序奠定了基础，后续章节将深入探讨性能优化、状态管理和集成外部 API，以确保无缝的用户体验。

第 8 章将学习如何使用延迟组件将代码分割成更小的块。

第8章　使用延迟组件和Suspense进行代码分割

多年来代码分割一直是 React 应用程序的重要组成部分，即使在 React API 中包含官方支持之前也是如此。React 的发展带来了专门设计用于协助代码分割场景的 API。在处理包含大量需要传递给浏览器的 JavaScript 代码的大型应用程序时，代码分割变得至关重要。

过去，包含整个应用程序的单一 JavaScript 包可能会由于初始页面加载时间过长而引起可用性问题。借助于代码分割，现在可以更细致地控制代码是如何从服务器传输到浏览器的。这为优化加载时间的用户体验（UX）提供了充足的机会。

本章将重新审视如何通过 lazy() API 和 Suspense 组件在 React 应用程序中实现这一点。这些特性是 React 工具箱中非常强大的工具。通过对这些组件的功能进行深入的了解，用户将能够充分准备好将代码分割无缝集成到应用程序中。

本章主要涉及下列主题。

- 使用 lazy() API。
- 使用 Suspense 组件。
- 避免使用延迟组件。
- 探索延迟页面和路由。

8.1　技　术　要　求

读者可以在 GitHub 上找到本章的代码文件，地址为 https://github.com/PacktPublishing/React-and-React-Native-5E/tree/main/Chapter08。

8.2　使用 lazy() API

在 React 中使用 lazy() API 涉及两个部分。首先，将组件捆绑到它们自己的独立文件中，以便可以由浏览器单独下载，并与应用程序的其他部分分开。其次，一旦创建了捆绑包，就可以构建延迟的 React 组件：它们在需要之前不会下载任何内容。

8.2.1　动态导入和捆绑包

本书中的代码示例使用 Vite 工具创建捆绑包。这种方法的好处是不必维护任何捆绑配置。相反，根据模块导入方式，捆绑包会自动创建。如果在所有地方都使用普通的 import 语句（不要与 import 方法混淆），应用程序将一次性全部下载在一个捆绑包中。当应用程序规模增大时，很可能会存在一些功能，这些功能有些用户从未使用过，或者使用频率不如其他用户那么高。可以使用 import()函数按需导入模块。通过使用此函数，告诉 Vite 为动态导入的代码创建一个单独的捆绑包。

让我们来看看一个简单的组件，并希望将它与应用程序的其他部分分开捆绑。

```
export default function MyComponent() {
  return <p>My Component</p>;
}
```

现在，让我们看看如何使用 import()函数动态导入这个模块，从而产生一个单独的捆绑包。

```
function App() {
  const [MyComponent, setMyComponent] = React.useState<() => React.
ReactNode>(
    () => () => null
  );

  React.useEffect(() => {
    import("./MyComponent").then((module) => {
      setMyComponent(() => module.default);
    });
  }, []);

  return <MyComponent />;
}
```

当运行这个示例时，将会看到<p>文本立即被渲染出来。如果打开浏览器的开发者工具并查看网络请求，会看到有一个单独的调用去获取包含 MyComponent 代码的捆绑包。这是因为调用了 import("./MyComponent")。import()函数返回一个 promise，该 promise 会解析为模块对象。由于需要默认导出来访问 MyComponent，所以在调用 setMyComponent()时，引用了 module.default。

将组件设置为 MyComponent 状态的原因是，在 App 组件第一次渲染时，还没有加载 MyComponent 代码。一旦加载完成，MyComponent 将引用正确的值，这将导致正确文本的渲染。

现在用户已经了解了捆绑包是如何创建和被应用程序获取的，接下来将考察 lazy()API 如何简化这一过程。

8.2.2 组件延迟加载

用户可以依靠 lazy()API，而不是通过返回默认导出并设置状态，手动处理由 import() 返回的 promise。该函数接收一个返回 import() promise 的函数。返回值是一个延迟组件，用户可以直接渲染它。下面修改 App 组件以使用这个 API。

```
import * as React from "react";

const MyComponent = React.lazy(() => import("./MyComponent"));

function App() {
  return <MyComponent />;
}
```

MyComponent 值是通过调用 lazy() 并传入动态模块导入作为参数来创建的。现在，用户组件有一个单独的捆绑包，并且当首次渲染时，延迟组件会加载该捆绑包。

本节学习了代码分割的工作原理，并了解到 import() 函数为您处理捆绑包的创建过程。此外还了解到 lazy() API 使组件具有延迟特性，并处理所有烦琐的导入组件工作。但我们还需要最后一个组件，即 Suspense 组件，以帮助在组件加载时显示占位符。

8.3 使用 Suspense 组件

在这一部分中，我们将探讨 Suspense 组件的一些更常见的使用场景，并考察如何将 Suspense 组件放置在组件树中，如何在获取捆绑包时模拟延迟，以及可以使用的一些选项（作为回退内容）。

8.3.1 顶层 Suspense 组件

延迟组件需要在 Suspense 组件内部进行渲染。然而，它们不必是 Suspense 的直接子组件，这很重要，因为这意味着可以让一个 Suspense 组件处理应用程序中的所有延迟组件。让我们用一个示例来说明这个概念。以下是一个希望单独捆绑并延迟使用的组件。

```
export default function MyFeature() {
  return <p>My Feature</p>;
}
```

接下来延迟化 MyFeature 组件，并在 MyPage 组件内部渲染它。

```
const MyFeature = React.lazy(() => import("./MyFeature"));

function MyPage() {
  return (
    <>
      <h1>My Page</h1>
      <MyFeature />
    </>
  );
}
```

这里我们使用 lazy() API 延迟化 MyFeature 组件。这意味着当 MyPage 组件被渲染时，包含 MyFeature 的代码捆绑包将被下载，因为 MyFeature 也被渲染了。需要注意的是，MyPage 组件正在渲染一个延迟组件（MyFeature），但并没有渲染一个 Suspense 组件。这是因为我们假设的应用程序有许多页面组件，每个页面组件都有自己的延迟组件。让这些组件各自渲染自己的 Suspense 组件将是多余的。相反，可以在 App 组件内部渲染一个 Suspense 组件，如下所示。

```
function App() {
  return (
    <React.Suspense fallback={"loading..."}>
      <MyPage />
    </React.Suspense>
  );
}
```

在 MyFeature 代码捆绑包正在下载时，<MyPage>被替换为传递给 Suspense 的回退文本。因此，MyPage 本身不具备延迟性，它渲染了一个惰性组件，而 Suspense 知道这个组件，并将在发生这种情况时用回退内容替换其子组件。

到目前为止，实际上我们还未能看见延迟组件加载其代码捆绑包时显示的回退内容。这是因为在本地开发时，这些捆绑包几乎瞬间就加载完成了。为了能够看到回退组件和加载过程，用户可以在开发者工具的 Network 标签页中启用节流功能，如图 8.1 所示。

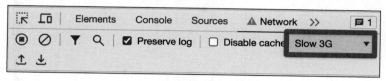

图 8.1　在浏览器中启用节流

此设置模拟了慢速互联网连接。页面不会立即加载，而是会渲染几秒钟，用户将看到一个加载中的回退内容。

下一节将探讨使用加载旋转图标作为回退组件的方法。

8.3.2　使用旋转图标回退

与 Suspense 组件一起使用的最简单的回退是一些文本，向用户表明正在发生一些事情。fallback 属性可以是任何有效的 React 元素，这意味着我们可以将回退增强为更具视觉吸引力的内容。例如，react-spinners 包有一系列旋转图标组件，所有这些组件都可以用作 Suspense 的回退。

让我们修改上一节的 App 组件，以包括 react-spinners 包中的旋转图标作为 Suspense 回退。

```
import * as React from "react";
import { FadeLoader } from "react-spinners";
import MyPage from "./MyPage";

function App() {
  return (
    <React.Suspense fallback={<FadeLoader color="lightblue" />}>
      <MyPage />
    </React.Suspense>
  );
}
```

FadeLoader 组件将渲染一个已经用 lightblue 颜色值配置好的旋转图标。FadeLoader 组件的渲染元素被传递给 fallback 属性。

使用慢速 3G 节流，当首次加载应用程序时，用户应该能够看到旋转图标，如图 8.2 所示。

现在，我们展示的不再是文本，而是一个动画 spinner。这可能会提供一种用户更习惯的用户体验。react-spinners 包提供了几种 spinner 选择方案，每种 spinner 都有多种配置选项。除此之外，还有其他旋转图标库可供使用或自行实现。

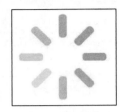

图 8.2　由加载器组件渲染的图像

在本节中，我们了解到可以使用单个 Suspense 组件来为树中较低位置的延迟组件显示其回退内容。学习了如何在本地开发期间模拟延迟，以便能够体验到用户在使用 Suspense 回退内容时将会经历的情况。最后，了解到如何使用其他库中的组件作为回退内容，以提供比纯文本更美观的显示效果。

下一节将讨论为什么让应用程序中的每个组件都成为延迟组件是不合理的。

8.4　避免使用延迟组件

将大多数 React 组件设置为拥有自己捆绑包的延迟组件可能是很有诱惑力的。毕竟，设置单独的捆绑包和制作延迟组件并没有太多额外的工作。然而，这样做有一些缺点。如果持有太多的延迟组件，那么应用程序最终会进行多次 HTTP 请求来获取它们，且同时进行。对于在同一部分应用程序中使用的组件来说，拥有单独的捆绑包是没有好处的。最好尝试将组件捆绑在一起，以便发出一个 HTTP 请求来加载当前页面所需的内容。

一种有用的思考方式是将页面与捆绑包关联起来。如果持有延迟页面组件，那么页面上的所有内容也将具备延迟性，但会与页面上的其他组件一起捆绑。让我们构建一个示例，演示如何组织延迟组件。假设应用程序包含几个页面，每个页面上具有一些特性。如果页面加载时需要所有这些特性，我们不一定想让这些特性都具有延迟性。下列 App 组件向用户显示一个选择器，以便选择要加载的页面。

```
const First = React.lazy(() => import("./First"));
const Second = React.lazy(() => import("./Second"));


function ShowComponent({ name }: { name: string }) {
  switch (name) {
    case "first":
```

```
      return <First />;

    case "second":
      return <Second />;

    default:
    return null;
  }
}
```

First 和 Second 组件构成了应用程序的页面，因此我们希望它们是延迟组件，并按需加载它们的捆绑包。ShowComponent 组件在用户更改选择器时渲染适当的页面。

```
function App() {
  const [component, setComponent] = React.useState("");

  return (
    <>
      <label>
        Load Component:{" "}
        <select
          value={component}
          onChange={(e) => setComponent(e.target.value)}
        >
          <option value="">None</option>
          <option value="first">First</option>
          <option value="second">Second</option>
        </select>
      </label>
      <React.Suspense fallback={<p>loading...</p>}>
        <ShowComponent name={component} />
      </React.Suspense>
    </>
  );
}
```

接下来查看第一页的构成，并从 First 组件开始。

```
import One from "./One";
import Two from "./Two";
import Three from "./Three";


export default function First() {
```

```
  return (
    <>
      <One />
      <Two />
      <Three />
    </>
  );
}
```

First 组件引入了 3 个组件并渲染它们，即 One、Two 和 Three。这 3 个组件将成为同一个捆绑包的一部分。尽管我们可以将它们设置为惰性加载，但这样做没有意义，因为我们只是将原本的单个 HTTP 请求替换为同时发出的 3 个捆绑包请求。

在介绍了如何将应用程序的页面结构映射到捆绑包后，让我们看看另一个用例，即使用路由组件在应用程序中进行导航。

8.5　探索延迟页面和路由

上述内容讨论了如何避免使用延迟组件。相同的模式也适用基于 react-router 的应用程序导航机制。让我们来看一个例子。以下是我们将要导入的内容。

```
const First = React.lazy(() => import("./First"));
const Second = React.lazy(() => import("./Second"));

function Layout() {
  return (
    <section>
      <nav>
        <span>
          <Link to="first">First</Link>
        </span>
        <span> | </span>
        <span>
          <Link to="second">Second</Link>
        </span>
      </nav>
      <section>
        <React.Suspense fallback={<FadeLoader color="lightblue" />}>
          <Outlet />
        </React.Suspense>
```

```
      </section>
    </section>
  );
}



export default function App() {
  return (
    <Router>
      <Routes>
        <Route path="/" element={<Layout />}>
          <Route path="/first" element={<First />} />
          <Route path="/second" element={<Second />} />
        </Route>
      </Routes>
    </Router>
  );
}
```

上述代码包含两个惰性页面组件，它们将与应用程序的其余部分分开捆绑。此示例中的回退内容使用了 8.3.2 节中介绍的相同的 FadeLoader 旋转图标组件。

注意，Suspense 组件放置在导航链接下方。这意味着回退内容将在页面内容加载后最终显示的位置渲染。Suspense 组件的子元素是 Route 组件，它们将渲染延迟页面组件。例如，当激活/first 路由时，First 组件首次被渲染，同时触发捆绑包下载。

8.6　本 章 小 结

本章主要讲述了代码分割和捆绑包，这是大型 React 应用程序的重要概念。我们首先探讨了如何在 React 应用程序中使用 import()函数将代码分割成捆绑包。随后查看了 React 的 lazy() API，以及它如何在组件首次渲染时简化捆绑包的加载。接下来，我们更深入地了解了 Suspense 组件，它用于在组件捆绑包被获取时管理内容。fallback 属性是在加载捆绑包时指定显示内容的方式。只要遵循应用程序页面捆绑的一致模式，通常应用程序中不需要多个 Suspense 组件。

第 9 章将学习如何使用 Next.js 框架在服务器上处理渲染 React 组件。Next.js 框架可以创建充当 React 组件的页面，并且可以在服务器和浏览器中渲染。这对于需要良好初始页面加载性能的应用程序（所有应用程序）来说是一个重要的能力。

第9章 用户界面框架组件

当用户正在开发一个 React 应用程序时，通常依赖现有的 UI 库而不是从头开始构建。有许多 React UI 组件库可供选择，选择哪个库并没有对错之分，只要这些组件能使工作更简单即可。

本章将深入探讨 Material UI React 库，这是 React 开发中的一个热门选择。Material UI 因其全面的可定制组件、遵循 Google 的 Material Design 设计原则和广泛的文档而脱颖而出，这使其成为寻求 UI 设计中效率和美学一致性的开发者的首选方案。本章主要涉及下列主题。

- 布局与组织。
- 使用导航组件。
- 收集用户输入。
- 使用样式和主题。

9.1 技 术 要 求

读者可以在 GitHub 上找到本章的代码文件，地址为 https://github.com/PacktPublishing/React-and-React-Native-5E/tree/main/Chapter09。

此外也可以在 https://mui.com/material-ui/ 上找到更多关于 Material UI 组件及其 API 的信息。

9.2 布局与组织

Material UI 在简化设计应用程序布局的复杂过程中表现出色。它提供了一套强大的组件，特别是容器和网格，这使得开发者能够高效地结构化和组织 UI 元素。容器作为基础，提供了一种灵活的方式来封装和对齐整体布局中的内容。另外，网格允许更细粒度的控制，使得在不同屏幕尺寸上可精确放置和对齐组件，确保了响应性和一致性。

本节旨在剖析 Material UI 中容器和网格的功能。我们将探讨如何利用这些工具来创建直观且视觉上令人愉悦的布局，这对于增强用户体验至关重要。

9.2.1　使用容器

在页面上水平对齐组件通常面临重大挑战，因为需要在间距、对齐和响应性之间进行复杂的平衡。这种复杂性源于需要在不同屏幕尺寸上保持视觉上的吸引力且功能性强的布局，确保元素均匀分布，保持其预期的外观，并避免意外的重叠或间隙。Material UI 中的Container 组件是一个简单但强大的布局工具。它控制其子元素的水平宽度。让我们通过一个示例来考察其中的可能性。

```
import Typography from "@mui/material/Typography";
import Container from "@mui/material/Container";

export default function MyApp() {
  const textStyle = {
    backgroundColor: "#cfe8fc",
    margin: 1,
    textAlign: "center",
  };

  return (
    <>
      <Container maxWidth="sm">
        <Typography sx={textStyle}>sm</Typography>
      </Container>
      <Container maxWidth="md">
        <Typography sx={textStyle}>md</Typography>
      </Container>
      <Container maxWidth="lg">
        <Typography sx={textStyle}>lg</Typography>
      </Container>
    </>
  );
}
```

这个示例包含 3 个 Container 组件，每个组件都封装了一个 Typography 组件。Typography 组件用于在 Material UI 应用程序中渲染文本。该示例中使用的每个 Container 组件都接收一个 maxWidth 属性。它接收一个断点字符串值。这些断点代表常见的屏幕尺寸。此示例使用了小型（sm）、中型（md）和大型（lg）断点。当屏幕达到这些断点大小时，容器宽度将停止增长。图 9.1 显示了当页面宽度小于 sm 断点时页面的样子。

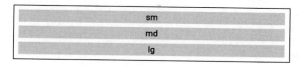

图 9.1 sm 断点

现在，如果我们调整屏幕大小，使其大于 md 断点但小于 lg 断点，那么对应结果如图 9.2 所示。

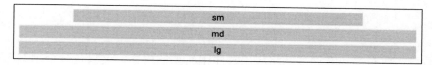

图 9.2 lg 断点

注意，第一个容器在超过其 maxWidth 断点后现在保持固定宽度。md 和 lg 容器在达到它们的断点之前，会随着屏幕的增大而继续变宽。

让我们看看当屏幕宽度超过所有断点时，这些 Container 组件看起来如何，如图 9.3 所示。

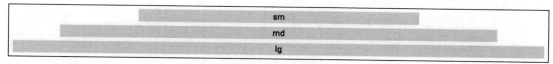

图 9.3 所有断点

Container 组件能够控制页面元素如何水平扩展。它们也是响应式的，因此随着屏幕尺寸的变化，布局也会随之更新。

下一节将探讨如何使用 Material UI 组件构建更复杂和响应式的布局。

9.2.2 构建响应式网格布局

Material UI 有一个 Grid 组件，我们可以用它来组成响应式的复杂布局。在高层次上，Grid 组件可以是容器或容器内的一项。通过结合这两种角色，我们可以为应用程序实现任何类型的布局。为了熟悉 Material UI 网格布局，让我们通过一个示例来了解一个在许多 Web 应用程序中可以找到的常见布局模式，如图 9.4 所示。

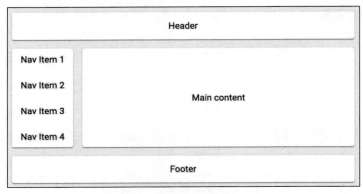

图 9.4　响应式网格布局示例

可以看到，此布局包含许多网络应用程序中典型的内容。这只是一个示例布局，用户可以使用 Grid 组件构建所想象的任何类型的布局。创建此布局的代码如下所示。

```
const headerFooterStyle = {
  textAlign: "center",
  height: 50,
};
const mainStyle = {
  textAlign: "center",
  padding: "8px 16px",
};
const Item = styled(Paper)(() => ({
  height: "100%",
  display: "flex",
  alignItems: "center",
  justifyContent: "center",
}));

export default function App() {
  return (
    <Grid container spacing={2} sx={{ backgroundColor: "#F3F6F9" }}>
      <Grid xs={12}>
        <Item sx={headerFooterStyle}>
          <Typography sx={mainStyle}>Header</Typography>
        </Item>
      </Grid>
      <Grid xs="auto">
        <Item>
```

```
      <Stack spacing={1}>
        <Typography sx={mainStyle}>Nav Item 1</Typography>
        <Typography sx={mainStyle}>Nav Item 2</Typography>
        <Typography sx={mainStyle}>Nav Item 3</Typography>
        <Typography sx={mainStyle}>Nav Item 4</Typography>
      </Stack>
    </Item>
  </Grid>
  <Grid xs>
    <Item>
      <Typography sx={mainStyle}>Main content</Typography>
    </Item>
  </Grid>
  <Grid xs={12}>
    <Item sx={headerFooterStyle}>
      <Typography sx={mainStyle}>Footer</Typography>
    </Item>
  </Grid>
 </Grid>
 );
}
```

下面分解这个布局中各个部分是如何创建的，并从头部区域开始。

```
<Grid xs={12}>
  <Item sx={headerFooterStyle}>
    <Typography sx={mainStyle}>Header</Typography>
  </Item>
</Grid>
```

xs 断点属性值 12 表示头部将始终横跨屏幕的整个宽度，因为 12 是这里可以使用的最高值。接下来，让我们来看看导航条目。

```
<Grid xs="auto">
  <Item>
   <Stack spacing={1}>
     <Typography sx={mainStyle}>Nav Item 1</Typography>
     <Typography sx={mainStyle}>Nav Item 2</Typography>
     <Typography sx={mainStyle}>Nav Item 3</Typography>
     <Typography sx={mainStyle}>Nav Item 4</Typography>
   </Stack>
  </Item>
</Grid>
```

在导航部分，有一个设置了 xs="auto"属性的网格，根据内容的宽度来匹配列的大小。此外，还可以看到一个 Stack 组件，以在垂直方向上放置组件并带有间隔。

接下来将查看主要内容区域。

```
<Grid xs>
  <Item>
    <Typography sx={mainStyle}>Main content</Typography>
  </Item>
</Grid>
```

xs 断点是一个布尔值，用于填充网格中导航部分之后的所有剩余空间。

本节介绍了 Material UI 在布局方面所提供的功能。用户可以使用 Container 组件来控制各部分的宽度以及它们对屏幕尺寸变化的响应方式。随后，我们了解到 Grid 组件用于组合更复杂的网格布局。

在接下来的部分，我们将查看 Material UI 中的一些导航组件。

9.3　使用导航组件

一旦对应用程序的布局有了清晰的认识，即可开始考虑导航问题。这是 UI 的重要部分，因为它是用户在应用程序中移动的方式，并且会频繁使用。本节将学习 Material UI 提供的两种导航组件。

9.3.1　Drawer 导航

像实际的抽屉一样，Drawer 组件滑开以展示易于访问的内容。当完成后，抽屉再次关闭。这对于导航来说效果很好，因为它允许在屏幕上为用户正在从事的活动留出更多空间。让我们从 App 组件开始并查看一个示例。

```
<BrowserRouter>
  <Button onClick={toggleDrawer}>Open Nav</Button>
  <section>
    <Routes>
      <Route path="/first" element={<First />} />
      <Route path="/second" element={<Second />} />
      <Route path="/third" element={<Third />} />
    </Routes>
  </section>
```

```
<Drawer open={open} onClose={toggleDrawer}>
  <div
    style={{ width: 250 }}
    role="presentation"
    onClick={toggleDrawer}
    onKeyDown={toggleDrawer}
  >
    <List component="nav">
      {links.map((link) => (
        <NavLink
          key={link.url}
          to={link.url}
          style={{ color: "black", textDecoration: "none" }}
        >
          {(({ isActive }) => (
            <ListItemButton selected={isActive}>
              <ListItemText primary={link.name} />
            </ListItemButton>
          ))}
        </NavLink>
      ))}
    </List>
  </div>
</Drawer>
</BrowserRouter>
```

该组件渲染的所有内容都在 BrowserRouter 组件内，因为抽屉中的项目是指向路由的链接。

```
<Button onClick={toggleDrawer}>Open Nav</Button>
<section>
  <Routes>
    <Route path="/first" element={<First />} />
    <Route path="/second" element={<Second />} />
    <Route path="/third" element={<Third />} />
  </Routes>
</section>
```

First、Second 和 Third 组件用于在用户单击抽屉中的链接时渲染主应用程序内容。抽屉本身在单击 Open Nav 按钮时打开。让我们更仔细地看看用于控制这一点的状态。

```
const [open, setOpen] = useState(false);
```

```
const toggleDrawer = ({ type, key }: { type?: string; key?: string }) => {
  if (type === "keydown" && (key === "Tab" || key === "Shift")) {
    return;
  }

  setOpen(!open);
};
```

open 状态控制抽屉的可见性。Drawer 组件的 onClose 属性也调用了这个函数，这意味着当其中的任何链接被激活时，抽屉都会关闭。接下来，我们来看看抽屉内链接是如何生成的。

```
<List component="nav">
  {links.map((link) => (
    <NavLink
      key={link.url}
      to={link.url}
      style={{ color: "black", textDecoration: "none" }}
    >
      {(({ isActive }) => (
        <ListItemButton selected={isActive}>
          <ListItemText primary={link.name} />
        </ListItemButton>
      )}
    </NavLink>
  ))}
</List>
```

可以看到，在 Drawer 组件中显示的项目实际上是列表项。links 属性包含了所有带有 url 和 name 属性的链接对象。items 数组中的每个条目都被映射到 NavLink，它用于处理导航并高亮显示激活的路由。在 NavLink 内部，我们有 ListItemButton 组件，它通过渲染 ListItemText 组件生成带有文本的列表项。

最后查看 links 属性的默认值。

```
const links = [
  { url: "/first", name: "First Page" },
  { url: "/second", name: "Second Page" },
  { url: "/third", name: "Third Page" },
];
```

图 9.5 显示了屏幕首次加载后打开抽屉时的示例。

　　尝试单击 First Page 链接。抽屉关闭并渲染/first 路由的内容。然后，当再次打开抽屉时，则会注意到 First Page 链接被渲染为活动链接，如图 9.6 所示。

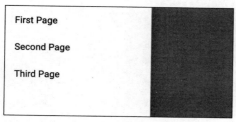
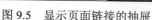

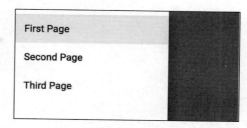

图 9.5　显示页面链接的抽屉　　　　　　　　图 9.6　First Page 链接在抽屉中被样式化为活动链接

　　本节学习了如何使用 Drawer 组件作为应用程序的主要导航。接下来将考察 Tabs 组件。

9.3.2　使用标签导航

　　标签是现代网络应用中另一种常见的导航模式。Material UI 的 Tabs 组件允许使用标签作为链接，并将它们连接到路由器。以下是相应的 App 组件。

```
export default function App() {
  return <RouterProvider router={router} />;
}
const router = createBrowserRouter([
  {
    path: "/",
    element: <RouteLayout />,
    children: [
      {
        path: "/page1",
        element: <Typography>Item One</Typography>,
      }, // same routes for /page2 and /page3
    ],
  },
]);

function RouteLayout() {
  const routeMatch = useRouteMatch(["/", "/page1", "/page2", "/page3"]);
  const currentTab = routeMatch?.pattern?.path;
  return (
    <Box>
```

```
    <Tabs value={currentTab}>
      <Tab label="Item One" component={Link} to="/page1" value="/page1"
/>
      <Tab label="Item Two" component={Link} to="/page2" value="/page2"
/>
      <Tab label="Item Three" component={Link} to="/page3" value="/
page3" />
    </Tabs>
    <Outlet />
  </Box>
);
}
```

为了节省空间，省略了/page2 和/page3 的路由配置，它遵循与/page1 相同的模式。Material UI 的 Tabs 和 Tab 组件实际上并不渲染选定标签下方的任何内容。提供的内容由我们负责，因为 Tabs 组件只负责显示标签并标记其中一个为选定状态。这个示例的目的是让Tab 组件使用 Link 组件，这些组件连接到由路由渲染的内容。

现在，让我们详细地查看 RouteLayout 组件。每个 Tab 组件都使用 Link 组件，以便在单击时，路由器会使用 to 属性中指定的路由被激活。然后，Outlet 组件被用作路由内容的子组件。为了匹配活动标签，我们使用一种简单的方法，并通过 useRouteMatch 来处理当前路由。

```
function useRouteMatch(patterns: readonly string[]) {
  const { pathname } = useLocation();
  for (let i = 0; i < patterns.length; i += 1) {
    const pattern = patterns[i];
    const possibleMatch = matchPath(pattern, pathname);
    if (possibleMatch !== null) {
      return possibleMatch;
    }
  }

  return null;
}
```

useRouteMatch() 钩子使用 useLocation 获取当前路径名，然后检查它是否与我们的模式匹配。

图 9.7 显示了页面首次加载时的样子。

单击 ITEM TWO 标签，URL 将更新，活动标签将改变，标签下方的页面内容也会改变，如图 9.8 所示。

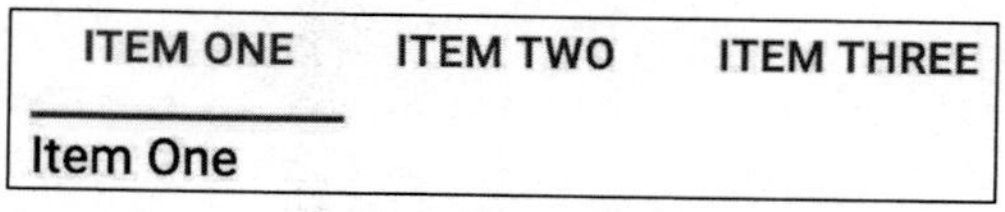

ITEM ONE	ITEM TWO	ITEM THREE
Item One		

图 9.7　第一个条目为活动状态的标签页

ITEM ONE	ITEM TWO	ITEM THREE
Item Two		

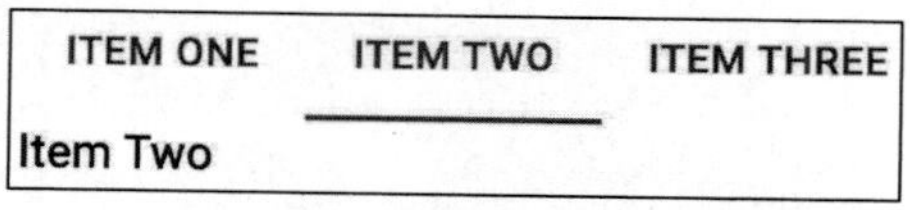

图 9.8　第二个条目为活动状态的标签页

到目前为止，读者已经了解了两种可以在 Material UI 应用程序中使用的导航方法。第一种是使用仅在用户需要访问导航链接时才显示的 Drawer。第二种是始终可见的 Tabs。在接下来的部分，将学习如何从用户那里收集输入。

9.4　收集用户输入

从用户那里收集输入可能很困难。如果我们计划正确地实现用户体验，则需要考虑每个字段的许多细微差别。幸运的是，Material UI 中提供的表单组件为我们解决了许多可用性问题。在这一部分，我们将简要了解可以使用的输入控件。

9.4.1　复选框和单选按钮

复选框适用于从用户那里收集真/假答案，而单选按钮则适用于让用户从少量选项中选择一个。让我们看看 Material UI 中这些组件的示例。

```
export default function Checkboxes() {
  const [checkbox, setCheckbox] = React.useState(false);
  const [radio, setRadio] = React.useState("First");

  return (
    <div>
      <FormControlLabel
        label={'Checkbox ${checkbox ? "(checked)" : ""}'}
        control={
          <Checkbox
            checked={checkbox}
            onChange={() => setCheckbox(!checkbox)}
          />
        }
      />
      <FormControl component="fieldset">
        <FormLabel component="legend">{radio}</FormLabel>
        <RadioGroup value={radio} onChange={(e) => setRadio(e.target.
```

```
value)}>
        <FormControlLabel value="First" label="First" control={<Radio
/>} />
        <FormControlLabel value="Second" label="Second" control={<Radio
/>} />
        <FormControlLabel value="Third" label="Third" control={<Radio
/>} />
      </RadioGroup>
    </FormControl>
  </div>
  );
}
```

这个示例包含两段状态信息。checkbox 状态控制 checkbox 组件的值，而 radio 值控制 RadioGroup 组件的状态。checkbox 状态传递给 checkbox 组件的 checked 属性，而单选状态传递给 RadioGroup 组件的 value 属性。两个组件都有 onChange 处理器，调用它们各自的状态设置器函数，即 setCheckbox()和 setRadio()，则会发现许多其他 Material UI 组件也参与了这些控件的显示。例如，checkbox 的标签是使用 FormControlLabel 组件显示的，而单选控件则使用 FormControl 组件和 FormLabel 组件。

图 9.9 显示了这两种输入控件的样式。

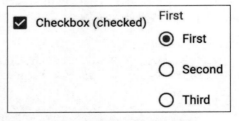

图 9.9　复选框和单选按钮组

9.4.2　文本输入和选择输入

文本框允许用户输入文本，而选择框则允许用户从几个选项中进行选择。选择框和单选按钮的区别在于，选择框在屏幕上占用的空间较少，因为只有当用户打开选项菜单时，选项才会显示。

现在，让我们来看一下 Select 组件。

```
import { useState } from "react";
import InputLabel from "@mui/material/InputLabel";
```

```
import MenuItem from "@mui/material/MenuItem";
import FormControl from "@mui/material/FormControl";
import Select from "@mui/material/Select";


export default function MySelect() {
  const [value, setValue] = useState<string | undefined>();

  return (
    <FormControl>
      <InputLabel id="select-label">My Select</InputLabel>
      <Select
        labelId="select-label"
        id="select"
        label="My Select"
        value={value}
        onChange={(e) => setValue(e.target.value)}
        inputProps={{ id: "my-select" }}
      >
        <MenuItem value="first">First</MenuItem>
        <MenuItem value="second">Second</MenuItem>
        <MenuItem value="third">Third</MenuItem>
      </Select>
    </FormControl>
  );
}
```

本示例中使用的 value 状态控制 Select 组件中的选定值。当用户更改他们的选择时，setValue()函数会改变这个值。

MenuItem 组件用于指定 select 框中可用的选项；当选定某个项目时，其 value 属性被设置为 value 状态。图 9.10 展示了当菜单显示时 select 框的样式。

图 9.10　带有首项激活的菜单

接下来，让我们看一个 TextField 组件的示例。

```
export default function MyTextInput() {
  const [value, setValue] = useState("");

  return (
    <TextField
      label="Name"
      value={value}
      onChange={(e) => setValue(e.target.value)}
      margin="normal"
    />
  );
}
```

值状态控制文本输入的值，并随着用户输入而变化。图 9.11 显示了 text 框的外观。

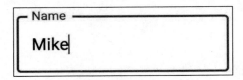

图 9.11　包含用户提供文本的文本框

与其他 FormControl 组件不同，TextField 组件不需要多个其他支持组件。我们所需的一切都可以通过属性指定。在下一节中，我们将查看按钮组件。

9.4.3　使用按钮

Material UI 按钮与 HTML 按钮元素非常相似。不同之处在于它们是 React 组件，能够很好地与 Material UI 的其他方面（如主题和布局）协同工作。让我们看一个示例，它渲染了不同样式的按钮。

```
type ButtonColor = "primary" | "secondary";


export default function App() {
  const [color, setColor] = useState<ButtonColor>("secondary");

  const updateColor = () => {
    setColor(color === "secondary" ? "primary" : "secondary");
```

```
};

return (
  <Stack direction="row" spacing={2}>
    <Button variant="contained" color={color} onClick={updateColor}>
      Contained
    </Button>

    <Button color={color} onClick={updateColor}>
      Text
    </Button>

    <Button variant="outlined" color={color} onClick={updateColor}>
      Outlined
    </Button>

    <IconButton color={color} onClick={updateColor}>
      <AndroidIcon />
    </IconButton>
  </Stack>
);
}
```

此示例渲染了 4 种不同的按钮样式。我们使用 Stack 组件来渲染按钮行。当按钮被单击时，状态会切换为主要状态，反之亦然。

图 9.12 显示了按钮首次渲染时的外观。

图 9.12　Material UI 的 4 种按钮样式

图 9.13 显示了按钮被单击后的外观。

图 9.13　按钮被单击后呈现的状态

本节讨论了 Material UI 中可用的一些用户输入控件。checkbox 和 radio 按钮在用户需要开启或关闭某项功能，或选择一个选项时非常有用。文本输入在用户需要输入一些文本时是必需的，而选择框在有一系列选项可供选择但显示空间有限时非常有用。最后，我们了解到 Material UI 有几种风格的按钮，可以在用户需要启动操作时使用。在接下来的部分，我们将探讨 Material UI 中样式和主题的工作原理。

9.5　使用样式和主题

Material UI 包含了扩展 UI 组件样式的系统，以及扩展应用于所有组件的主题样式。在本节中，我们将学习如何使用这两种系统。

9.5.1　创建样式

Material UI 提供了一个 styled()函数，可以用来根据 JavaScript 对象创建具有样式的组件。该函数的返回值是一个应用了新样式的新组件。

下面让我们更深入地探讨这种方法。

```
const StyledButton = styled(Button)(({ theme }) => ({
  "&.MuiButton-root": { margin: theme.spacing(1) },
  "&.MuiButton-contained": { borderRadius: 50 },
  "&.MuiButton-sizeSmall": { fontWeight: theme.typography.fontWeightLight
},
}));

export default function App() {
  return (
    <>
      <StyledButton>First</StyledButton>
      <StyledButton variant="contained">Second</StyledButton>
      <StyledButton size="small" variant="outlined">
        Third
      </StyledButton>
    </>
  );
}
```

在这种风格中使用的名字（MuiButton-root、 MuiButton-contained 和 MuiButton-sizeSmall）并非是我们自创的，它们是 Button CSS API 的一部分。根样式应用于所有按钮，因此在这个例子中，所有 3 个按钮都将具有这里应用的边距值。contained 样式应用于使用 contained 变体的按钮。sizeSmall 样式应用于尺寸属性具有较小值的按钮。

图 9.14 显示了自定义按钮的样式。

图 9.14　使用自定义样式的按钮

现在我们已经知道如何改变单个组件的观感，接下来考虑定制整个应用程序的观感。

9.5.2　自定义主题

Material UI 提供了一个默认主题。我们可以将其作为起点来创建自己的主题。在 Material UI 中创建新主题主要有两个步骤。

（1）使用 createTheme()函数自定义默认主题设置，并返回一个新的主题对象。

（2）使用 ThemeProvider 组件封装应用程序，以便应用适当的主题。

让我们看看该过程在实践中是如何工作的。

```
import Menu from "@mui/material/Menu";
import MenuItem from "@mui/material/MenuItem";
import { ThemeProvider, createTheme } from "@mui/material/styles";


const theme = createTheme({
  typography: {
    fontSize: 11,
  },
  components: {
    MuiMenuItem: {
      styleOverrides: {
        root: {
          marginLeft: 15,
          marginRight: 15,
        },
      },
    },
  },
});


export default function App() {
  return (
```

```
<ThemeProvider theme={theme}>
  <Menu anchorEl={document.body} open={true}>
    <MenuItem>First Item</MenuItem>
    <MenuItem>Second Item</MenuItem>
    <MenuItem>Third Item</MenuItem>
  </Menu>
</ThemeProvider>
);
}
```

这里创建的自定义主题完成了两项任务。

（1）将所有组件的默认字体大小更改为 11。

（2）更新了 **MenuItem** 组件左边和右边的距值。

Material UI 主题中可以设置许多值，更多内容请参阅自定义文档。组件部分用于特定组件的定制，当需要为应用程序中的每个组件示例设置样式时，这非常有用。

9.6　本 章 小 结

本章涵盖了对 Material UI 的非常简短的介绍，它是最受欢迎的 React UI 框架。我们首先查看了用于辅助页面布局的组件。然后考察了可以帮助用户在应用程序中导航的组件。接下来学习了如何使用 Material UI 表单组件收集用户输入。最后介绍了如何使用样式和修改主题来设置 Material UI。

从本章获得的见解将使用户能够构建复杂的界面，而无须从头开始开发 UI 组件，这加快了开发过程。此外，React 应用程序开发本质上依赖各种辅助库的协同使用。深入理解 React 生态系统及其关键库使开发人员能够快速进行原型制作和迭代他们的应用程序，从而使开发变得高效。

第 10 章将探讨使用 React 最新版本中提供的最新功能来提高组件状态更新效率的方法。

第10章　高性能状态更新

状态代表了 React 应用程序的动态方面的内容。当状态发生变化时，组件会对这些变化做出反应。否则，用户所拥有的不过是一种花哨的 HTML 模板语言。通常情况下，执行状态更新并将更改渲染在屏幕上所需的时间（如果有的话）几乎是可以忽略不计的。然而，在某些情况下，复杂的状态更改可能会导致用户明显感受到延迟。本章的目标是解决这些情况，并找出如何避免这些延迟的方法。

本章主要涉及下列主题。

- 批量更新状态。
- 优先处理状态更新。
- 处理异步更新。

10.1　技　术　要　求

本章需要使用代码编辑器（Visual Studio Code）。对应代码可以在以下网址找到：
https://github.com/PacktPublishing/React-and-React-Native-5E/tree/main/Chapter10。

读者可以在 Visual Studio Code 内部打开终端并运行 npm install 命令，以确保能够在阅读本章的过程中理解相关示例。

10.2　批量更新状态

本节将了解到 React 如何批量处理状态更新，以防止在多个状态变化同时发生时进行不必要的渲染。特别是，我们将看到 React 18 中引入的变化，这些变化使得状态更新的自动批量处理成为常态。

当 React 组件触发状态变化时，这会导致 React 内部重新渲染由于状态更新而在视觉上发生变化的组件部分。例如，想象您持有一个组件，其中包含一个在 <span> 元素内渲染的名称状态，并将名称状态从 Adam 更改为 Ashley。这是一个直接的变化，导致重新渲染的速度非常快，用户甚至无法察觉。但是，Web 应用程序中的状态更新很少这么简单。

相反，在 10ms 内可能会有几十种状态变化。例如，名称状态可能遵循如下变化：

（1）Adam。

（2）Ashley。

（3）Andrew。

（4）Ashley。

（5）Aaron。

（6）Adam。

这里，在短时间内发生了 6 次名称状态的变化。这意味着 React 将重新渲染 DOM 6 次，每次设置名称状态的值都会重新渲染一次。值得注意的是这个场景中的最终状态更新：我们回到了最初的 Adam。这意味着刚刚重新渲染了 DOM 5 次。现在，想象一下在 Web 应用程序规模上这些浪费的重新渲染行为，以及这些类型的状态更新可能导致的性能问题。例如，当应用程序使用复杂的动画、拖放等用户交互、超时和间隔时，都可能导致不必要的重新渲染，从而对性能产生负面影响。

解决这个问题的答案是批量处理。据此，React 将组件代码中执行的多次状态更新视为单一状态更新。与单独处理每个状态更新并在每次更新之间重新渲染 DOM 不同，状态变化都被合并，这导致只进行一次 DOM 重新渲染。总体而言，这大大减少了 Web 应用程序需要完成的工作量。

在 React 17 中，状态更新的自动批量处理仅在事件处理函数内部发生。例如，假设您有一个按钮，其 onClick() 处理器执行了 5 次状态更新。React 将这些状态更新全部批量处理，因此只需要一次重新渲染。

问题出现在事件处理器进行异步调用时，通常是为了获取某些数据，然后在异步调用完成后进行状态更新。这些状态变化不再自动批量处理，因为它们不是直接在事件处理函数内部运行。相反，它们在异步操作的回调代码中运行，而 React 17 不会批量处理这些更新。这可视为一项挑战，因为 React 组件通常需要异步获取数据并响应事件以执行状态更新。

现在已经知道如何处理不必要的重新渲染中最常见的问题，即短时间内对状态的多次更改。接下来，让我们通过示例来理解这一点。

现在，让我们将注意力转向一些代码，看看 React 18 是如何解决刚刚讨论的批量处理问题的。在这个例子中，我们将渲染一个按钮，当单击该按钮时，它将执行 100 次状态更新。我们将使用 setTimeout() 来异步执行更新，这些更新将在事件处理函数之外进行。我们的想法是展示这段代码如何被两个不同版本的 React 处理。对此，可以在浏览器开发工具中打开 React 分析器，并在按下按钮执行状态变化之前单击记录。

```
import * as React from "react";

export default function BatchingUpdates() {
  let [value, setValue] = React.useState("loading...");

  function onStart() {
    setTimeout(() => {
      for (let i = 0; i < 100; i++) {
        setValue('value ${i + 1}');
      }
    }, 1);
  }

  return (
    <div>
      <p>
        Value: <em>{value}</em>
      </p>
      <button onClick={onStart}>Start</button>
    </div>
  );
}
```

单击该组件渲染的按钮，我们将调用组件定义的 onStart()事件处理函数。然后，处理器在一个循环中调用 setValue() 100 次。理想情况下，我们不希望执行 100 次重新渲染，因为这会影响应用程序的性能，而且没有必要。这里，只有最后一次对 setValue()的调用才是重要的。

让我们首先来查看使用 React 17 捕获的这个组件的性能分析数据，如图 10.1 所示。

按下附加了事件处理器的按钮，则正在执行 100 次状态更新调用。由于这是在 setTimeout()中的事件处理函数之外完成的，所以不会发生自动批量处理。我们可以在 BatchingUpdates 组件的分析输出中看到这一点，其中显示了一串长长的渲染列表。这些渲染大部分是不必要的，它们增加了 React 响应用户交互所需的工作量，从而损害了应用程序的整体性能。

图 10.2 显示了使用 React 18 渲染的同一组件的性能分析。

自动批量处理被应用于所有进行状态更新的地方，甚至在这种常见的异步场景中也是如此。正如分析所显示的，当单击按钮时，只有一次重新渲染，而不是 100 次。我们不必对组件代码进行任何调整就能实现这一点。然而，为了使状态更新能够自动批量处理，需要进行一项更改。假设使用 ReactDOM.render()来渲染根组件，如下所示。

```
ReactDOM.render(
  <React.StrictMode>
    <App />
  </React.StrictMode>,
  document.getElementById("root")
);
```

图 10.1　使用 React 开发者工具查看每次状态更新时的重新渲染

图 10.2　React 开发者工具显示在启用自动批量处理时仅进行了一次渲染

相反，用户可以使用 ReactDOM.createRoot()并渲染它。

```
ReactDOM.createRoot(document.getElementById("root")!).render(
  <React.StrictMode>
    <App />
```

```
    </React.StrictMode>
);
```

通过这种方式创建和渲染根节点，可以确保在 React 18 中，应用程序将获得批量状态更新。用户不再需要担心手动优化状态更新，以使它们立即发生：React 现在为用户完成这项工作。

然而，有时某些状态更新比其他更新具有更高的优先级。在这种情况下，我们需要一种方法来告诉 React 优先处理某些状态更新，而不是将所有内容一起批量处理。

10.3　优先处理状态更新

当 React 应用程序中发生一些事情时，我们通常会进行多次状态更新，以便用户界面能够反映这些变化。通常情况下，可以在不太考虑渲染性能影响的情况下进行这些状态更改。例如，假设有一个需要渲染的长项目列表，可能会对 UI 产生一定的影响：在渲染列表时，用户可能暂时无法与某些页面元素交互，因为 JavaScript 引擎在短暂时间内被 100%占用。

然而，当昂贵的渲染打断了用户期望的正常浏览器行为时，可能会导致问题的出现。例如，如果用户在文本框中输入文字，他们期望刚刚输入的字符能立即显示。但如果组件正忙于渲染一个大型项目列表，文本框状态就不能立即更新。这就是新的 React 状态更新优先级 API 派上用场的地方。

startTransition() API 用于将某些状态更新标记为过渡状态，这意味着更新被视为较低的优先级。如果一个项目列表是第一次被渲染，或者是被更改为另一组项目列表，则这种转换不必立即进行。另外，状态更新（如更改文本框中的值）应尽可能接近即时。通过使用 startTransition()，告诉 React，如果有更重要的更新，任何状态更新都可以等待。

使用 startTransition() 的一个经验法则是将其用于以下情况：

- 任何有可能执行大量渲染工作的操作。
- 任何不需要用户对其交互立即反馈的操作。

让我们通过一个示例来说明，该示例是用户在文本框中输入以过滤列表时，渲染一个大型项目列表。

该组件将渲染一个文本框，用户可以在其中输入文字以过滤一个包含 25000 个项目的列表。选择这个数字是基于编写此代码的笔记本电脑的性能：如果没有任何延迟，可以尝试将该数字调高；如果渲染任何内容需要太长时间，则可以将其调低。当页面首次加载时，应该看到一个如图 10.3 所示的过滤文本框。

> Filter

图 10.3　用户输入任何内容之前的过滤文本框

当开始在过滤文本框中输入时，过滤后的项目将显示在其下方。由于要渲染的项目众多，该过程可能需要一两秒钟的时间，如图 10.4 所示。

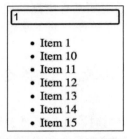

图 10.4　当用户开始输入时，过滤后的项目显示在过滤文本框下方

现在，让我们逐步浏览代码，并从一个较大的项目数组开始。

```
let unfilteredItems = new Array(25000)
  .fill(null)
  .map((_, i) => ({ id: i, name: 'Item ${i}' }));
```

数组的大小在数组构造函数中指定，然后用可以过滤的编号字符串值填充。

接下来，让我们看看该组件使用的状态。

```
let [filter, setFilter] = React.useState("");
let [items, setItems] = React.useState([]);
```

filter 状态代表过滤文本框的值，默认为空字符串。items 状态代表 unfilteredItems 数组中的过滤条目。当用户在过滤文本框中键入时，该数组会被填充。

接下来，让我们看看这个组件渲染的标记。

```
<div>
  <div>
    <input
      type="text"
      placeholder="Filter"
      value={filter}
      onChange={onChange}
    />
  </div>
```

```
    <div>
      <ul>
        {items.map((item) => (
          <li key={item.id}>{item.name}</li>
        ))}
      </ul>
    </div>
</div>
```

过滤文本框由一个<input>元素渲染，而过滤结果则通过遍历 items 数组以列表形式渲染。

最后，让我们看看用户在过滤文本框中输入时触发的事件处理函数。

onChange()函数在用户输入过滤文本框时被调用，并设置两个状态值。首先，它使用 setFilter()设置过滤文本框的值。然后，它调用 setItems()设置要渲染的过滤条目，除非过滤文本为空，在这种情况下，不需要渲染任何内容。

在与该示例互动时，用户可能会注意到在输入文本框时响应性存在的问题。因为在这个函数中，不仅设置了文本框的值，还设置了过滤后的项目。这意味着在文本值可以渲染之前，必须等待数千个项目被渲染。

尽管这是两个独立的状态更新（setFilter()和 setItems()），但它们被批量处理并被视为单一状态更新。同样，当渲染开始时，React 会一次性做出所有更改，这意味着 CPU 不会让用户与文本框互动，因为它被完全占用（渲染了较长的过滤结果列表）。理想情况下，我们希望优先处理文本框状态更新，同时让项目稍后渲染。换句话说，我们希望降低项目渲染的优先级，因为它成本较高，且用户并不直接与之互动。

这就是 startTransition() API 的用武之地。在传递给 startTransition()的函数内进行的任何状态更新将被赋予比在函数外发生的状态更新更低的优先级。在过滤示例中，可以通过将 setItems()状态更改移入 startTransition()内部来解决文本框响应性问题。

以下是新的 onChange()事件处理函数。

```
const onChange = (e) => {
  setFilter(e.target.value);
  React.startTransition(() => {
    setItems(
      e.target.value === ""
        ? []
        : unfilteredItems.filter((item) => item.name.includes(e.target.
value))
    );
```

```
    });
};
```

注意，先不必对项目状态的更新方式做任何更改：相同的代码被移动到了传递给 startTransition()的函数中。这告诉 React 在其他状态更改完成后再执行此状态更改。在当前例子中，允许文本框在 setItems()状态更改运行之前更新和渲染。如果现在运行示例，用户将看到文本框的响应性不再受到渲染长条目列表所需时间的影响。

在这项新 API 引入之前，用户可以通过使用 setTimeout()的变通方法来实现状态更新的优先级。这种方法的主要缺点是，内部的 React 调度器对状态更新及其优先级一无所知。例如，通过使用 startTransition()，如果状态在完成前再次更改，或者组件被卸载，那么 React 可以完全取消更新。

在实际应用中，不仅仅是优先考虑哪些状态更新应该首先运行的问题。相反，它是在异步获取数据的同时确保优先级得到考虑的一种结合。在本章的最后一节中，我们将把所有内容结合起来。

10.4　处理异步状态更新

在本章的最后一节中，将探讨异步获取数据和设置渲染优先级的常见场景。要解决的关键场景是，确保用户在输入或进行需要即时反馈的其他交互时不会被打扰。这需要适当的优先级处理以及妥善处理来自服务器的异步响应。让我们首先看看 React API 中可能有助于此场景的一些功能。

startTransition() API 可以作为一个 Hook 使用。据此，我们还会得到一个布尔值，可以用来检查转换是否仍在等待中。这对于向用户显示正在加载的内容非常有用。让我们修改上一节中的例子，并使用一个异步数据获取函数。此外还将使用 useTransition() Hook 并向组件的输出添加加载行为。

```
let unfilteredItems = new Array(25000)
  .fill(null)
  .map((_, i) => ({ id: i, name: 'Item ${i}' }));

function filterItems(filter: string) {
  return new Promise((resolve) => {
    setTimeout(() => {
      resolve(unfilteredItems.filter((item) => item.name.
includes(filter)));
```

```
    }, 1000);
  });
}

export default function AsyncUpdates() {
  const [isPending, startTransition] = React.useTransition();
  const [isLoading, setIsLoading] = React.useState(false);
  const [filter, setFilter] = React.useState("");
  const [items, setItems] = React.useState<{ id: number; name: string }
[]>([]);

  const onChange: React.ChangeEventHandler<HTMLInputElement> = async (e)
=> {
    setFilter(e.target.value);

    startTransition(() => {
      if (e.target.value === "") {
        setItems([]);
      } else {
        filterItems(e.target.value).then((result) => {
          setItems(result);
        });
      }
    });
  };

  return (...);
}
```

以上示例展示了一旦开始在过滤文本框中输入，就会触发 onChange()事件处理器，这将调用 filterItems()函数。此外还拥有一个 isLoading 值，可以用来向用户显示后台正在进行某些操作。

```
<div>
  <div>
    <input
      type="text"
      placeholder="Filter"
      value={filter}
      onChange={onChange}
    />
  </div>
```

```
<div>
  {isPending && <em>loading...</em>}
  <ul>
    {items.map((item) => (
      <li key={item.id}>{item.name}</li>
    ))}
  </ul>
</div>
</div>
```

当 isLoading 为 true 时，用户将看到如图 10.5 所示的内容。

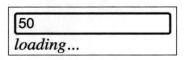

图 10.5　当状态转换待处理时的加载指示器

用户可能已经注意到，在文本框中输入时，加载消息会短暂闪烁。之后，用户可能会遇到一个更长的时期，届时项目仍然不可见，加载消息消失了。答案是，来自 useTransition() Hook 的 isPending 值可能会产生误导。我们设计组件的方式是，在以下情况下 isPending 将为 true：

● 如果 filterItems()函数仍在获取数据。

● 如果 setItems()状态更新在执行包含大量条目的昂贵的渲染行为。

然而，isPending 的工作方式并非如此。该值只有在传递给 startTransition()的函数运行之前才为真。这就是为什么会看到加载指示器短暂闪烁，而不是在整个数据获取操作和渲染操作期间显示。记住，React 在内部调度状态更新，通过使用 startTransition()，我们已经安排 setItems()在其他状态更新之后运行。

另一种理解 isPending 的方式是，当高优先级更新仍在运行时，isPending 为 true。我们可以称其为 highPriorityUpdatesPending 以避免混淆。话虽如此，该值的使用场景有限，但它们确实偶尔会发生。对于更常见的数据获取和执行昂贵渲染的情况，需要考虑另一种解决方案。让我们逐步审查代码，并以另一种方式重构它，以便在获取和高优先级更新发生时显示加载指示器。首先引入一个新的 isLoading 状态，且默认为 False。

```
const [isLoading, setIsLoading] = React.useState(false);
const [filter, setFilter] = React.useState("");
const [items, setItems] = React.useState([]);
```

现在，在 onChange()事件处理程序中，可以将状态设置为 true。在数据获取完成后运行的转换内，将其重新设置为 false。

```
const onChange: React.ChangeEventHandler<HTMLInputElement> = async (e) =>
{
  setFilter(e.target.value);
  setIsLoading(true);

  React.startTransition(() => {
    if (e.target.value === "") {
      setItems([]);
      setIsLoading(false);
    } else {
      filterItems(e.target.value).then((result) => {
        setItems(result);
        setIsLoading(false);
      });
    }
  });
};
```

现在我们已经跟踪了 isLoading 状态，且确切知道何时完成了所有繁重的工作，并可以隐藏加载指示器。最后的更改是将指示器的显示基于 isLoading 而不是 isPending。

```
<div>
  {isLoading && <em>loading...</em>}
  <ul>
    {items.map((item) => (
      <li key={item.id}>{item.name}</li>
    ))}
  </ul>
</div>
```

当运行这些更改后的示例时，结果应该会更可预测。setLoading()和 setFilter()状态更新是高优先级的，并且会立即执行。调用 filterItems()来获取数据的操作是在高优先级状态更新完成后才进行的。只有在持有了数据之后，我们才隐藏加载指示器。

10.5　本章小结

本章介绍了 React 18 中新的 API，这些 API 帮助用户实现高性能的状态更新。我们首先查看了 React 18 中自动状态更新批处理的变化，以及如何更好地利用它们。接着，讨论了新的 startTransition() API，以及如何将其用于将某些状态更新标记为比需要立即反馈的用户交互的优先级更低。最后查看了如何将状态更新的优先级与异步数据获取相结合。

第 11 章将讨论如何从服务器获取数据。

第11章　从服务器获取数据

网络技术的发展使得浏览器与服务器的交互，以及服务器数据处理成为网络开发不可或缺的一部分。如今，很难在传统网页和成熟的网络应用程序之间划出一条清晰的界限。这场演变的核心是浏览器中 JavaScript 的能力，它能够向服务器发送请求，有效地处理接收到的数据，并在页面上动态显示。这一过程已成为创建交互式和响应式网络应用程序的基础。本章将探讨从服务器获取数据的各种方法，讨论它们对网络应用程序架构的影响，并熟悉这一领域的现代实践方法。

本章主要涉及下列主题。

- 处理远程数据。
- 使用 Fetch API。
- 使用 Axios。
- 使用 TanStack Query。
- 使用 GraphQL。

11.1　技　术　要　求

读者可以在 GitHub 上找到本章的代码文件，地址为 https://github.com/PacktPublishing/React-and-React-Native-5E/tree/main/Chapter11。

11.2　处理远程数据

在网络开发领域，从服务器获取数据的历程经历了显著的变革。在 20 世纪 90 年代初，随着 HTTP 1.0 的出现，网络的婴儿期标志着服务器通信的开始。网页是静态的，且 HTTP 请求是基础的，用于获取整个页面或静态资源。每次请求都意味着建立一个新的连接，且交互性很小，主要限于 HTML 表单。另外，安全性也是较为基础的，反映了网络的初期状态。

千禧年的到来见证了一个重大转变，随着异步 JavaScript 和 XML（AJAX）的兴起，带来了增强交互性的新时代，允许网络应用程序在不重新加载整个页面的情况下与服务器进行后台通信。它由 XMLHttpRequest 对象驱动。下面是一个使用 XMLHttpRequest 获取数据的简单示例。

```
var xhr = new XMLHttpRequest();
xhr.onreadystatechange = function() {
  if (xhr.readyState == XMLHttpRequest.DONE) {
    if (xhr.status === 200) {
      console.log(xhr.responseText);
    } else {
      console.error('Error fetching data');
    }
  }
};
xhr.open('GET', 'http://example.com', true);
xhr.send();
```

该示例展示了一个典型的 XHR 请求。成功和错误响应通过回调函数来管理。这反映了当时异步代码严重依赖回调的时代。随着技术的进步，HTTP 发展到了 1.1 版本，通过持久连接提高了效率，并标准化了 RESTful API。这些 API 使用了标准的 HTTP 方法，并围绕可识别的资源设计，极大地提高了可扩展性和开发者的生产力。

Fetch API 的出现提供了一个现代的、基于 promise 的机制来发起网络请求。与 XMLHttpRequest 相比，Fetch 更强大、更灵活。下面是一个使用 Fetch 的示例。

```
fetch('http://example.com/data')
  .then(response => response.json())
  .then(data => console.log(data))
  .catch(error => console.error('Error:', error));
```

此外，社区开发了许多基于 Fetch API 和 XHR 的工具。例如，Axios、GraphQL 和 React Query 进一步简化了服务器通信和数据获取，增强了开发者体验。

Axios 是一个现代的 HTTP 客户端库，其基于 promise 的 API 和许多有用的特性（如拦截请求和响应）进一步简化了数据获取。以下是如何使用 Axios 发起 GET 请求的方法。

```
axios.get('http://example.com/data')
  .then(response => console.log(response.data))
  .catch(error => console.error('Error:', error));
```

该示例看起来与 Fetch API 相同，但在实际项目中，当设置拦截器时，变成了一个节省大量时间的游戏规则改变者，并且代码更少。拦截器允许在发送请求之前和处理响应之前拦截并修改它们。一个常见的用例是在访问令牌过期时刷新它们。拦截器可以将新令牌添加到所有后续请求中。通过使用像 Axios 这样的库,许多底层网络代码被抽象化,使用户能够专注于发起请求和处理响应。拦截器、错误处理和其他特性有助于以可重用的方式解决跨领域关注点,从而实现更清晰的代码。

接下来是 GraphQL,它允许客户端精确请求它们所需的数据,从而彻底改变了数据获取,消除了过度获取和不足获取的问题。它提供了一种灵活高效的从服务器检索数据的方式。与传统的预定义端点不同,客户端指定它们的数据需求,服务器响应精确请求的数据。这减少了网络负载并提高了应用程序性能。

```javascript
import { GraphQLClient, gql } from 'graphql-request';

const endpoint = 'http://example.com/graphql';
const client = new GraphQLClient(endpoint);

const query = gql'
  query {
    user(id: 123) {
      name
      email
    }
  }
';

client.request(query)
  .then(data => console.log(data))
  .catch(error => console.error('Error:', error));
```

这里,我们通过指定仅有的两个字段(姓名和电子邮件)来请求用户信息。无论用户对象的大小如何,GraphQL 服务器都能高效处理,只向客户端发送请求的数据。

另一个工具是 React Query。该库旨在简化 React 应用程序中的数据获取和状态管理。它抽象化了获取和缓存数据的复杂性,处理后台更新,并提供了 Hooks 以便与组件轻松集成。React Query 使与服务器数据的交互变得直接高效且易于维护,从而增强了开发过程。

```javascript
import { useQuery } from 'react-query';

function UserProfile({ userId }) {
  const { data, error, isLoading } = useQuery(userId, fetchUser);

  if (isLoading) return <div>Loading...</div>;
  if (error) return <div>Error: {error.message}</div>;
```

```
  return (
    <div>
      <h1>{data.name}</h1>
      <p>Email: {data.email}</p>
    </div>
  );
}
```

可以看到，用户甚至不需要手动处理错误或设置和更新加载状态，一切均由一个 Hook
提供。

服务器通信的另一项显著发展是 WebSocket，它支持实时的双向通信。这对于需要实
时数据更新的应用来说是一项变革，如聊天应用或交易平台。以下是使用 WebSockets 的基
本示例。

```
const socket = new WebSocket('ws://example.com');

socket.onopen = function(event) {
  console.log('Connection established');
};

socket.onmessage = function(event) {
  console.log('Message from server ', event.data);
};

socket.onerror = function(error) {
  console.error('WebSocket Error ', error);
};
```

这里，我们仍然使用回调方法，这是由于双向通信的思维模型所致。

总之，服务器通信在 Web 开发中的演变对于增强用户体验和提高开发者生产力至关重
要。从 HTTP 1.0 的初级阶段到今天复杂的工具，我们见证了一次重大的转变。Ajax、Fetch
API、Axios、GraphQL 和 React Query 等技术的出现，不仅简化了服务器交互，还标准化了
应用程序中的异步行为。这些进步对于有效管理加载、错误和离线场景等状态至关重要。
这些工具在现代 Web 应用程序中的集成标志着在构建更具响应性、健壮性和用户友好界面
方面迈出了一大步。这是技术不断演变的本质及其对 Web 内容创建和消费产生深远影响的
证明。

下一节将探讨如何使用 Fetch API 从服务器获取数据的真实示例。

11.3　使用 Fetch API

本节探讨如何在实践中从服务器检索数据。我们将从 Fetch API 开始，这是由 Web 浏览器提供的最常见且基础的方法。

在开始之前，让我们创建一个小型应用程序，该程序从 GitHub 获取用户数据并在屏幕上显示他们的头像和基本信息。为此，我们需要一个空的带有 React 的 Vite 项目。您可以使用以下命令创建它：

```
npm create vite@latest
```

由于示例中使用了 TypeScript，下面首先定义 GitHubUser 接口和所有必要的参数。

为了了解服务器返回了哪些数据，通常需要参考文档，通常由后端开发人员提供。在当前示例中，由于使用的是 GitHub REST API，因此可以在这个链接中找到用户信息：https://docs.github.com/en/rest/users/users?apiVersion=2022-11-28。

让我们按照如下方式创建 GitHubUser 接口。

```
export interface GitHubUser {
  login: string;
  id: number;
  avatar_url: string;
  html_url: string;
  gists_url: string;
  repos_url: string;
  name: string;
  company: string | null;
  location: string | null;
  bio: string | null;
  public_repos: number;
  public_gists: number;
  followers: number;
  following: number;
}
```

以上是应用程序中将使用的基本字段。实际上，用户对象中包含更多的字段，但此处已包含了将要使用的字段。

现在知道了用户拥有的字段，接下来将创建一个组件，在屏幕上显示用户数据。

```
const UserInfo = ({ user }: GitHubUserProps) => {
  return (
    <div>
      <img src={user.avatar_url} alt={user.login} width="100" height="100"
/>
      <h2>{user.name || user.login}</h2>
      <p>{user.bio}</p>
      <p>Location: {user.location || "Not specified"}</p>
      <p>Company: {user.company || "Not specified"}</p>
      <p>Followers: {user.followers}</p>
      <p>Following: {user.following}</p>
      <p>Public Repos: {user.public_repos}</p>
      <p>Public Gists: {user.public_gists}</p>
      <p>
        GitHub Profile:{" "}
        <a href={user.html_url} target="_blank" rel="noopener noreferrer">
          {user.login}
        </a>
      </p>
    </div>
  );
};
```

这里，我们渲染用户的头像以及一些有用的用户信息，并附带一个链接以打开 GitHub 个人资料页面。

现在，让我们来看一下 App 组件，并于其中处理服务器数据检索逻辑。

```
function App() {
  const [user, setUser] = useState<GitHubUser>();
  const [loading, setLoading] = useState(true);

  useEffect(() => {
    setLoading(true);

    fetch("https://api.github.com/users/sakhnyuk")
      .then((response) => response.json())
      .then((data) => setUser(data))
      .catch((error) => console.log(error))
      .finally(() => setLoading(false));
  }, []);
```

其中使用 useState Hook 来存储用户数据和加载状态。在 useEffect 中，发起 Fetch API 请求以从 GitHub API 获取数据。可以看到，fetch 函数接收一个 URL 作为参数。随后处理响应，将其保存在状态中，使用 catch 块处理错误，并最终使用 finally 块结束加载过程。

为了完成应用程序，接下来将显示检索到的用户数据。

```
return (
  <div>
    {loading && <p>Loading...</p>}
    {!loading && !user && <p>No user found.</p>}
    {user && <UserInfo user={user} />}
  </div>
);
}
```

用户可以使用以下命令运行应用程序。

```
npm run dev
```

打开终端中出现的链接，将看到如图 11.1 所示的结果。

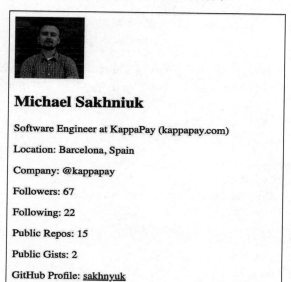

图 11.1　由 Fetch API 请求的 GitHub 用户

现在用户已经知道如何使用 Fetch API 获取数据。接下来将查看使用其他工具请求数据的类似应用程序。

11.4　使用 Axios

本节将考察一个非常流行的用于与服务器交互的库，称为 Axios。该库与 Fetch API 类似，但还提供了额外的功能，使其成为处理请求的强大工具。

下面对之前的项目进行一些更改。首先将 Axios 安装为依赖项。

```
npm install axios
```

Axios 的一个特性是能够创建具有特定配置的实例，如信息头、基础 URL、拦截器等。这使我们能够拥有一个根据需求预配置的实例，减少代码重复并使其更具可扩展性。

下面创建一个 API 类，它封装了与服务器交互所需的所有逻辑。

```
class API {
  private apiInstance: AxiosInstance;

  constructor() {
    this.apiInstance = axios.create({
      baseURL: "https://api.github.com",
    });

    this.apiInstance.interceptors.request.use((config) => {
      console.log("Request:", '${config.method?.toUpperCase()} ${config.
url}');
      return config;
    });

    this.apiInstance.interceptors.response.use(
      (response) => {
        console.log("Response:", response.data);
        return response;
      },
      (error) => {
        console.log("Error:", error);
        return Promise.reject(error);
      }
    );
  }

  getProfile(username: string) {
```

```
    return this.apiInstance.get<GitHubUser>('/users/${username}');
  }
}

export default new API();
```

　　在该类的构造函数中，创建并存储一个 Axios 实例，并设置基础 URL，消除在未来请求中重复这个域名的需要。接下来为每个请求和响应配置拦截器。出于演示目的，因此当运行应用程序时，我们可以看到控制台日志中的所有请求和响应，如图 11.2 所示。

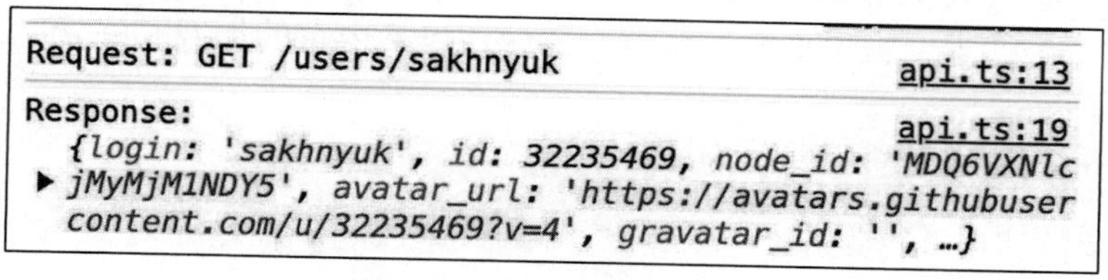

```
Request: GET /users/sakhnyuk                          api.ts:13
Response:                                              api.ts:19
  {login: 'sakhnyuk', id: 32235469, node_id: 'MDQ6VXNlc
▶ jMyMjM1NDY5', avatar_url: 'https://avatars.githubuser
  content.com/u/32235469?v=4', gravatar_id: '', …}
```

图 11.2　Axios 拦截器日志

　　现在，让我们看看使用新 API 类的 App 组件会是什么样子。

```
function App() {
  const [user, setUser] = useState<GitHubUser>();
  const [loading, setLoading] = useState(true);

  useEffect(() => {
    setLoading(true);

    api
      .getProfile("sakhnyuk")
      .then((res) => setUser(res.data))
      .finally(() => setLoading(false));
  }, []);

  return (
    <div>
      {loading && <p>Loading...</p>}
      {!loading && !user && <p>No user found.</p>}
      {user && <UserInfo user={user} />}
    </div>
  );
}
```

　　如上所述，Axios 与 Fetch API 并没有显著不同，但它提供了更强大的功能，使得创建更复杂的服务器数据处理解决方案变得容易。

下一节将探索使用 TanStack Query 实现的相同应用程序。

11.5　使用 TanStack Query

TanStack Query，通常被称为 React Query，是一个将服务器交互提升到新水平的库。该库允许请求数据并将其缓存。因此，可以在一次渲染过程中多次调用相同的 useQuery Hook，但只有一个请求会被发送到服务器。该库还包括内置的加载和错误状态，简化了请求状态的处理。

首先将 TanStack Query 库安装为项目的依赖项。

```
npm install @tanstack/react-query
```

接下来需要通过添加 QueryClientProvider 来配置库。

```
const queryClient = new QueryClient();

ReactDOM.createRoot(document.getElementById("root")!).render(
  <QueryClientProvider client={queryClient}>
    <App />
  </QueryClientProvider>
);
```

完成此设置后，即可开始开发应用程序。该库的一个独特特点是，它不依赖用于数据获取的工具，且只需要提供一个返回数据的 promise 函数。让我们使用 Fetch API 创建这样一个函数。

```
const userFetcher = (username: string) =>
  fetch("https://api.github.com/users/sakhnyuk")
  .then((response) => response.json());
```

简化后的应用程序组件如下所示。

```
function App() {
  const {
    data: user,
    isPending,
    isError,
  } = useQuery({
```

```
    queryKey: ["githubUser"],
    queryFn: () => userFetcher("sakhnyuk"),
  });

  return (
    <div>
      {isPending && <p>Loading...</p>}
      {isError && <p>Error fetching data</p>}
      {user && <UserInfo user={user} />}
    </div>
  );
}
```

现在，发起请求以及处理加载和错误状态的所有逻辑都包含在一个单独的 useQuery Hook 中。

下一节将探索使用 GraphQL 进行数据获取的更强大的工具。

11.6　使用 GraphQL

上述内容讨论了 GraphQL 是什么，以及如何指定从服务器获取确切数据，从而减少传输的数据量并加快数据获取速度。

当前示例将探索与@apollo/client 库结合使用的 GraphQL，提供与 React Query 类似的功能，但适用于 GraphQL 查询。

首先使用以下命令安装必要的依赖项。

```
npm install @apollo/client graphql
```

接下来需要向应用程序添加一个提供者。

```
const client = new ApolloClient({
  uri: "https://api.github.com/graphql",
  cache: new InMemoryCache(),
  headers: {
    Authorization: 'Bearer YOUR_PAT', // Put your GitHub personal access
token here
  },
});

ReactDOM.createRoot(document.getElementById("root")!).render(
```

```
<ApolloProvider client={client}>
  <App />
</ApolloProvider>
);
```

在这个阶段，在客户端设置期间，我们指定了希望与之工作的服务器 URL、缓存设置和认证信息。在早期的例子中，使用了公共 GitHub API，但 GitHub 也支持 GraphQL。为此，需要提供一个 GitHub 个人访问令牌，用户可以在 GitHub 个人资料设置中获取这个令牌。

对于当前示例，为了展示如何选择所需的仅有字段，需要精简相关的用户数据。以下是在组件中的 GraphQL 查询的示例。

```
const GET_GITHUB_USER = gql'
  query GetGithubUser($username: String!) {
    user(login: $username) {
      login
      id
      avatarUrl
      bio
      name
      company
      location
    }
  }
';
```

现在一切都已设置完毕，让我们看看 App 组件将会是什么样子。

```
function App() {
  const { data, loading, error } = useQuery(GET_GITHUB_USER, {
    variables: { username: "sakhnyuk" },
  });

  if (loading) return <p>Loading...</p>;
  if (error) return <p>Error fetching data</p>;

  const user = data.user;

  return (
    <div>
      <UserInfo user={user} />
    </div>
  );
```

}

类似 React Query，我们可以访问加载状态、错误和实际数据。当打开应用程序时，对应结果如图 11.3 所示。

Michael Sakhniuk

Software Engineer at KappaPay (kappapay.com)

Location: Barcelona, Spain

Company: @kappapay

图 11.3　通过 GraphQL 请求的 GitHub 用户

为确保服务器返回请求的确切数据，可以打开 Chrome 开发者工具（Chrome Dev Tools），前往网络标签页，并检查请求，如图 11.4 所示。

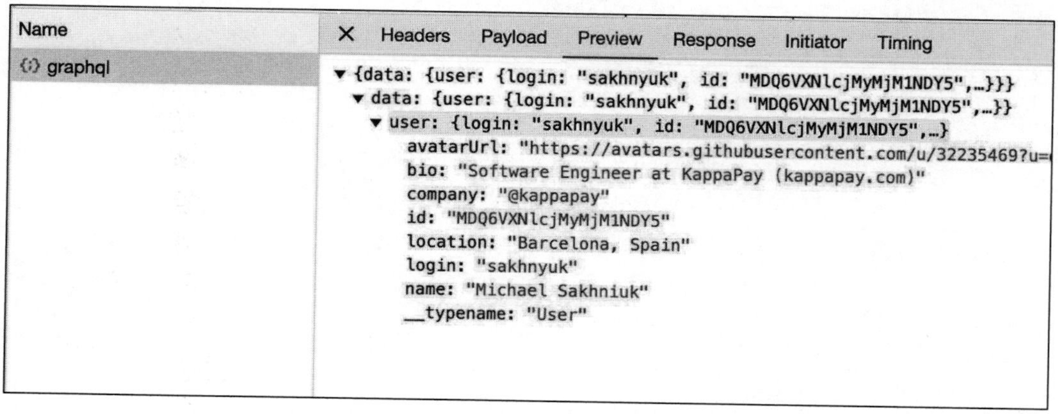

Name	X Headers Payload Preview Response Initiator Timing
{} graphql	▼ {data: {user: {login: "sakhnyuk", id: "MDQ6VXNlcjMyMjM1NDY5",…}}} 　▼ data: {user: {login: "sakhnyuk", id: "MDQ6VXNlcjMyMjM1NDY5",…}} 　　▼ user: {login: "sakhnyuk", id: "MDQ6VXNlcjMyMjM1NDY5",…} 　　　avatarUrl: "https://avatars.githubusercontent.com/u/32235469?u= 　　　bio: "Software Engineer at KappaPay (kappapay.com)" 　　　company: "@kappapay" 　　　id: "MDQ6VXNlcjMyMjM1NDY5" 　　　location: "Barcelona, Spain" 　　　login: "sakhnyuk" 　　　name: "Michael Sakhniuk" 　　　__typename: "User"

图 11.4　GraphQL 请求

可以看到，服务器精确地发送了在查询中指定的数据。用户可以实验查询参数，以观察其中的差异。

11.7　本 章 小 结

　　本章探讨了如何从服务器获取数据。首先简要回顾了客户端–服务器通信的历史，并强调了与服务器交互的主要方法。接下来构建了一个应用程序，使用 Fetch API、Axios、TanStack Query 和 Apollo GraphQL 检索 GitHub 用户数据。

　　读者在本章学到的技术能够扩展自己的 Web 应用程序。通过高效地从服务器获取数据，可以创建动态的、数据驱动的用户体验。无论是在构建显示实时信息流的社交媒体应用、拥有最新产品信息的电子商务网站，还是可视化实时数据的仪表板，本章获得的技能都将证明是非常宝贵的。

　　第 12 章将深入讨论使用状态管理库管理应用程序状态。

第12章 React 中的状态管理

前述章节探讨了 React 中的状态概念，并掌握了使用 useState Hook 进行基本操作。本章将深入讨论应用程序的全局状态管理，专注于全局状态及其含义、关键优势，以及有效的管理策略。

本章主要涉及下列主题。

- 全局状态是什么。
- React Context API 和 useReducer。
- Redux。
- MobX。

12.1 全局状态是什么

在开发 React 应用程序时，需要特别关注的一个关键方面是状态管理。我们已经熟悉了 useState Hook，它允许在组件内部创建和管理状态。这种类型的状态通常被称为局部状态，它在单个组件内部非常有效，非常简单且易于使用。

为了更清晰地说明，考虑一个带有小型表单组件的例子，其中有两个输入元素，并为每个输入创建了两个状态，如图 12.1 所示。

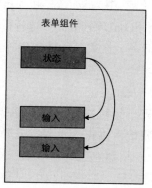

图 12.1　具有局部状态的表单组件

　　在这个例子中，一切都很简单：用户在输入框中输入内容，则会触发一个 onChange 事件，通常在这里改变状态，导致表单的全面重新渲染，然后在屏幕上看到输入的结果。

　　然而，随着应用程序的复杂性和规模的增加，不可避免地需要一种可扩展和灵活的状态管理方法。让我们进一步考虑当前示例，并想象在输入表单信息后，需要向服务器发送用户授权请求并获得一个会话密钥。然后，通过这个密钥，我们需要请求用户数据，即名字、姓氏和头像。

　　这里的困难在于，在哪里存储会话密钥和用户数据？也许可以在表单中获取数据，然后将其传递给父组件，因为父组件更具有全局性，也更负责任，如图 12.2 所示。

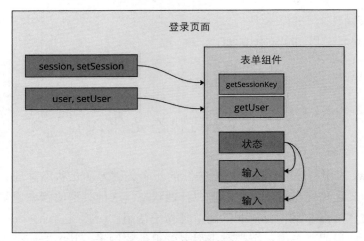

图 12.2　带有表单组件的登录页面

　　现在，我们持有一个登录页面，其中为 session 和 user 对象设置了局部状态。通过使用 props，可以将像 onSessionChange 和 onUserChange 这样的函数传递给表单组件，最终允许将数据从表单传输到登录页面。此外，在表单中，我们现在定义了 getSessionKey() 函数和 getUser() 函数。这些方法与服务器交互，在成功响应后，不会在本地存储数据，而是调用前述的 onSessionChange 和 onUserChange。

　　有人可能会认为数据存储问题已经解决了，但在用户授权并获取数据后，需要将用户重定向到应用程序的某个主页。我们可以再次重复提升数据的技巧，但在此之前，需要提前思考并想象获取用户数据不仅仅是授权表单的工作，这样的功能在其他页面上也需要。

　　最终，我们认识到，除了数据本身，还需要在组件树的更高层级保持处理数据的逻辑，如图 12.3 所示。

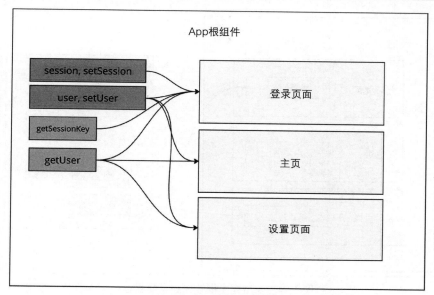

图 12.3　应用程序根组件

图 12.3 清楚地展示了，当需要从应用程序的最高组件向下传递所有必要的数据和方法到所有页面和组件时，应用程序变得更加复杂。

除了实现和维护这种组织应用程序状态的方法的复杂性，还有一个显著的性能问题。例如，如果在根组件中通过 useState 创建了一个状态，每次更新时，整个应用程序都将重新渲染，因为应用程序的根组件将被重新绘制。

因此，我们已经识别出在大型应用程序的组件中组织局部状态的主要问题：

● 组件树过于复杂，所有重要数据都必须通过 props 从上到下传递。这使得组件紧密耦合，增加了代码的复杂性和维护难度。

● 性能问题，当不需要时，应用程序可能会不必要地重新渲染。

查看图 12.3，用户可能会想到是否可以打破组件之间的连接方式，并将所有数据和逻辑提取到组件外部的某个地方。这就是全局状态概念发挥作用的地方。

全局状态是一种数据管理方法，允许状态在应用程序的不同级别和组件中可访问和可修改。这种解决方案克服了局部状态的限制，促进了组件之间的数据交换，并改善了大规模项目中的状态可管理性。

为了清楚地理解全局状态在当前示例中的角色，下面查看图 12.4。

在这个例子中，应该持有一个全局状态，位于组件和整个树的外部。只有实际需要从状态中获取数据的组件才能直接访问它并订阅其变化状态。

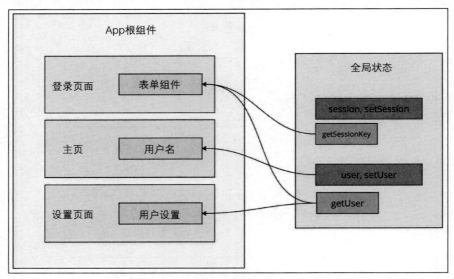

图 12.4　应用程序根组件和全局状态

通过实现全局状态，可以同时解决这两个问题。

● 简化了组件树和依赖关系，从而扩展和支持应用程序。

● 提高了应用程序性能，因为现在只有在全局状态发生变化时，订阅了全局状态数据的组件才会重新渲染。

然而，重要的是要理解局部状态仍然是一个非常强大的工具，不应该为了全局状态而放弃。相应地，只有当需要在不同层次的应用组件中使用状态时，才会获得优势。否则，如果开始将所有变量和状态转移到全局状态，那么只会使应用程序变得更加复杂，而不会带来任何好处。

现在我们知道全局状态只是组织数据的一种方式，那么如何管理全局状态呢？状态管理器是一种帮助组织和管理应用程序状态的工具，特别是在涉及复杂交互和大量数据时。它为应用程序的所有状态提供了一个集中的存储库，并以有序和可预测的方式管理其更新。在实践中，状态管理器通常表现为作为项目依赖项安装的 npm 包。然而，也可以不使用任何库，且仅使用 React 的 API 独立管理全局状态。稍后将对此加以讨论。

12.2　React Context API 和 useReducer

要自行组织全局状态，可以使用 React 生态系统中已经存在的工具，即 Context API 和

useReducer。它们是管理状态的强大组合，特别是在使用第三方状态管理器似乎过于庞大的情况下。这些工具非常适合在更紧凑的应用程序中创建和管理全局状态。

　　React Context API 旨在通过组件树传递数据，无须在每个级别传递 props。这简化了深层嵌套组件中数据的访问，并减少了 prop 钻取（通过多个级别传递 props），如图 12.4 所示。React Context API 特别适用于主题设置、语言偏好或用户信息等数据。

　　以下是一个如何使用上下文存储主题设置的例子。

```
const ThemeContext = createContext();

const ThemeProvider = ({ children }) => {
  const theme = 'dark';
  return (
    <ThemeContext.Provider value={theme}>
      {children}
    </ThemeContext.Provider>
  );
};


const useTheme = () => useContext(ThemeContext);

export { ThemeProvider, useTheme };
```

　　在这个例子中，使用 createContext() 函数创建了 ThemeContext。随后制作了一个 ThemeProvider 组件，应该封装应用程序的根组件。这将允许使用 useTheme() 钩子，并在任何级别的嵌套组件中访问，该钩子是使用 useContext() 钩子创建的。

```
const MyComponent = () => {
  const theme = useTheme();

  return (
    <div>
      <p>Current theme: {theme}</p>
    </div>
  );
};
```

　　在组件树的任何层级，都可以使用 useTheme() 钩子访问当前主题。

　　接下来考察一个特殊的钩子，它将帮助我们构建全局状态。useReducer 表示为一个钩子，允许使用 reducers 管理复杂状态：这些函数接收当前状态和一个动作，然后返回一个新状态。useReducer 非常适合管理需要复杂逻辑或多个子状态的状态。下面考察一个使用 useReducer 的计数器例子。

```
import React, { useReducer } from 'react';

const initialState = { count: 0 };

function reducer(state, action) {
  switch (action.type) {
    case 'increment':
      return { count: state.count + 1 };
    case 'decrement':
      return { count: state.count - 1 };
    default:
      throw new Error();
  }
}

function Counter() {
  const [state, dispatch] = useReducer(reducer, initialState);

  return (
    <>
    Count: {state.count}
    <button onClick={() => dispatch({ type: 'increment' })}>+</button>
    <button onClick={() => dispatch({ type: 'decrement' })}>-</button>
    </>
  );
}
```

这个例子实现了一个 reducer，它包含两个动作：增加和减少计数器。

Context API 和 useReducer 的结合为创建和管理应用程序的全局状态提供了一个强大的机制。这种方法适用于小型应用程序，在这些应用程序中，现有的和更大型的状态管理解决方案可能是多余的。然而，值得注意的是，这种解决方案并没有完全解决性能问题，因为在 useTheme 示例中，主题的任何变化或计数器示例中的计数器的任何变化都会导致提供者重新渲染，因此整个组件树重新渲染。这种情况可以避免，但需要额外的逻辑和编码。

因此，更复杂的应用程序需要更强大的工具。为此，有几种现成的和流行的状态管理工作解决方案，每种都有其独特的特点，且适合不同的用例。

12.3　Redux

Redux 是管理复杂 JavaScript 应用程序状态的最受欢迎的工具之一，尤其是与 React 一起使用时。Redux 通过将应用程序的状态维护在一个单一的全局对象中，提供了可预测的状态管理，从而简化了变更跟踪和数据管理。

Redux 基于 3 个核心原则：单一数据源（一个全局状态）、状态是只读的（不可变的）以及使用纯函数（reducers）进行变更。这些原则确保了有序和可控的数据流。

```javascript
function counterReducer(state = { count: 0 }, action) {
  switch (action.type) {
    case 'INCREMENT':
      return { count: state.count + 1 };
    case 'DECREMENT':
      return { count: state.count - 1 };
    default:
      return state;
  }
}

const store = createStore(counterReducer);

store.subscribe(() => console.log(store.getState()));

store.dispatch({ type: 'INCREMENT' });
store.dispatch({ type: 'DECREMENT' });
```

在这个例子中，应用程序的状态已经根据计数器示例实现。持有一个 counterReducer，它是一个常规函数，接收当前状态和要执行的动作，且总是返回一个新状态。

在 Redux 世界中，实现异步操作是一个复杂的问题，因为 Redux 本身除了中间件之外不提供任何内容，而中间件是由第三方解决方案使用的。redux-thunk 就是这样一种解决方案。

redux-thunk 是一个中间件，它允许调用返回函数而不是动作对象的动作创建函数。这提供了通过进行异步请求延迟分派动作或分派多个动作的能力。

```javascript
function fetchUserData() {
  return (dispatch) => {
    dispatch({ type: 'LOADING_USER_DATA' });
    fetch('/api/user')
```

```
      .then((response) => response.json())
      .then((data) => dispatch({ type: 'FETCH_USER_DATA_SUCCESS', payload:
data }))
      .catch((error) => dispatch({ type: 'FETCH_USER_DATA_ERROR', error
    }));
  };
}

const store = createStore(reducer, applyMiddleware(thunk));
store.dispatch(fetchUserData());
```

可以看到，我们创建了一个函数 fetchUserData()，它不会立即改变状态。相反，它返回了另一个带有 dispatch 参数的函数。该 dispatch 参数可以根据需要多次使用来改变状态。

除此之外，还有其他更强大但也更复杂的异步操作解决方案，此处并不打算对此进行讨论。

Redux 非常适合管理应用程序中的复杂全局状态。它提供了强大的调试工具，如时间旅行（time travel）。由于数据及其处理之间的清晰分离，Redux 也便于对状态和逻辑进行测试。

要将 Redux 与 React 集成，可使用 React-Redux 库。它提供了 Provider 组件，以及 useSelector()钩子 和 useDispatch() 钩子，它们允许轻松地将 Redux 存储连接到 React 应用程序。

```
function Counter() {
  const count = useSelector((state) => state.count);
  const dispatch = useDispatch();

  return (
    <div>
      <div>Count: {count}</div>
      <button onClick={() => dispatch({ type: 'INCREMENT' })}>+</button>
      <button onClick={() => dispatch({ type: 'DECREMENT' })}>-</button>
    </div>
  );
}
```

在上面的例子中，Counter 组件通过 useSelector 订阅 Redux 状态的变化。这种订阅更细粒度，改变计数器不会导致整个应用程序重新渲染，而只会导致调用此钩子的特定组件重新渲染。

然而，需要注意的是 Redux 的缺点。尽管它是最受欢迎的解决方案，但也存在一些重大问题。

- Redux 十分冗长。实现大型全局状态需要编写大量的样板代码，如 reducers、actions、selectors 等。
- 随着项目的增长，维护和扩展 Redux 状态的复杂性不成比例地增加。

随着项目和全局状态的增长，应用程序的性能显著下降。因为即使只是将一个值的状态从 false 更改为 true，也需要进行大量计算。

Redux 本身不支持异步操作，且需要额外的解决方案，这进一步增加了项目理解和维护的复杂性。

将状态和业务逻辑分割成块以实现延迟加载需要付出很多努力。结果，应用程序的大小，以及因此产生的初始加载速度受到影响。

尽管有这些缺点，许多公司和开发者仍然使用该解决方案，因为它适合大多数业务，所以了解这个工具并能够使用它是很重要的。

12.4　MobX

下一个流行的全局状态管理解决方案是 MobX 库。该库与 Redux 有很大的不同，其概念在某些方面甚至是相反的。

MobX 是一个提供反应式和灵活数据交互的状态管理库。它的主要思想是尽可能简化和透明化应用程序状态，并通过按需创建多次并相互嵌套的小对象和类来工作。

从技术上讲，该库允许创建的不仅是一个全局状态，而且是许多直接与应用程序某些功能相关联的小对象，这在处理大型应用程序时提供了显著的优势。要了解单一全局状态与 MobX 状态之间的区别，可以查看图 12.5。

在 MobX 中，应用程序的状态是通过可观察的方法管理的，这种方法会自动跟踪变化并通知相关的计算值和反应。这允许应用程序自动响应状态变化进行更新，从而简化了数据流并提高了灵活性。

```
class Store {
  @observable accessor count = 0;

  @computed get doubleCount() {
    return this.count * 2;
  }

  @action increment() {
```

```
    this.count += 1;
  }

  @action decrement() {
    this.count -= 1;
  }
}

const myStore = new Store();
```

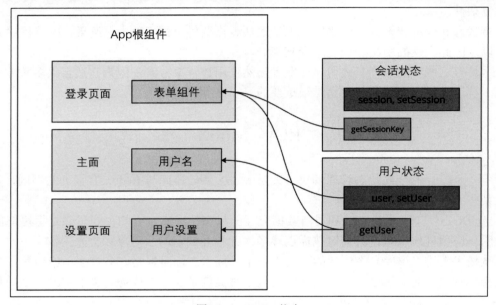

图 12.5　MobX 状态

该例子使用 MobX 实现了同一个计数器。在一个类中，既有实际数据也有计算数据，以及改变状态的动作。

谈到异步操作，MobX 在这方面没有任何问题，因为可以在一个常规类中工作，并添加一个返回 promise 的新方法。

```
class Store {
  @observable count = 0;

  @computed get doubleCount() {
    return this.count * 2;
  }
```

```
  @action increment() {
    this.count += 1;
  }

  @action decrement() {
    this.count -= 1;
  }

  @action async fetchCountFromServer() {
    const response = await fetch('/count');
    const data = await response.json();
    this.count = data.count;
  }
}

const myStore = new Store();
```

MobX 非常适合需要高性能和简单管理复杂数据依赖的应用程序。它提供了一种优雅直观的处理复杂状态的方法，允许开发者专注于业务逻辑而非状态管理。

MobX 库的一个缺点是，在组织状态方面提供了相当大的自由度，这会导致经验不足的人遇到困难和可扩展性问题。例如，MobX 允许直接操作对象数据，可以触发组件更新，但也会导致大型项目中出现意想不到的状态变化和调试问题。同样，这种自由度常常导致原本小型、清晰的 MobX 类变得紧密耦合，使得测试和项目开发更具挑战性。

要将 MobX 与 React 集成，可使用 mobx-react 库，它提供了 observer() 函数。这允许 React 组件自动对观察数据的变化做出反应。

```
import React from 'react';
import { observer } from 'mobx-react';
import myStore from './myStore';

const Counter = observer(() => {
  return (
    <div>
      <div>Count: {myStore.count}</div>
      <div>Double: {myStore.doubleCount}</div>
      <button onClick={() => myStore.increment()}>-</button>
      <button onClick={() => myStore.decrement()}>+</button>
    </div>
  );
});
```

该例子使用 MobX 实现了同一个计数器。可以看到，我们不使用钩子来访问状态，也不使用提供者将其存储在应用程序上下文中。只是从文件中导入变量并使用。由 Store 类创建的 myStore 即是状态本身。在组件中使用对象的观察值很容易，因为组件会立即订阅该值的所有更改，并在每次更改时重新渲染。

仅仅从这些例子中，即可以看到 MobX 在管理状态方面是多么简单和方便。由于它只是一个对象，因此在需要时延迟加载它，以及在不再需要数据时清除应用程序的缓存和内存并不复杂。个人认为 MobX 是状态管理的强大工具，并强烈推荐在实际项目中尝试使用它。

12.5　本 章 小 结

本章学习了全局状态及其管理方法。通过有限的局部状态示例，讨论了在应用程序的不同组件和不同层级需要共享数据时，拥有全局状态的重要性。

本章讨论了使用 React Context API 的示例，并确定了何时使用，以及何时更倾向于使用更强大的状态管理解决方案。接下来，我们以 Redux 和 MobX 的形式查看这两种解决方案。

第 13 章将讨论服务器端渲染以及它为应用程序带来的益处。

第13章　服务器端渲染

第1章曾讨论，React 库在将组件转换为各种目标格式方面具有显著的灵活性，其中一种目标格式就是标准的 HTML 标记，并作为字符串在服务器上生成。本章将深入探讨 React 中服务器端渲染（SSR）的工作原理，以及它为用户和开发者带来的优势。读者将了解到这种方法对应用程序的价值，以及它如何增强整体用户体验和性能。

本章主要涉及下列主题。

- 在服务器上工作。
- 使用 Next.js。
- React 服务器组件。

13.1　技术要求

读者可以在 GitHub 的 https://github.com/PacktPublishing/React-and-React-Native-5E/tree/main/Chapter13 找到本章的代码文件。

13.2　在服务器上工作

网络技术已经走过了很长的路，或者更准确地说，已经完成了一个完整的循环。一切都始于由服务器准备的静态网页。服务器是所有网站和应用程序逻辑的基础，因为它们完全负责其功能的实现。然后，我们试图远离服务器端渲染（SSR），转而支持在浏览器中渲染页面，这导致网页作为完整应用程序的发展迈出了重要一步，现在它们可以与桌面应用程序相媲美。结果，浏览器成了应用程序逻辑的核心，而服务器仅提供了应用程序所需的数据。

目前，开发周期重新回到了服务器端渲染（SSR）和服务器组件，但现在对服务器和客户端都包含统一的逻辑和代码。本节将尝试理解这种情况发生的原因，以及从技术演变中获得的结论和经验，并了解应用程序在服务器上的工作类型。

13.2.1　服务器端渲染

传统的单页应用程序（SPA）方法完全依赖本地浏览器渲染。我们编写的所有代码、样式和标记都是专门为浏览器编写的，在应用程序构建过程中，我们得到的是静态的 HTML、CSS 和 JavaScript 文件，然后这些文件被加载到浏览器中。

在大多数情况下，初始 HTML 文件是空的，且没有任何内容。这个文件中唯一重要的是连接的 JavaScript 文件，它将渲染所需的一切。

图 13.1 显示了一个 SPA 应用程序加载和渲染的示意图。

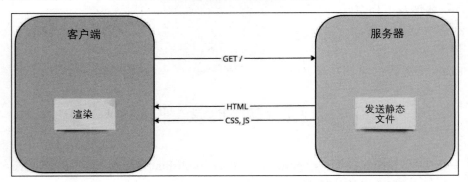

图 13.1　SPA 应用程序

这种方法带来了交互性，使应用程序的体验和功能都像真正的桌面应用程序一样，不再需要每次更新内容、接收通知、新邮件或消息时重新加载页面，因为整个应用程序逻辑直接在浏览器中。随着时间的推移，浏览器应用程序几乎完全取代了桌面应用程序。现在，用户可以在单一浏览器内编写邮件、处理文档、观看电影以及做更多的事情。

许多公司没有开发桌面应用程序，而是将他们的项目作为网络应用程序来创建。浏览器能够在任何架构和操作系统上运行的能力显著降低了开发成本。

同时，服务器也经历了变化，不再使用页面模板、缓存等。后端开发人员不再需要专注页面布局，可以将更多时间投入更复杂的逻辑和架构上。

然而，单页应用程序（SPA）确实存在缺点，包括由于需要下载和处理脚本而导致的长时间初始加载。在这个过程中，用户会看到一个白屏或加载旋转效果。此外，空的初始 HTML 文件也不适合搜索引擎优化，因为搜索引擎会将其视为一个空白页面。

在创建在线商店的背景下，常规的 React SPA 可能并不适合，因为对用户和搜索引擎来说，能够立即看到页面内容是很重要的。在 SPA 出现之前，这类问题是通过在服务器端工作的工具解决的，这些工具总是准备好相关内容。在 React 中，解决这个问题更为复杂，因为我们知道，React 是在浏览器端工作的。

　　解决方案的第一步显然是在服务器上通过 React 渲染页面内容。自发布以来，React 就拥有 renderToString() 函数来实现这一目的，该函数可以在 Node.js 服务器环境中调用。renderToString() 函数返回一个 HTML 字符串，当发送到浏览器时，允许在用户的屏幕上渲染内容。

　　让我们看看使用 renderToString() 函数的 SSR 将如何工作，如图 13.2 所示。

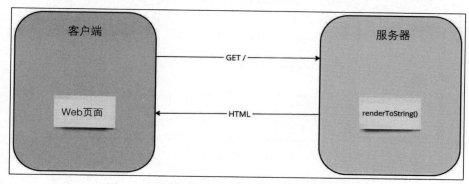

图 13.2　使用 "renderToString()" 进行服务器渲染

　　在这个例子中，当浏览器请求一个页面时，服务器通过调用 renderToString() 函数并将其传递给 React 组件树以输出 HTML。通过将这个 HTML 字符串作为响应发送回浏览器的请求，浏览器渲染结果。

　　然而，在这样的示例中，服务器生成并在浏览器中渲染的 HTML 缺乏交互性和客户端应用程序的能力。对于按钮、导航以及在 SPA 中习惯的所有功能，都需要使用 JavaScript。因此，在服务器上实现交互式站点或应用程序的下一步是：不仅要传输 HTML，还要传输 JavaScript，这将提供我们所需的所有交互性。

　　为了解决这个问题，引入同构 JavaScript 的方法。这种风格的代码可以先在服务器上执行，然后在客户端执行。这允许用户在服务器上准备初始渲染，并将准备好的 HTML 连同 JavaScript 捆绑包发送到客户端，使浏览器能够提供交互性。这种方法加快了应用程序的初始加载速度，同时保持其功能，并允许搜索引擎在搜索结果中索引页面。

　　当用户打开一个页面时，他们立即看到服务器上执行的渲染结果，甚至在 JavaScript 加载之前。这种快速的初始响应显著提高了用户体验。在页面和 JS 捆绑包加载之后，浏览器对页面进行 "注水（hydrate）" 至关重要，因为从 renderToString 示例中我们知道，所有元素都缺乏交互性。为此，脚本需要为元素附加所有必要的事件侦听器。这个过程称为注水，与从头开始进行全页面渲染相比，这是一个更轻量级且更快的过程。

交互性的另一个重要特性是，能够即时或平滑地在应用程序中导航而无须重新加载浏览器页面。同构 JavaScript 使其成为可能，因为只需加载下一页的 JavaScript 代码，然后应用程序就可以在本地渲染下一页，如图 13.3 所示。

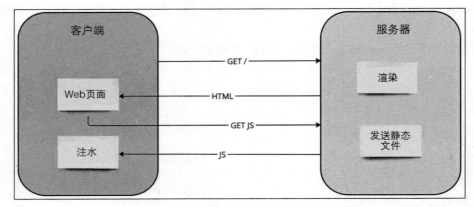

图 13.3　SSR

图 13.3 示意性地表示了 SSR 方法，其中应用程序是完全交互式的。最初，当请求一个页面时，服务器渲染内容并返回带有附加 JavaScript 捆绑包的 HTML。然后，浏览器加载 JS 文件并对先前显示在页面上的所有内容进行“注水”。这种方法就是众所周知的 SSR，它已经在 React 开发者中广泛使用，并在现代网络技术的“武器库”中找到了自己的位置。SSR 结合了页面内容的快速加载和服务器渲染的高性能，以及客户端应用程序的灵活性和交互性。

13.2.2　静态站点和增量式静态生成

尽管服务器端渲染（SSR）代表了显著的进步，但它并不是一个普遍适用的解决方案，并且有其缺点，包括需要为每个请求从头开始生成页面。例如，没有动态内容的页面每次都必须在服务器上生成，这可能会导致用户的显示延迟。此外，即使是最简单的应用程序或站点，SSR 也需要 Node.js 服务器进行渲染，这与 SPA 不同。SPA 使用内容分发网络（CDN）将应用程序文件放置得更接近用户，从而加快了加载速度。

这些问题的解决方案在于静态站点生成（SSG）方法。SSG 的逻辑是在项目构建过程中在服务器上渲染所有静态页面。结果，我们得到许多准备好的 HTML 页面，并可以在请求时立即交付。与 SSR 一样，在 SSG 中，JavaScript 捆绑包在加载后水合页面，并使其具有交互性。最终，我们获得了与 SPA 相同的体验，但不再是空的 HTML 文件，而是一个充满内容、快速渲染的文件。SSG 项目可以托管在快速的 Web 服务器或 CDN 上，这也允许额外的缓存，并加快了这些应用程序的加载时间。

　　SSG 成了网站、博客和简单在线商店的理想解决方案，确保了快速的页面加载时间、不阻塞请求、支持 SEO，并具有与 SPA 相同的交互性。此外，还可以将 SSR 用于动态数据，并将 SSG 用于静态页面。这种混合方法结合了两种方法的优势，为实现更复杂的项目开辟了新的可能性。它允许开发者通过选择最佳的渲染方法来优化性能和用户体验，这取决于网站或应用程序每个页面的具体要求。

　　开发者和公司面临的另一个问题是更新静态生成的页面。例如，传统意义上，添加一篇新的博客文章或更新在线商店的库存需要对项目进行完整的重建，这可能既耗时又不方便，特别是在大型项目中。想象一下，仅仅因为添加了一篇新帖子，就必须完全重建和重新渲染一个拥有 1000 篇帖子的博客。

　　这个问题通过一种称为增量式静态生成（ISR）的方法得到解决。ISR 结合了 SSG 和 SSR 的原则以及缓存功能。为了理解这种方法，想象一下，我们在构建阶段生成的所有 HTML 和 JS 文件只是作为缓存，代表当前项目构建的结果。就像任何缓存一样，我们现在需要引入一个逻辑来重新验证它。只要缓存有效，所有页面请求就像以前一样使用 SSG 方法工作。但是，当重新验证的时间到期后，对页面的下一个请求就会在服务器上以 SSR 模式启动它的重新渲染行为。生成的输出发送到客户端，并同时用新的 HTML 文件替换旧的 HTML 文件，即更新缓存。然后应用程序继续以 SSG 模式运行。

　　得益于 ISR，现在可以实施拥有数百万页面的大规模项目，这些项目不需要因为少量更新而不断重建。此外，还可以完全跳过构建阶段的页面生成，因为所需的页面将在请求时被渲染和保存。对于庞大的项目，这大大提高了项目构建速度。

　　目前，结合传统 SSR 的 SSG 和 ISR 是实现从简单的网站和博客到复杂应用程序最受欢迎的方法之一。然而，传统的 SPA 仍然是一个非常流行的解决方案。但如果已经知道如何创建和组装 SPA，我们刚才讨论的其他方法又如何呢？对于这个问题，重要的是读者不需要手动开发所有这些方法。有几个基于 React 的框架提供了上述所有功能。

　　● Next.js：该框架以其灵活性和强大的功能而闻名。Next.js 最初以 SSR 开始，但现在支持 SSR 和 SSG，包括 ISR 的支持。最近，Next.js 一直在研究使用服务器组件实现应用程序的新概念，我们将在本章末尾对此进行讨论。

　　● Gatsby：Gatsby 的主要特点是它强烈侧重于使用来自各种来源（如 CMS 或 Markdown）的数据生成静态站点。尽管与 Next.js 的差异不像过去那么大，但它仍然是一个相当受欢迎的解决方案。

● Remix：这是一个相对较新的框架，专注于与网络标准的紧密集成以及改善用户体验。Remix 提供了独特的数据处理和路由方法，其中，我们不是按页面工作，而是按页面的各个部分工作，通过更改和缓存动态页面部分来实现嵌套导航。

所有这些框架均提供了之前方法的类似体验和实现。接下来将探索如何使用 Next.js 以实现 SSR 和静态生成。

13.3　使用 Next.js

在熟悉了 SSR 理论之后，让我们看看如何利用 Next.js 框架在实践中实现所有这些内容。Next.js 是一个基于 React 的流行框架，专门设计用于简化 SSR 和静态站点生成的过程。它为创建高性能的 Web 应用程序提供了强大且灵活的功能。

Next.js 的特点如下所示。

● 易于使用的 API，自动化 SSR 和静态生成：用户只需要使用提供的方法和函数编写代码，框架将自动确定哪些页面应该在服务器端渲染，哪些页面可以在项目构建过程中渲染。

● 基于文件的路由：Next.js 使用基于项目中的文件夹和文件结构的简单直观的路由系统。这大大简化了应用程序中路由的创建和管理。

● 得益于 API 路由，用户可以实现服务器端 REST API 端点，从而能够创建全面的全栈应用程序。

● 优化图像、字体和脚本，提高项目性能。

该框架的另一个重要特点是与 React Core 团队紧密合作，以实现新的 React 功能。因此，Next.js 目前支持两种类型的应用程序实现，即页面路由器和应用路由器。前者实现了前面讨论的主要功能，而后者是为与 React 服务器组件一起工作而设计的较新方法。我们将在本章后面的部分中检查这种新方法，但现在，让我们从页面路由器开始。

要开始使用 Next.js，只需执行一个命令，即可为用户设置一切。

```
npx create-next-app@latest
```

这个命令行界面（CLI）命令会向用户询问几个问题：

```
✓ What is your project named? … using-nextjs
✓ Would you like to use TypeScript? … No / Yes
✓ Would you like to use ESLint? … No / Yes
✓ Would you like to use Tailwind CSS? … No / Yes
```

```
✓ Would you like to use `src/` directory? … No / Yes
✓ Would you like to use App Router? (recommended) … No / Yes
✓ Would you like to customize the default import alias (@/*)? … No / Yes
✓ What import alias would you like configured? … @/* No / Yes
```

对于当前示例，除了关于使用 App Router 的问题，对所有问题均回答 Yes。此外，读者可以通过提供的链接访问将要进一步讨论的示例：https://github.com/PacktPublishing/React-and-React-Native-5E/tree/main/Chapter13/using-nextjs。

在示例中，我们将创建一个包含多个页面的小型网站，每个页面使用不同的服务器渲染方法。在 Next.js 中，网站的每个页面都应该放置在名称与 URL 路径相对应的单独文件中。在我们的项目示例中：

● 网站的主页（可通过根路径 domain.com/访问）将位于 pages 文件夹中的 index.tsx 文件中。为了理解后续示例，如果是主页面，该文件的路径将是 pages/index.tsx。

● /about 页面将位于 pages/about.tsx 文件中。

● 接下来将在 pages/posts/index.tsx 路径下创建一个/posts 页面。

● 每个单独的帖子页面将位于使用路径 pages/posts/[post].tsx 的文件中。方括号中的文件名指示 Next.js，这将是一个动态页面，其中 post 变量为参数。这意味着像/posts/1 和/posts/2 这样的页面将使用此文件作为页面组件。

● 项目的主目录是 pages 文件夹，我们可以在其中嵌套文件，这些文件将根据文件和文件夹的结构和名称用于生成网站页面。

pages 文件夹中还包含两个服务文件，它们不是实际页面，但被框架用来准备页面：

● _document.tsx 文件对于准备 HTML 标记是必要的。在此文件中，我们可以访问<html>和<body>标签。此文件总是在服务器上渲染。

● _app.tsx 文件用于初始化页面。用户可以使用此组件来连接脚本或用于页面的根布局，这些页面将在不同路由之间重用。

让我们在 App 组件中为网站添加一个头部。以下是_app.tsx 文件的样子。

```
const inter = Inter({ subsets: ["latin"] });

export default function App({ Component, pageProps }: AppProps) {
  return (
    <div className={inter.className}>
      <header className="p-4 flex items-center gap-4">
        <Link href="/">Home</Link>
        <Link href="/posts">Posts</Link>
        <Link href="/about">About</Link>
```

```
    </header>

    <div className="p-4">
      <Component {...pageProps} />
    </div>
  </div>
);
}
```

App 组件返回的标记将用于项目的每个页面，这意味着我们将在任何页面上看到此头部。此外，我们可以使用组件控制项目其余动态部分的位置。

图 13.4 显示了项目主页。

图 13.4 主页

在该页面上，我们可以看到带有链接和标题的网站头部，这些内容取自 pages/index.tsx 文件。

```
export default function Home() {
  return (
    <main>
      <h1>Home Page</h1>
    </main>
  );
}
```

pages/index.tsx 文件仅导出一个带有标题的组件。需要注意的是，这个页面没有任何额外的功能或参数，它将在项目构建过程中自动渲染。这意味着当访问这个页面时，得到的是浏览器可以立即渲染的现成 HTML。

我们可以通过访问 localhost:3000/ 来确认是否收到了准备好的标记。为此，只需打开浏览器的开发者工具，检查该请求返回的内容，如图 13.5 所示。

我们可以看到 Next.js 如何从 App 和 Home 组件中获取内容，并将其组装成 HTML。所有这些工作都是在服务器端完成的，而不是在浏览器中。

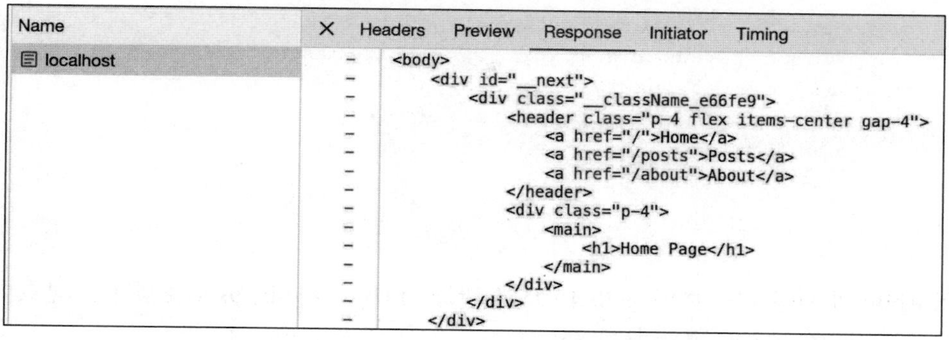

图 13.5　Chrome DevTools 中的主页响应

接下来查看/about 页面。在这个页面上，将实现 SSR，这意味着页面不会在构建期间生成 HTML，而是在每次请求时进行渲染。为此，Next.js 提供了 getServerSideProps() 函数，该函数在页面请求时运行并返回组件渲染所用的 props。

在当前示例中，我们从第 11 章中提取了一些逻辑，并从 GitHub 获取了用户数据。about.tsx 文件如下所示。

```
export const getServerSideProps = (async () => {
  const res = await fetch("https://api.github.com/users/sakhnyuk");
  const user: GitHubUser = await res.json();

  return { props: { user } };
}) satisfies GetServerSideProps<{ user: GitHubUser }>;
```

在 getServerSideProps() 函数中，使用 Fetch API 请求用户数据。接收到的数据存储在 user 变量中，然后返回在 props 对象中。

重要的是要理解这个函数是 Node.js 环境的一部分，其中，我们可以使用服务器端 API。这意味着可以读取文件、访问数据库等。这为实现复杂的全栈项目提供了显著的能力。

接下来，在同一个 about.tsx 文件中，我们有 About 组件。

```
export default function About({
  user,
}: InferGetServerSidePropsType<typeof getServerSideProps>) {
  return (
    <main>
      <Image src={user.avatar_url} alt={user.login} width="100"
height="100" />
      <h2>{user.name || user.login}</h2>
      <p>{user.bio}</p>
```

```
      <p>Location: {user.location || "Not specified"}</p>
      <p>Company: {user.company || "Not specified"}</p>
      <p>Followers: {user.followers}</p>
      <p>Following: {user.following}</p>
      <p>Public Repos: {user.public_repos}</p>
    </main>
  );
}
```

在 About 组件中，使用从 getServerSideProps() 函数返回的 user 变量来创建页面的标记。仅通过这一个函数，就实现了 SSR。

接下来创建/posts 和/posts/[post]页面，将在这些页面上实现 SSG 和 ISR。为此，Next.js 提供了两个函数，即 getStaticProps() 函数和 getStaticPaths()函数。

● getStaticProps()函数：该函数的作用与 getServerSideProps()函数 类似，但是在项目构建过程中被调用。

● getStaticPaths()函数：用于动态页面，其中路径包含参数（如[post].tsx）。该函数决定在构建过程中应该预先生成哪些路径。

下面考察 Posts 页面组件是如何实现的。

```
export async function getStaticProps() {
  const posts = ["1", "2", "3"];

  return {
    props: {
      posts,
    },
  };
}

export default function Posts({ posts }: { posts: string[] }) {
  return (
    <main>
      <h1>Posts</h1>

      <ul>
        {posts.map((post) => (
          <li key={post}>
            <Link href={`/posts/${post}`}>Post {post}</Link>
          </li>
        ))}
```

```
      </ul>
    </main>
  );
}
```

在这个例子中，getStaticProps() 函数没有请求任何数据，只是简单地返回了 3 个页面。然而，就像在 getServerSideProps 中一样，用户可以使用 getStaticProps 来获取数据或操作文件系统。然后，Posts 组件接收 posts 作为 props，并使用它们来显示指向帖子的链接列表。

Posts 页面如图 13.6 所示。

图 13.6   Posts 页面

当打开任何帖子时，将加载来自[post].tsx 文件的组件。

```
export const getStaticPaths = (async () => {
  return {
    paths: [
      {
        params: {
          post: "1",
        },
      },
      {
        params: {
          post: "2",
        },
      },
      {
        params: {
          post: "3",
        },
      },
    ],
    fallback: true,
```

```
  };
}) satisfies GetStaticPaths;
```

该函数通知构建器在构建过程中只需要渲染 3 个页面。在该函数中，我们也可以进行网络请求。返回的"fallback"参数表明，理论上可能存在比返回的更多的帖子页面。例如，如果访问/posts/4 页面，它将以 SSR 模式渲染并保存为构建结果。

```
Export const getStaticProps = (async (context) => {
  const content = `This is a dynamic route example. The value of the post
parameter is ${context.params?.post}.`;

  return { props: { content }, revalidate: 3600 };
}) satisfies GetStaticProps<{
  content: string;
}>;
```

在 getStaticProps() 函数中，现在可以从 context 参数中读取页面参数。我们从函数返回的 revalidate 值启用了 ISR，并告诉服务器在上一次构建后的 3600 秒后，在下一次请求时重建此页面。以下是 Post 页面的样子。

```
export default function Post({
  content,
}: InferGetStaticPropsType<typeof getStaticProps>) {
  const router = useRouter();

  return (
    <main>
      <h1>Post - {router.query.post}</h1>

      <p>{content}</p>
    </main>
  );
}
```

当通过链接打开任何帖子时，将看到以下内容，如图 13.7 所示。

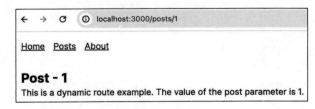

图 13.7　帖子页面

在这个示例中，我们创建了一个网站，其中页面使用了不同的服务器渲染方法，这对于构建大型和复杂的项目非常有用且方便。然而，Next.js 的功能不止于此。接下来将探索使用 App Router 构建网站的新方法。

13.4 React 服务器组件

React 服务器组件代表了在 Next.js 中使用组件的新范式，它消除了同构 JavaScript。这类组件的代码仅在服务器上运行，并且可以作为结果进行缓存。在这个概念中，用户可以直接从组件读取服务器的文件系统或访问数据库。

在 Next.js 中，React 服务器组件允许将组件分为两种类型：服务器端和客户端。服务器端组件在服务器上处理，并作为静态 HTML 发送到客户端，从而减少了浏览器的负载。客户端组件仍然具有浏览器 JavaScript 的所有功能，但有一个要求：需要在文件的开头使用 use client 指令。

要在 Next.js 中使用服务器端组件，需要创建一个新项目。对于路由，仍然使用文件；但现在，项目的主要文件夹是 app 文件夹，路由名称仅基于文件夹名称。在每个路由（文件夹）内，应该有框架指定名称的文件。以下是一些关键文件。

- page.tsx：此文件及其组件将用于显示页面。
- loading.tsx：此文件的组件将在执行和加载 page.tsx 文件中的组件时作为加载状态发送给客户端。
- layout.tsx：这相当于_app.tsx 文件，但在这种情况下，我们可以拥有多个布局，这些布局可以在嵌套路由中相互嵌套。
- route.tsx：此文件用于实现 API 端点。

现在，让我们使用基于 App Router 的新架构来重构帖子网站。让我们从首页开始。由于网站没有任何交互元素，下面创建一个最简单的带有计数器的按钮，并将其放置在首页上。对应代码如下所示。

```tsx
"use client";

import React from "react";

export const Counter = () => {
  const [count, setCount] = React.useState(0);

  return <button onClick={() => setCount(count + 1)}>{count}</button>;
};
```

　　该组件渲染了一个带有计数器的按钮。单击按钮将更新计数器。为了使这个组件与 App Router 一起工作，需要添加"use client"指令，这告诉 Next.js 将此组件的代码包含在捆绑包中，并在请求时发送到浏览器。

　　现在，让我们将这个按钮添加到首页，对应代码如下所示。

```
export default function Home() {
  return (
    <main>
      <h1>Home Page</h1>
      <Counter />
    </main>
  );
}
```

　　由于页面很简单，除了新添加的按钮，它与我们在页面路由器中看到的没有区别。App Router 默认将所有组件视为服务器端组件，在这种情况下，页面将在构建过程中渲染并保存为静态页面。

　　下面继续创建 About 页面。为了创建这个页面，需要创建一个名为 about 的文件夹，随后在其中创建一个名为 page.tsx 的文件，并在其中放置组件。对应代码如下所示。

```
export const dynamic = "force-dynamic";

export default async function About() {
  const res = await fetch("https://api.github.com/users/sakhnyuk");
  const user: GitHubUser = await res.json();

  return (
    <main>
      <Image src={user.avatar_url} alt={user.login} width="100"
height="100" />
      <h2>{user.name || user.login}</h2>
      <p>{user.bio}</p>
      <p>Location: {user.location || "Not specified"}</p>
      <p>Company: {user.company || "Not specified"}</p>
      <p>Followers: {user.followers}</p>
      <p>Following: {user.following}</p>
      <p>Public Repos: {user.public_repos}</p>
    </main>
  );
}
```

可以看到,与使用页面路由器相比,这个页面的代码变得更简单了。About 组件已经变为异步,允许用户发起网络请求并等待结果。由于在当前示例中,我们希望使用 SSR 并在服务器上为每个请求渲染页面,用户需要从文件中导出带有 force-dynamic 值的 "dynamic" 变量。此参数明确告诉 Next.js 用户希望为每个请求生成一个新页面。否则,Next.js 会在项目构建期间生成页面,并将结果保存为静态页面(通过使用 SSG)。

不过,如果应用程序路由器只是重复以前的功能,而不提供任何新功能,那就太奇怪了。如果在 about 文件夹内创建一个 loading.tsx 文件,当打开 About 页面时,它将不会等待服务器从 GitHub 请求信息并准备页面,而是会立即将 loading 文件中的内容作为后备内容提供给页面。一旦 page.tsx 文件中的组件准备好,服务器就会将其发送给客户端以替换 loading 组件。这提供了显著的性能优势并改善了用户体验。

现在,让我们继续创建 Posts 页面。创建一个 posts 文件夹,并在其中创建一个 page.tsx 文件。以下是更新后的/posts 页面的代码。

```
export default async function Posts() {
  const posts = ["1", "2", "3"];

  return (
    <main>
      <h1>Posts</h1>
      <ul>
        {posts.map((post) => (
          <li key={post}>
            <Link href={`/posts/${post}`}>Post {post}</Link>
          </li>
        ))}
      </ul>
    </main>
  );
}
```

再次强调,此时代码变得非常简洁。在渲染页面之前需要获取所有内容,现在可以直接在组件内部获取和创建。在当前示例中,我们硬编码了 3 个将作为链接渲染的页面。

要实现一个 Post 页面,在 posts 文件夹内,需要创建一个名为[post]的文件夹,并在其中创建 page.tsx 文件。对应代码如下所示,现在它变得更加简洁且易于阅读。

```
export async function generateStaticParams() {
  return [{ post: "1" }, { post: "2" }, { post: "3" }];
}
```

　　通过 generateStaticParams() 函数在项目构建期间向 Next.js 提供要生成的静态页面列表的信息，而不是使用 getStaticPaths。然后使用组件内的 props 来显示页面内容。

```
export const revalidate = 3600

export default async function Post({ params }: { params: { post: string }
}) {
  return (
    <main>
      <h1>Post - {params.post}</h1>
      <p>
        This is a dynamic route example. The value of the post parameter
is
        {params.post}.
      </p>
    </main>
  );
}
```

　　可以看到，内容基本保持不变。要激活 ISR，要做的是从文件中导出带有以秒为单位的重新验证值的 revalidate 变量。

　　在这个例子中，介绍了使用 React 服务器组件和 Next.js 中的 App Router 构建应用程序的基本方法。本章提供的页面路由器和应用路由器示例并未涵盖 Next.js 的所有可能性。为了更深入地了解这个框架，建议查看其网站上的优秀文档，对应网址为 https://nextjs.org/docs。

13.5　本章小结

　　本章探讨了 React 应用程序中的服务器端渲染（SSR）。讨论了 SSR、SSG 和 ISR 等方法，学习了每种方法的优缺点。随后学习了如何使用 Next.js 和页面路由器在应用程序中应用这些方法。最后，介绍了一种称为 React 服务器组件的新技术，以及应用路由器更新的 Next.js 架构。

　　第 14 章将学习如何测试组件和应用程序。

第14章 React中的单元测试

尽管测试是软件开发过程中不可或缺的一部分，但开发者和公司在现实中往往对它关注不足，尤其是自动化测试。本章将尝试理解为什么需要关注测试以及它带来的好处。此外还将探讨 ReactJS 中单元测试的基础知识，包括通用测试理论、工具和方法，以及测试 ReactJS 组件的具体内容。

本章主要涉及下列主题。

- 总体测试。
- 单元测试。
- 测试 ReactJS。

14.1 技 术 要 求

读者可以在 GitHub 的 https://github.com/PacktPublishing/React-and-React-Native-5E/tree/main/Chapter14 找到本章的代码文件。

14.2 总 体 测 试

软件测试是一个旨在识别错误并验证产品功能以确保其质量的过程。测试还允许开发者和测试人员评估系统在不同条件下的行为，并确保新的变化没有导致回归，也就是说，它们没有破坏现有功能。

测试过程包括一系列旨在检测和识别任何不符合要求或期望的行为，其中的一个例子是手动测试，开发者或测试人员手动检查应用程序。然而，这种方法耗时且无法保证应用程序在操作中是安全且无关键错误的。

为了确保应用程序的可靠性更高，同时节省测试时间，自动化测试应运而生。它们允许在没有人为干预的情况下验证应用程序的功能。自动化测试通常包括一组预定义的测试和通常被称为运行器的软件产品，它启动这些测试并分析结果以确定每个测试的成功或失败。除此之外，自动化测试还可以用来检查性能、稳定性、安全性、可用性和兼容性，使开发者能够编写真正稳定、大型且成功的项目。这就是为什么避免测试从来都不是一个好主意，但值得更好地了解它们，并尝试在所有可能的项目中使用它们。

作为开发者，我们显然对自动化测试比手动测试更感兴趣，所以本章将专注于此。但在此之前，让我们简要看一下测试的方法和存在的测试类型。

软件测试可以根据多种标准进行分类，包括测试的层次和它追求的目标。

通常，以下类型的测试被区分开来：

● 单元测试：对程序的各个模块或组件进行测试，以检查其正确操作。单元测试通常由开发人员编写和执行，以检查特定的功能或方法。这类测试通常编写和执行速度快，但它们不测试最终应用程序的关键错误，因为当测试和稳定的组件本身在相互交互时可能会出现问题。一个单元测试的例子可能是检查单个函数、React 组件或 Hook 的功能。

● 集成测试：在这种测试中，检查不同模块或系统组件之间的交互。目标是检测集成组件之间的接口和交互中的缺陷。这种类型的测试通常在服务器端进行，以确保所有系统协同工作顺畅，业务逻辑满足指定的要求。

例如，通过向 REST API 端点发起真实调用并检查返回的数据，集成测试将检查用户注册是否工作。这样的测试较少依赖于应用程序的实现和代码，更多的是检查行为和业务逻辑。

● 端到端（E2E）测试：对完整且集成的软件系统进行测试，以确保它满足指定的要求。E2E 测试评估整个程序。这种类型的测试是最可靠的，因为它完全抽象于应用程序的实现，并通过对应用程序本身的直接交互来检查最终行为。在这种测试过程中，例如，在 Web 应用程序中，会在特殊环境中启动一个真实的浏览器，其中脚本对应用程序执行真实操作，如单击按钮、填写表单和浏览页面。

尽管集成和端到端（E2E）测试等测试类型在验证应用程序质量方面提供了更大的可信度，但它们也有缺点，如测试开发的复杂性和速度、执行速度，以及由此产生的成本。因此，通常认为良好的实践是保持一种平衡，优先选择单元测试，因为它们更容易维护且运行速度更快。然后，使用集成测试验证所有主要的业务流程和逻辑，端到端测试仅覆盖最关键的业务案例。这种方法可以以金字塔的形式来描述，如图 14.1 所示。

图 14.1 所示的金字塔完美地描述了之前讨论的方法。它的基座是单元测试，应该尽可能广泛地覆盖应用程序的源代码。它具有最低的开发和维护成本，以及最高的测试执行性能。中间是集成测试，这些测试相当快速，但开发成本更高。最顶层是端到端测试，它们执行时间最长，开发成本最高，但它们为被测试产品的质量提供了最大限度的可信度。

由于集成和端到端测试抽象了实现细节，因此也抽象了应用程序中使用的编程语言或库，我们将不涉及这些类型的测试。下面让我们更详细地关注单元测试。

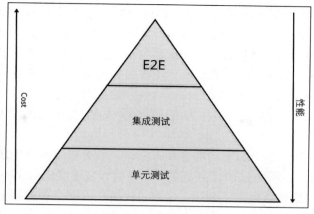

图 14.1　测试金字塔

14.3　单　元　测　试

我们已经知道单元测试是验证代码的各个"单元"（函数和方法）正确性的过程。单元测试的目标是确保每个独立的单元都能正确执行其任务，反过来又提高了对整个应用程序可靠性的可信度。

```
export function sum(a: number, b: number): number {
  return a + b;
}

test('adds 1 + 2 to equal 3', () => {
  expect(sum(1, 2)).toBe(3);
});
```

上述代码代表了对一个添加两个值的函数进行的最基本和最简单的测试。测试代码本身是一个函数，它调用一个特殊的方法 expect，该方法接收一个值，然后有一系列方法允许检查和比较结果。

看到这段代码，可能会想到的第一个问题是，真的有必要为这样一个简单的 3 行函数编写另外 3 行测试代码吗？为什么要测试这样一个函数呢？答案是肯定的。这种情况经常发生，一个函数可以被一个比函数本身体积更大的测试覆盖，这并没有什么不对。

单元测试在测试纯函数时最有用且有效，这些函数没有副作用，也不依赖外部状态。相反，当被测试的函数由于外部因素，或仅仅因为函数的设计方式而改变其行为时，单元测试是无用的。例如，从服务器请求数据、从 localStorage 获取数据，或依赖全局变量的函数可能对相同的输入返回不同的结果。从这一点可以得出结论，在需要用测试覆盖代码的应用程序开发方法中，开发者会自动努力编写可测试的代码，这意味着更模块化、独立、清晰和可扩展的代码，这在大型项目中尤为明显。如果从一开始就编写了测试，这样的项目可以继续增长，而无须进行大规模重构或从头开始重写功能。此外，在包含测试的项目中，新手更容易理解，因为测试可以作为模块的额外文档，阅读它们可以了解模块的责任，以及它具有什么行为。

在编写单元测试时，有一整套的概念和方法论。最受欢迎的一种方法是在代码开发后进行传统的测试覆盖。这种方法的优点是主要功能的开发速度快，因为测试通常稍后处理。因此，这种方法的问题在于推迟了测试，带来了代码积累而没有被测试覆盖的风险。之后在编写测试时，通常需要修正主代码，使其更加模块化和清晰，但需要额外的时间。

还有一种直接针对编写测试的方法论，称为测试驱动开发（TDD）。这是一种软件开发方法论，在这种方法论中，测试是在代码本身之前编写的。这种方法的好处是，代码将立即被测试覆盖，意味着它将更清晰、更可靠。然而，这种方法可能不适用于原型设计或需求经常变化的项目。

选择 TDD 和开发后测试取决于许多因素，包括团队文化、项目需求和开发者的偏好。重要的是要理解，没有一种方法是万能的解决方案，在不同情况下可能会有不同合理选择。最重要的是，要理解测试的重要性，并避免在完全未编写测试的方法上工作，因为大多数情况下，这样的代码注定要从头重写。

现在我们已经理解了单元测试是什么以及它们的重要性。在编写测试之前，应该设置运行测试的环境。

14.3.1　设置测试环境

编写和运行单元测试最受欢迎的框架是 Jest。然而，我们将查看它的一个更高性能的替代品，它与 Vite 完全兼容，称为 Vitest。要在项目中安装 Vitest，用户需要执行下列命令。

```
npm install -D vitest
```

对于基本操作，Vitest 不需要任何配置，因为它与 Vite 配置文件完全兼容。

接下来，需要创建一个带有*.test.ts 扩展名的文件。这里，文件的位置并不重要，且文件位于开发者的项目内。通常，测试文件与被测试功能的文件相关联，并放置在相同的目录中。例如，对于位于 sum.ts 文件中的 sum() 函数，会创建一个名为 sum.test.ts 的测试文件，并放置在同一文件夹中。

要运行测试，需要在 package.json 文件中添加一个启动脚本。

```
{
  "scripts": {
    "test": "vitest"
  }
}
```

随后只需在终端执行下列命令。

```
npm run test
```

上述命令将启动 Vitest 进程，该进程会扫描项目中带有.test 扩展名的文件，然后执行每个此类文件中的所有测试。一旦所有测试完成，用户将在终端窗口中看到结果，然后该进程将等待测试文件的更改以重新运行它们。这是特意为开发测试而设计的模式，且不需要不断地运行测试命令。对于一次性测试运行，用户可以添加另一个命令，测试完成后将关闭进程。

```
"test:run": "vitest run"
```

run 参数告诉 Vitest 只想一次性运行测试。

14.3.2　Vitest 特性

现在让我们来看看 Vitest 的主要特点以及可以编写的测试类型。首先从一个简单的函数 squared 开始。

```
export const squared = (n: number) => n * n
```

该函数返回一个数的平方。对该函数的测试如下所示。

```
import { expect, test } from 'vitest'

test('Squared', () => {
  expect(squared(2)).toBe(4)
  expect(squared(4)).toBe(16)
  expect(squared(25)).toBe(625)
})
```

test() 函数和 expect() 函数是 Vitest 包的一部分。test() 函数以测试的名称作为其第一个参数，以测试函数本身作为其第二个参数。expect() 函数可视为检查被测试函数预期结果的基础内容。调用 expect() 函数会创建一个包含大量方法的对象，允许以不同方式检查执行结果。在当前的示例中，我们将明确地将 squared 函数的执行结果与预期值进行比较。

通过运行这个测试，在终端窗口中，我们将看到以下消息。

```
√ test/basic.test.ts (1)
  √ Squared

 Test Files 1 passed (1)
      Tests 1 passed (1)
   Start at 17:39:33
   Duration 1.14s
```

为验证测试是否正确运行，下面更改预期值并观察得到的结果。

```
FAIL test/basic.test.ts > Squared
AssertionError: expected 4 to be 5 // Object.is equality

- Expected
+ Received

❯ eval test/basic.test.ts:13:22
    11|
    12| test('Squared', () => {
    13| expect(squared(2)).toBe(5);
      | ^
    14| expect(squared(4)).toBe(16);
    15| expect(squared(25)).toBe(625);


────────────────────────────[1/1]─

 Test Files 1 failed (1)
      Tests 1 failed (1)
   Start at 17:41:45
   Duration 1.15s
```

当测试失败时，可以直接在结果中看到错误发生的位置、收到的结果以及预期的结果。

toBe 方法对于直接比较结果非常有用，但对象和数组又该如何处理呢？

让我们考虑下面这个测试示例。

```
test('objects', () => {
  const obj1 = { a: 1 };
  const obj2 = { a: 1 };
```

```
expect(obj1).not.toBe(obj2);
expect(obj1).toEqual(obj2);
});
```

这项测试创建了两个完全相同的对象，但作为变量它们并不相等。为了期待相反的断言，我们使用了额外的.not.关键字，这最终给出了两个变量彼此不相等的陈述。如果仍然想要检查对象是否具有相同的结构，有一个名为 toEqual 的方法，它递归比较对象。这种方法也以类似的方式适用于数组。

对于数组，还有一些额外的方法允许检查元素的存在，通常非常有用。

```
test('Array', () => {
  expect(['1', '2', '3']).toContain('3');
});
```

toContain 方法也可以用于字符串甚至 DOM 元素，检查 classList 中是否存在某个类。

单元测试的下一个重要部分是与函数的协同工作。Vitest 允许创建可监视的假函数，进而能够检查该函数是如何被调用的，以及使用了哪些参数。

让我们来看一个示例函数。

```
const selector = (onSelect: (value: string) => void) => {
  onSelect('1');
  onSelect('2');
  onSelect('3');
};
```

该函数仅用于演示，但我们很容易想象一些模块或选择器组件，它们接收 onSelect() 回调函数，这个回调函数将在某种条件下被调用：在当前例子中，该回调函数连续调用 3 次。现在，让我们看看如何使用可观察函数进行测试。

```
test('selector', () => {
  const onSelect = vi.fn();

  selector(onSelect);

  expect(onSelect).toBeCalledTimes(3);
  expect(onSelect).toHaveBeenLastCalledWith('3');
});
```

测试使用 Vitest 包中的 vi 模块创建了 onSelect() 函数。该函数现在允许我们检查它被调用了多少次以及使用了哪些参数。为此，我们使用了 toBeCalledTimes 方法和 toHaveBeenLastCalledWith 方法。除此之外，还有一个名为 toHaveBeenCalledWith 的方法，它可以逐步检查观察到的函数每次调用时使用了哪些参数。在当前例子中，有效的检查是以下 3 行代码：

```
expect(onSelect).toHaveBeenCalledWith('1');
expect(onSelect).toHaveBeenCalledWith('2');
expect(onSelect).toHaveBeenCalledWith('3');
```

Vitest 还允许监视一个真实的函数，为此需要使用 vi.spyOn 方法。然而，要做到这一点，函数必须从某个对象中访问。让我们来看一个监视真实函数的例子。

```
test('spyOn', () => {
  const cart = {
    getProducts: () => 10,
  };

  const spy = vi.spyOn(cart, 'getProducts');

  expect(cart.getProducts()).toBe(10);

  expect(spy).toHaveBeenCalled();
  expect(spy).toHaveReturnedWith(10);
});
```

要为函数创建观察结果，需要调用 vi.spyOn，并将对象作为第一个参数，方法名称作为第二个参数传递给它。随后即可与原始函数一起工作，之后再使用 spy 变量进行必要的检查。在上面的示例中，还可以注意到新方法 toHaveReturnedWith，通过它可以检查观察到的函数返回了什么。

14.3.3　模拟

本节将讨论单元测试中最具有挑战性的部分之一：即与具有副作用的函数或依赖外部数据或库的函数一起工作。之前曾提到，在具有副作用的函数中进行测试是没有用的，如在底层调用某些内容。实际上，这并不完全正确。在某些情况下，编写一个纯函数是不可能的，但这并不意味着不能被测试。为了编写这类函数的测试，我们可以使用模拟，即模拟外部行为或简单地替换某些模块或库的实现。

一个例子可能是一个依赖计算机系统时间的函数，或者是一个从服务器返回数据的函数。在这种情况下，我们可以应用一个假操作指令，专门针对这个测试改变计算机的当前日期，以便有一个更清晰、更容易测试的结果。类似地，可以创建一个网络请求的假实现，它将最终在本地执行，并返回预定的值。

考虑测试和使用计时器的例子。在测试环境中，我们可以避免等待计时器，并手动控制它们，以更彻底地测试函数的行为。

下面查看以下示例。

```
function executeInMinute(func: () => void) {
  setTimeout(func, 1000 * 60)
}

function executeEveryMinute(func: () => void) {
  setInterval(func, 1000 * 60)
}

const mock = vi.fn(() => console.log('done'))
```

创建 executeInMinute() 函数和 executeEveryMinute() 函数，分别用于延迟函数调用 1 分钟和每隔 1 分钟循环执行。此外还创建了一个模拟函数，之后我们将对其进行监视。测试过程如下所示。

```
describe('delayed execution', () => {
  beforeEach(() => {
    vi.useFakeTimers()
  })
  afterEach(() => {
    vi.restoreAllMocks()
  })


  it('should execute the function', () => {
    executeInMinute(mock)
    vi.runAllTimers()
    expect(mock).toHaveBeenCalledTimes(1)
  })

  it('should not execute the function', () => {
    executeInMinute(mock)
    vi.advanceTimersByTime(2)
    expect(mock).not.toHaveBeenCalled()
  })

  it('should execute every minute', () => {
    executeEveryMinute(mock)
    vi.advanceTimersToNextTimer()
    expect(mock).toHaveBeenCalledTimes(1)
```

```
    vi.advanceTimersToNextTimer()
    expect(mock).toHaveBeenCalledTimes(2)
  })
})
```

这个例子有很多值得讨论的地方，从没有使用 test() 函数开始。相反，我们使用了 describe() 函数和 it() 函数。describe() 函数允许创建一个测试套件，该套件可以拥有自己的上下文和生命周期。在测试套件中，可以设置初始参数或模拟某些行为，以便测试用例之后可以重用这些上下文和这些参数。当前示例使用了 beforeEach 方法和 afterEach 方法，这些方法在每个测试之前设置假的计时器，然后在每个测试之后将一切恢复到原始状态。

it 方法是 test 方法的别名，功能上与它没有区别。它只是用来让测试用例在结果中更易于阅读。例如，在结果中使用带有'delayed execution'的 describe 和带有'should execute the function'的 it 看起来如下所示。

```
delayed execution > should execute the function
```

然而，使用 test 时，对应结果如下所示。

```
delayed execution > if should execute the function
```

现在，让我们看看测试本身。第一个测试使用了 executeInMinute() 函数，实际上，它只会在 1 分钟后调用我们观察的方法，但在测试中，我们可以控制时间。通过使用 vi.runAllTimers()，我们强制环境开始并跳过所有计时器，并立即检查结果。在下一个测试中，使用 vi.advanceTimersByTime(2) 将时间向前推进 2 毫秒，确保原始函数不会被调用。

接下来，让我们讨论 executeEveryMinute 方法，该方法应该启动一个计时器，每分钟调用一次带参数的方法。在这种情况下，可以使用 advanceTimersToNextTimer 逐步通过这个计时器的每次迭代，这使我们能够精确控制时间而不必实时等待。

在编写单元测试时，经常会发现被测试的函数将依赖某些库甚至是一个包。

最常见的情况是在 React Native 中，如果一个库或某些方法使用了设备的原生功能。在这种情况下，为了编写测试，需要创建一个模拟版本的逻辑，该逻辑将在测试期间被调用。

让我们考虑一个简单的例子，假设有一个包可以与设备交互并获取当前步数。为了获取步数，将使用 getSteps() 函数。

```
export function getSteps() {
  // SOME NATIVE LOGIC
  return 100;
}
```

作为一个例子，该函数本身非常简单，且只会返回 100 的值。然而，在现实中，这样

的函数会与智能手机的 API 交互，这在测试范围内是不可能调用的。接下来，让我们看看
在编写测试时可以做些什么。

```
import { beforeAll, describe, expect, it, vi } from 'vitest';
import { getSteps } from './ios-health-kit';

describe('IOS Health Kit', () => {
  beforeAll(() => {
    vi.mock('./ios-health-kit', () => ({
      getSteps: vi.fn().mockImplementation(() => 2000),
    }));
  });

  it('should return steps', () => {
    expect(getSteps()).toBe(2000);
    expect(getSteps).toHaveBeenCalled();
  });
});
```

　　这个测试和整个示例都很简单，但可以让你了解模拟是如何工作的。文件的开头导入了
原始软件包 ios-health-kit，然后使用 beforeAll 方法调用 vi.mock，将软件包的路径作为第一个
参数传递给它，并传递一个将返回原始文件实现的函数：即用 getSteps 方法创建一个对象，作
为一个假函数，其实现将返回值 2000。然后，我们在测试中检查它是否确实返回了这个值。

　　在这个测试中，vi.mock() 函数创建了导入包的模拟，并将其替换为原始导入，这使我
们能够成功地测试这个功能。

　　实际上，这个例子本质上并不测试任何内容，只是展示了模拟的可能性。在真实的项
目中，需要测试函数，这些函数内部使用了需要模拟的重要库。用户可能不方便在实际测
试之前不断地手动编写模拟。为了解决这个问题，可以在全局级别模拟库和 API。为此，
需要创建一个配置文件或使用 vi.stubGlobal。在没有理解和学习基础知识的情况下，不推
荐马上进行深入研究。

☑️ **注意**

　　更多关于通过配置进行依赖模拟的信息可以在以下网址找到：https://vitest.dev/guide/
mocking。

　　最后一个但同样重要的示例是模拟网络请求。将要开发的几乎所有应用程序都将处理
需要从服务器获取的数据。对于单元测试来说，这是一个问题，因为重要的是要在抽象的
外部环境中测试单元。因此，在单元测试中，应该始终模拟服务器请求并为当前测试用例

提供必要的数据。对此，有一个名为 Mock Service Worker 的库，用于模拟服务器请求。它允许你非常灵活地模拟 REST 和 GraphQL 请求。让我们看一个例子。

```
import { http, HttpResponse } from 'msw';
import { setupServer } from 'msw/node';
import { describe, it, expect, beforeAll, afterEach, afterAll } from
'vitest';

const server = setupServer(
  http.get('https://api.github.com/users', () => {
    return HttpResponse.json({
      firstName: 'Mikhail',
      lastName: 'Sakhniuk',
    });
  })
);

describe('Mocked fetch', () => {
  beforeAll(() => server.listen());
  afterEach(() => server.resetHandlers());
  afterAll(() => server.close());

  it('should returns test data', async () => {
    const response = await fetch('https://api.github.com/users');

    expect(response.status).toBe(200);
    expect(response.statusText).toBe('OK');
    expect(await response.json()).toEqual({
      firstName: 'Mikhail',
      lastName: 'Sakhniuk',
    });
  });
});
```

在这个测试中，我们为路径 https://api.github.com/users 创建了一个模拟网络请求，它返回所需的数据。为此，使用了 Mock Service Worker 包中的 setupServer() 函数。接下来，在生命周期方法中，设置模拟服务器以监听服务器请求，然后实现了一个标准测试，并使用常规的 Fetch API 请求数据。可以看到，我们可以检查状态码和返回的数据。

有了这种模拟方法，就真正拥有了根据服务器返回的数据、状态代码、错误等测试不同逻辑的可能性。

　　本节介绍了单元测试的基础知识：单元测试是什么以及为什么需要编写单元测试。学习了如何设置测试环境并为未来的项目编写基本测试。接下来继续讨论本章的主要话题，即测试 ReactJS 组件。

14.4　测试 ReactJS

　　我们已经知道单元测试涉及检查较小的单元，而大多数情况下，只是执行某些逻辑并返回结果的函数。要理解 ReactJS 中的测试是如何工作的，对应的概念和想法保持不变。众所周知，React 组件的核心实际上是返回一个节点的 createElement() 函数，该节点作为 render() 函数的结果，在浏览器屏幕上显示为 HTML 元素。在单元测试中，没有浏览器，但不是问题，因为我们知道 React 中的渲染目标几乎可以是任何内容。读者可能已经猜到，在 ReactJS 组件的单元测试中，开发者将把组件渲染成专门创建的 JSDOM 格式，这种格式与 DOM 完全相同，React Testing Library 将帮助开发者完成这项工作。

　　React Testing Library 包含一组工具，允许渲染组件、模拟事件，然后以各种方式检查结果。

　　在开始之前，让我们为测试 React 组件设置环境。为此，在一个新的 Vite 项目中，执行以下命令。

```
npm install --save-dev \
  @testing-library/react \

  @testing-library/jest-dom \
  vitest \
  jsdom
```

该命令将安装所需要的所有依赖项。然后需要创建一个 tests/setup.ts 文件来集成 Vitest 和 React Testing Library。

```
import { expect, afterEach } from 'vitest';
import { cleanup } from '@testing-library/react';
import * as matchers from "@testing-library/jest-dom/matchers";

expect.extend(matchers);

afterEach(() => {
  cleanup();
});
```

接下来需要更新 vite.config.ts 配置文件，并于其中添加以下代码。

```
test: {
  globals: true,
  environment: "jsdom",
  setupFiles: "./tests/setup.ts",
},
```

这些参数告诉 Vitest 使用一个额外的环境，并在开始测试之前执行设置脚本。

最后一步是配置 TypeScript 类型，可以将指定 expect() 函数现在将有额外的方法来与 React 组件一起工作。为此，需要将以下代码添加到 src/vite-env.d.ts 文件中。

```
import type { TestingLibraryMatchers } from "@testing-library/jest-dom/
matchers";

declare global {
  namespace jest {
    interface Matchers<R = void>
      extends TestingLibraryMatchers<typeof expect.stringContaining, R> {}
  }
}
```

这种构造为 React Testing Library 提供的所有新方法添加了类型。据此，在环境设置完成后即可继续编写测试。

首先考虑最基本的检查，即组件是否已成功渲染并出现在文档中。因此，我们将创建一个返回带有"Hello world"文本标题的 App 组件。

```
export function App() {
  return <h1>Hello world</h1>;
}
```

此类组件的测试过程如下所示。

```
import { render, screen } from "@testing-library/react";
import { describe, it, expect } from "vitest";
import { App } from "./App";

describe("App", () => {
  it("should be in document ", () => {
    render(<App />);
    expect(screen.getByText("Hello world")).toBeInTheDocument();
  });
});
```

测试的结构本身与之前相同。值得注意的是，在测试开始时，使用 testing-library 中的 render() 函数渲染组件，随后即可执行检查。为了与渲染结果交互，使用 screen 模块。它允许用户与虚拟 DOM 树互动，并以各种方式搜索必要的元素。

稍后将详细介绍主要的测试方法，但这个例子使用了 getByText 方法，它查询包含文本"Hello World"的元素。为了检查该元素是否存在于文档中，使用了 toBeInTheDocument 方法。运行测试后，输出结果如下所示。

```
✓ src/App.test.tsx (1)
 ✓ App (1)
  ✓ should be in document

Test Files 1 passed (1)
     Tests 1 passed (1)
  Start at 14:19:01
  Duration 198ms
```

现在让我们考虑一个更复杂的例子，并检查单击按钮是否会给组件添加一个新的 className 属性。

```
export function ClassCheck() {
  const [clicked, setClicked] = useState(false);

  return (
    <button
      className={clicked ? "active" : ""}
      onClick={() => setClicked(true)}
    >
      Click me
    </button>
  );
}
```

通过单击按钮，更新状态，更新组件并为其添加一个 active 类。现在，让我们为这个组件编写一个测试。

```
describe("ClassCheck", () => {
  it("should have class active when button was clicked", () => {
    render(<ClassCheck />);
    const button = screen.getByRole("button");

    expect(button).not.toHaveClass("active");
```

```
    fireEvent.click(button);
    expect(button).toHaveClass("active");
  });
});
```

在该测试中，首先渲染 ClassCheck 组件，然后需要找到按钮元素，为此使用带有 getByRole 方法的 screen 模块。这是另一种允许在文档中查询元素的方法，但重要的是，如果文档中包含多个按钮，那么这个测试将会产生错误。因此，在不同情况下应用合适的查询方法是必要的。现在按钮已经可以访问，首先使用带有 not 前缀的 toHaveClass 方法确保组件不包含 active 类。

单击这个按钮，React Testing Library 提供了 fireEvent 模块，它允许生成单击事件。单击按钮后，检查所需的类是否存在于元素中。

使用 fireEvent，可以生成所有可能的事件，如单击、拖动、播放、聚焦、失焦等。另一个非常常见且重要的测试事件是输入元素中的 change 事件。让我们以 Input 组件为例来讨论这一点。

```
export function Input() {
  return <input type="text" data-testid="userName" />;
}
```

该组件简单地返回一个输入元素，但在这个例子中，还添加了一个特殊的属性 data-testid。这用于在文档中更方便地搜索元素，因为这一属性不必处理组件的内容或元素的角色。在项目开发过程中，经常会更新组件，而 data-testid 属性将帮助减少因内容更新或更改（如从 h1 到 h2 ，或从 div 到更具语义的元素）而导致的测试用例修复次数。

现在让我们为这个组件编写一个测试。

```
describe("Input", () => {
  it("should handle change event", () => {
    render(<Input />);
    const input = screen.getByTestId<HTMLInputElement>("userName");
    fireEvent.change(input, { target: { value: "Mikhail" } });

    expect(input.value).toBe("Mikhail");
  });
});
```

在该测试中，我们像往常一样渲染组件，然后使用更方便的方法 getByTestId 找到元素。接下来使用 fireEvent.change 方法模拟输入上的 change 事件，该方法接收事件对象，并在测试结束时断言输入的值与预期的值一致。通过这种方式，现在可以测试具有各种格式化、验证逻辑的大型表单。

就像测试组件一样，React Testing Library 也可以测试 Hooks。这允许只测试自定义逻辑，并将组件抽象化。下面编写一个小型的 useCounter Hook，将返回当前的 counter 值以及 increment 和 decrement 的函数。

```
export function useCounter(initialValue: number = 0) {
  const [count, setCount] = useState(initialValue);

  const increment = () => setCount((c) => c + 1);
  const decrement = () => setCount((c) => c - 1);

  return { count, increment, decrement };
}
```

为了测试 Hook，React Testing Library 提供了一个 renderHook 方法，而不是使用 render() 函数。Hook 测试过程如下所示。

```
test("useCounter", () => {
  const { result } = renderHook(() => useCounter());

  expect(result.current.count).toBe(0);

  act(() => {
    result.current.increment();
  });

  expect(result.current.count).toBe(1);

  act(() => {
    result.current.decrement();
  });

  expect(result.current.count).toBe(0);
});
```

最初，渲染 Hook 本身并检查初始值是否为 0。renderHook 方法返回结果对象，通过它可以读取从 Hook 返回的数据。接下来需要测试 increment 方法和 decrement 方法。为此，仅仅调用它们是不够的，因为 Hook 本质上不是纯函数，并且包含很多内部逻辑。因此，需要在 act 方法中调用这些方法，该方法将同步等待方法执行和 Hook 重新渲染。之后，可以像往常一样断言预期结果。输出结果将与之前示例中看到的结果相同，现在尝试更新测试以使结果失败。下列内容将第一个断言从.toBe(0)更新为.toBe(10)。

```
AssertionError: expected +0 to be 10 // Object.is equality

- Expected
+ Received

- 10
+ 0

❯ src/useCounter.test.ts:8:32
    6|          const { result } = renderHook(() => useCounter());
    7|
    8|          expect(result.current.count).toBe(10);
     |                                       ^
    9|
   10|          act(() => {


_____

_____[1/1]-

Test Files  1 failed (1)
     Tests  1 failed (1)
  Start at  14:24:06
  Duration  200ms
```

其中，Vitest 突出显示了得到失败断言的代码部分。

本节学习了如何使用 React Testing Library 测试组件和 Hooks。

14.5　本 章 小 结

本章探讨了测试这一广泛而深入的话题。了解了测试的概念、类型和各种方法。接下来深入研究了单元测试，了解了它是什么，以及这种类型的测试提供了哪些可能性。之后学习了如何为常规函数和逻辑设置环境和编写测试。本章最后考察了测试 React 组件和 Hooks 的基本能力。

随着本章的结束，我们对 ReactJS 库的了解也告一段落，接下来将更深入地探索 React 生态系统，进而利用 React Native 创造移动应用程序。

第 2 部分

React Native

第 2 部分内容将探讨使用 React Native 库构建移动应用。我们将探索基本的 API 和一些常见方法，以帮助开发稳定且性能良好的应用程序。

这部分内容包含以下章节。

第15章 为什么选择React Native

Meta（前身为Facebook）创建了React Native来构建其移动应用。它始于2013年夏天Facebook内部的一次黑客马拉松项目，并在2015年对所有人开源。这样做的动机源于React在Web上的成功。所以，如果React是如此优秀的UI开发工具，而用户又需要一个原生应用，那么为什么要与之抗争呢？只需要让React与原生移动操作系统的UI元素一起工作即可。因此，在同一年，Facebook将React分解为两个独立的库，React和ReactDOM，从那时起，React只需要与界面打交道，而不需要关心这些元素将在哪里渲染。

本章将了解使用React Native构建原生移动Web应用的动机。

本章主要涉及下列主题。

- 什么是React Native？
- React和JSX。
- 移动浏览器体验。
- Android和iOS：不同却又相同。
- 移动Web应用的案例。

15.1 技 术 要 求

本章没有任何技术要求，因为它是对React Native的一个简短的概念性介绍。

15.2 什么是React Native

前面介绍了渲染目标的概念，即React组件渲染的对象。对于React程序员来说，渲染目标是抽象的。例如，在React中，渲染目标可以是一个字符串，或者是文档对象模型（DOM）。因此，组件永远不会直接与渲染目标接口，因为不能假设渲染发生的位置。

移动平台拥有UI组件库，开发者可以利用这些库来构建该平台的应用。在Android上，开发者使用Java或Kotlin来实现应用；而在iOS上，开发者则使用Objective-C或Swift来实现应用。如果想拥有一个功能性的移动应用，那么不得不选择其中之一。然而，读者需要学习两种语言，因为只支持两个主要平台中的一个对于成功来说是不现实的。

对于 React 开发者来说，这不是问题。构建的相同 React 组件在任何地方都能工作，甚至在移动浏览器上也是如此。为了构建和发布移动应用而不得不学习另外两种编程语言，这在成本和时间上都是巨大的投入。解决这个问题的方法是引入一个新的 React 平台，它支持一个新的渲染目标：原生移动 UI 组件。

React Native 使用一种技术，它对底层移动操作系统进行异步调用，从而调用原生组件 API。React Native 有一个 JavaScript 引擎，React API 基本上与用于 Web 的 React 相同。不同之处在于目标，且调用的是异步 API，而不是 DOM。图 15.1 展示了这一概念。

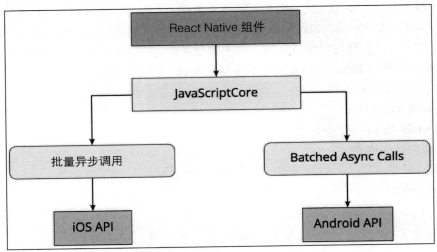

图 15.1　React Native 工作流

这种描述简化了幕后发生的一切，但基本思想如下所示。

- 用于 Web 的相同 React 库也被 React Native 使用，并在 JavaScriptCore 中运行。
- 发送到原生平台 API 的消息是异步的，并且为了性能目的而批量处理。
- React Native 提供了为移动平台实现的组件，而不是 HTML 元素组件。
- React Native 只是一种通过 iOS 和 Android API 渲染组件的方式。可以使用相同的概念将其替换为 tvOS、Android TV、Windows、macOS，甚至再次使用 Web。这可以通过 React Native 的分支和附加组件来实现。本书的这一部分将学习如何为 iOS 和 Android 编写移动应用。

关于其他可能平台的更多信息可以在 https://reactnative.dev/docs/out-oftree-platforms 中找到。

关于 React Native 的历史和机制的更多信息可以在 https://engineering.fb.com/2015/03/26/android/react-native-bringing-modern-web-techniques-to-mobile/中找到。

15.3　React 和 JSX

为 React 实现一个新的渲染目标并非易事。本质上相当于在 iOS 和 Android 上发明一个新的 DOM。那么，为什么要经历所有的麻烦呢？

首先,移动应用的需求巨大。原因是移动 Web 浏览器的用户体验不如原生应用的体验。其次, JSX 是构建 UI 的绝佳工具。与其学习新技术，不如使用自己所熟悉的技术来得更容易。最后，如果读者正在阅读这本书，很可能对在 Web 应用程序和原生移动应用程序中使用 React 感兴趣。从开发资源的角度来看, React 的价值难以言表。不再需要一个负责 Web UI 的团队、一个负责 iOS 的团队、一个负责 Android 的团队，等等，只需要一个了解 React 的 UI 团队。

接下来的部分将了解在移动 Web 浏览器上提供良好用户体验所面临的挑战。

15.4　移动浏览器体验

移动浏览器缺乏许多移动应用的功能。因为浏览器无法像 HTML 元素那样复制相同的原生平台组件。通常最好直接使用原生组件，而不是尝试复制它。部分原因是这样做可以减少维护工作，使用平台原生的组件意味着它们与平台的其他部分保持一致。例如，如果应用中的日期选择器与用户在手机上交互的所有日期选择器看起来不同，这不是一件好事。熟悉度至关重要，使用原生平台微件使得这种熟悉度成为可能。

移动设备上的用户交互与通常为 Web 设计的交互有着根本的不同。例如, Web 应用程序假设有鼠标的存在，并且按钮上的单击事件只是其中的一个阶段。然而，当用户使用手指与屏幕交互时，事情变得更加复杂。移动平台有手势系统来处理这一点。React Native 比 Web 上的 React 更适合处理手势，因为 React Native 能够处理那些在 Web 应用中不需要过多考虑的事情。

随着移动平台的更新，我们希望应用组件也能保持更新。这对 React Native 来说不是问题，因为应用使用的是平台的实际组件。再次强调，一致性和熟悉度对于良好的用户体验至关重要。因此，当应用中的按钮与设备上其他应用中的按钮在外观和行为上都相同时，应用就会让人感觉是设备的一部分。

在了解了移动浏览器开发 UI 所面临的困难后，下面考察 React Native 如何能够弥合不同原生平台之间的差距。

15.5　Android 和 iOS：不同却又相同

当第一次听说 React Native 时，笔者自然而然地认为它会是某种跨平台解决方案，并编写一个单一的 React 应用程序，可以在任何设备上原生运行。然而，实际情况更为微妙。虽然 React Native 允许在平台之间共享大量代码，但重要的是要理解 iOS 和 Android 在许多基本层面上是不同的，它们的用户体验理念也不同。

React Native 的目标是"一次学习，随处编写"，而不是"一次编写，随处运行"。这意味着，在某些情况下，开发者会希望应该利用特定平台的组件来提供更好的用户体验。

话虽如此，React Native 生态系统已经取得了进步，使得跨平台开发更加无缝。

例如，Expo 现在支持 Web 开发，允许使用 React Native for Web 在 Web 上运行应用。这意味着可以使用单一代码库开发在 Android、iOS 和 Web 上运行的应用。此外，Tamagui UI 工具包为 Web 和移动平台提供了 100% 的支持，使得在不牺牲用户体验的情况下创建在多个平台上运行的应用变得更加容易。

鉴于这些发展，重要的是要认识到，尽管 React Native 可能无法提供完美的"一次编写，随处运行"的解决方案，但它在实现更高效的跨平台开发方面已经取得了长足的进步。有了像 Expo 和 Tamagui 这样的工具，开发者可以创建在不同平台上运行的应用，同时在必要时仍然利用特定平台的特性。

下一节将探讨在浏览器中运行移动 Web 应用的适宜场景。

15.6　移动 Web 应用的案例

并非所有用户都愿意安装应用程序，特别是下载量和评分较低的应用程序。对于 Web 应用程序来说，入门门槛要低得多：用户只需要一个浏览器。

尽管无法复制原生平台 UI 提供的一切，仍然可以在移动 Web UI 中实现出色的功能。拥有一个好的 Web UI 是提高移动应用下载量和评分的第一步。

理想情况下，开发者应该努力实现以下目标：

● 标准 Web（笔记本/桌面浏览器）。
● 移动 Web（手机/平板电脑浏览器）。

● 移动应用（手机/平板电脑原生平台）。

在这 3 个领域都投入相同的努力可能没有太多意义，因为用户可能更倾向于其中的某一个领域。例如，一旦你知道移动应用与 Web 版本相比需求量很大，那么就应该针对前者投入更多努力。

15.7　本章小结

在本章中，我们了解到 React Native 是 Facebook 为了重用 React 来创建原生移动应用所付出的努力。React 和 JSX 擅长声明 UI 组件，而且由于现在对移动应用的需求巨大，那么使用已经掌握的网络技术就显得尤为重要。移动应用之所以比移动浏览器更受欢迎，是因为它们的体验更佳。从外观和感觉的角度来看，Web 应用程序缺乏处理移动手势的能力，它们通常不像移动体验的一部分。

多年来，React Native 已经得到了显著的发展，使开发者能够创建更高效的跨平台应用。虽然 iOS 和 Android 存在根本差异，但 React Native 在提供更无缝的开发体验方面已经取得了重大的进展。然而，重要的是要记住 React Native 的目标是"一次学习，随处编写"，而不是"一次编写，随处运行"。这意味着开发者仍然可以利用特定平台的特性来提供更好的用户体验。

现在读者已经了解了 React Native 是什么以及它的优势所在，我们将在第 16 章学习如何开始新的 React Native 项目。

第16章 React Native 内部机制

第 15 章简要介绍了 React Native 是什么以及用户在 React Native UI 和移动浏览器之间体验到的差异。

本章将深入探讨 React Native，全面了解它在移动设备上的表现，以及在开始使用这个框架之前我们应该达到的目标。

此外还将探讨我们可以执行的 JavaScript 原生功能选项，以及将面临的限制。

16.1 探索 React Native 架构

在了解 React Native 如何工作之前，让我们回顾一些关于 React 架构的历史要点，以及 Web 和原生移动应用之间的差异。

Meta 在 2013 年发布了 React，作为一个使用组件方法和虚拟 DOM 创建应用的单体工具。它让我们有机会开发 Web 应用程序，而无须考虑浏览器进程，如解析 JS 代码、创建 DOM 以及处理层和渲染。

我们只需要使用状态和属性来创建界面以处理数据，使用 CSS 进行样式设计，从后端获取数据，将其保存在本地存储中，等等。

React 与浏览器一起，使开发者能够在更短的时间内创建性能优异的应用。当时，React 的架构如图 16.1 所示。

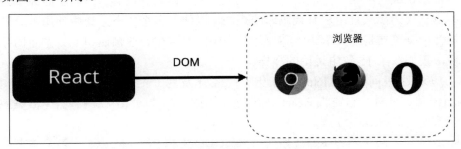

图 16.1 2013 年的 React 架构

由于快速开发和较低的门槛，新的声明式开发界面方法变得更受欢迎。此外，如果后端是用 Node.js 构建的，用户可以从使用单一编程语言支持和开发整个项目的便利性中受益。

与此同时，移动应用需要更复杂的技术来创建应用。对于 Android 应用和 iOS 应用，公司应该管理 3 个具有丰富经验的不同团队来支持 3 个主要生态系统：

- Web 开发者应该了解 HTML、CSS、JS 和 React。
- Android 开发者需要具备 Java 或 Kotlin SDK 经验。
- iOS 开发者应该熟悉 Objective-C 或 Swift 以及 CocoaPods。

从原型设计到发布，开发应用程序的每一步都需要独特的技能。在跨平台解决方案出现之前，Web 和移动应用开发如图 16.2 所示。

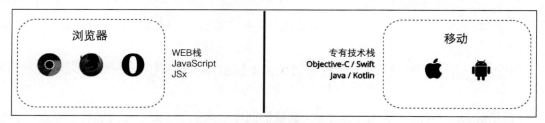

图 16.2　Web 和移动应用的状态

即使是一家企业进行基本应用的开发，也可能面临一些重大问题。

- 每一个团队都在实现相同的业务逻辑。
- 在团队之间除共享代码外别无选择。
- 不可能在团队之间共享资源（Android 开发者不能编写 iOS 应用的代码，反之亦然）。

由于这些重大问题，开发者面临众多测试资源所产生的复杂性，因为有更多的地方会出现错误。另外，开发速度也各不相同，因为移动应用需要更多时间来交付相同的功能。所有这些都累积成为相关公司面临的一个庞大且成本高昂的问题。他们中的许多人想出了如何编写单一代码库或重用现有代码库的想法，以便在多个生态系统中使用。最简单的方法可能是使用浏览器将 Web 应用包装为移动应用，但这在处理触摸和手势方面仍存在一定的局限性，正如在第 15 章中讨论的那样。

为了应对这些问题，Meta 开始投入资源开发跨平台框架，并在 2015 年发布了 React Native 库。此外，它还将 React 分解为两个独立的库。为了在浏览器中渲染应用，我们现在应该使用 ReactDOM 库。

在图 16.3 中，可以看到 React 如何与 ReactDOM 和 React Native 一起工作来渲染应用程序。

现在，React 仅用于管理组件树。这种方法封装了任何渲染 API，并隐藏了许多平台特定的方法。开发者可以专注于开发界面，不再推测它们将如何被渲染。

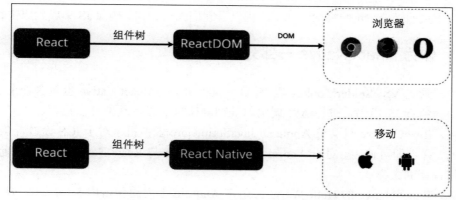

图 16.3　ReactDOM 和 React Native 流程

这就是为什么 React 常被称为一个与渲染器无关的库。对于 Web 应用，我们使用 ReactDOM，它构建元素并直接应用到浏览器的 DOM 中。对于移动应用，React Native 将界面直接渲染在移动屏幕上。

但是 React Native 如何替代整个浏览器 API，同时允许编写熟悉的代码并在移动设备上运行呢？

16.2　React Native 当前架构

React Native 库允许使用 React 和 JS 以及原生构建块来创建原生应用。例如，<Image/>组件代表了两个其他的原生组件，即 Android 上的 ImageView 和 iOS 上的 UIImageView。这是可行的，因为 React Native 的架构包括两个专门的层，由 JS 和 Native 线程表示，如图 16.4 所示。

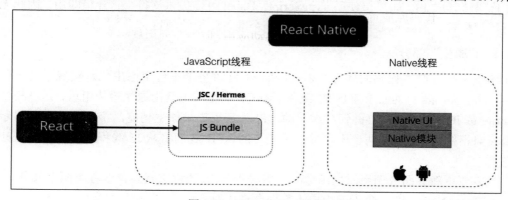

图 16.4　React Native 线程

在接下来的部分，我们将探讨每个线程以及它们如何通信，确保 JS 集成到原生代码中。

16.2.1　作为 React Native 一部分的 JS

浏览器通过 V8、SpiderMonkey 等 JS 引擎执行 JS，而 React Native 也包含一个 JS 虚拟机。其中会执行 JS 代码、进行 API 调用、处理触摸事件以及其他许多进程。

最初，React Native 只支持 Apple 的 JavaScriptCore 虚拟机。对于 iOS 设备，该虚拟机是内置的，开箱即可使用。对于 Android，JavaScriptCore 与 React Native 捆绑在一起。这增加了应用程序的大小。

因此，React Native 的 Hello World 应用在 Android 上大约会占用 3～4 MB。从 0.60 版本开始，React Native 开始使用新的 Hermes 虚拟机；从 0.64 版本起，也开始支持 iOS。

Hermes 虚拟机为两个平台引入了许多改进。

- 应用启动时间的改善。
- 下载应用的大小减少。
- 内存使用量的减少。
- 内置代理支持，使得可以使用 react-native-firebase 和 mobx。

了解新旧架构之间的比较优势是一个相对常见的面试话题。关于 Hermes 的更多信息可以在此处找到：https://reactnative.dev/docs/hermes。

在 React Native 中，就像在浏览器中一样，JS 在一个单独的线程中实现，该线程负责执行 JS。另外，我们编写的业务逻辑也在这个线程中执行。这意味着所有的常见代码，如组件、状态、Hooks 和 REST API 调用，都将在应用的 JS 部分处理。

整个应用程序结构是使用 Metro 打包器打包成一个单一文件。除此之外，它还负责将 JSX 代码转译成 JS。如果想使用 TypeScript，Babel 可以提供支持，它开箱即用，因此无须进行任何配置。后续章节将学习如何启动一个准备就绪的项目。

1. "原生"部分

这里是执行原生代码的地方。React Native 针对每个平台用原生代码实现了这一部分内容，即 Android 的 Java 和 iOS 的 Objective-C。原生层主要由原生模块组成，这些模块与 Android 或 iOS SDK 通信，并使用统一的 API 为应用提供原生功能，。例如，如果想显示一个警告对话框，原生层为两个平台提供了统一的 API，我们将从 JS 线程中使用单一 API 调用它。

当需要更新界面或调用原生函数时，该线程与 JS 线程交互。该线程有两个部分。

- React Native UI，负责使用原生界面塑造工具。

● 原生模块，允许应用程序访问它们运行的平台的特定功能。

2. 线程间通信

如上所述，每个 React Native 层为应用程序中的每个原生和 UI 特性实现了一个独特的 API。层与层之间的通信是通过桥接实现的。该模块用 C++ 编写，且基于异步队列。当桥接从一方接收数据时，它会对其进行序列化，将其转换为 JSON 字符串，并通过队列传递。到达目的地后，数据会被反序列化。

原生部分接收来自 JS 的调用并显示对话框。实际上，JS 方法在被调用时，会向桥接发送一条消息，原生部分在接收到这条消息后执行指令。另外，原生消息也可以转发到 JS 层。例如，单击按钮时，原生层会向 JS 层发送一个带有 onClick 事件的消息，如图 16.5 所示。

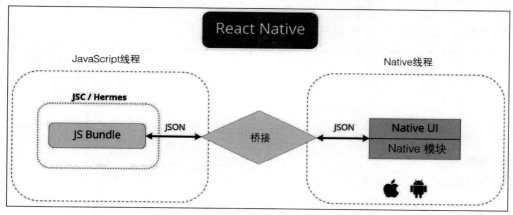

图 16.5　桥接

此架构中的 JS 和原生部分（连同桥接）类似于 Web 应用程序的服务器和客户端，它们通过 REST API 进行通信。此处不需要关心原生部分是用哪种语言或如何实现的，因为 JS 代码是隔离的。只是发送消息并从桥接接收响应。这既是一个显著的优势，也是一个巨大的劣势：首先，它允许开发者用一个代码库实现跨平台应用，但当应用程序中包含大量业务逻辑时，它可能成为瓶颈。应用程序中的所有事件和动作都依赖异步的 JSON 桥接消息。每一方发送这些消息，同时期望在未来某个时刻会从这些消息中收到响应（无法保证）。在这种数据交换方案中，存在通信通道过载的风险。

这里有一个常用的例子，用来说明这样的通信方案可能如何导致应用程序的性能问题。假设一个用户在滚动一个巨大的列表。当在原生环境中发生 onScroll 事件时，信息会异步传递到 JS 环境中。但原生机制不会等待应用程序的 JS 部分完成其工作并向它们报告。因此，在显示列表内容之前，列表中出现空白区域且会有延迟。开发者可以通过使用特殊方法避免许多常见问题，如在无限列表上使用分页的 FlatList。后续章节将探讨相关技巧，但重要的是要记住当前架构的局限性。

3. 样式设计

在理解了跨平台概念后，可以假设每个平台都有自己的技术来创建和设计界面。为了实现统一性，React Native 采用了 CSS-in-JS 语法来设计应用样式。通过使用 Flexbox，组件能够指定其子元素的布局。这确保了不同屏幕尺寸上一致的布局。通常类似 Web 上的 CSS 工作方式，只是属性名采用驼峰式命名，如 backgroundColor 而不是 background-color。

在 JS 中，它是一个具有样式属性的普通对象，在原生代码中，它是称为 Shadow 的单独线程，并使用 Meta 开发的 Yoga 引擎重新计算应用的布局。该线程执行与应用界面形成相关的计算。这些计算的结果被发送到负责显示界面的原生 UI 线程。

综上所述，React Native 的最终架构如图 16.6 所示。

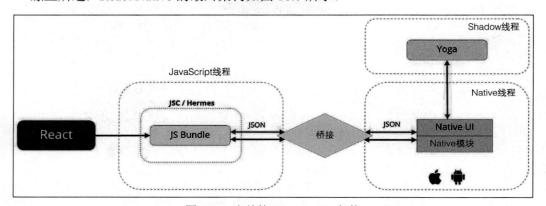

图 16.6　当前的 React Native 架构

React Native 的当前架构解决了主要的业务问题：在同一团队内开发 Web 和移动应用是可行的，可以重用大量的业务逻辑代码，甚至没有移动开发经验的开发者也能轻松使用 React Native。

然而，当前的架构并不理想。在过去的几年中，React Native 团队一直在努力解决桥接瓶颈问题。新架构旨在解决这一问题。

16.2.2　React Native 未来架构

React Native 引入了一系列重大改进，这些改进将简化开发过程，让每个人都更加方便。React Native 的重新架构将逐步淘汰桥接，并用一个名为 JS 接口（JSI）的新组件替换它。

此外，这个元素将启用新的 Fabric 组件和 TurboModules。

JSI 为改进带来了许多可能性。在图 16.7 中，可以看到 React Native 架构的主要更新。

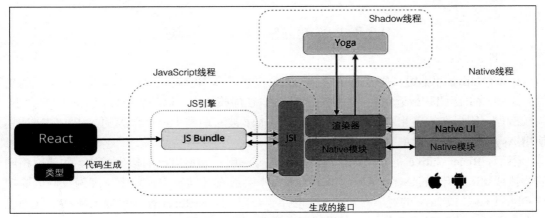

图 16.7　新的 React Native 架构

第一个变化是 JS 包不再依赖 JavaScriptCore 虚拟机。它实际上是当前架构的一部分，因为现在可以在两个平台上启用新的 Hermes JS 引擎。换而言之，JavaScriptCore 引擎现在可以轻松地被其他性能更优的引擎替代。

第二个改进是新 React Native 架构的核心。JSI 允许 JS 直接调用原生方法和函数。这是通过 HostObject C++ 对象实现的，它存储对原生方法和属性的引用。JS 中的 HostObject 将原生方法和属性绑定到一个全局对象上，因此直接调用 JS 函数将触发 Java 或 Objective-C API。

新 React Native 的另一个好处是，能够完全控制称为 TurboModules 的原生模块。应用程序不会一次性启动所有模块，而只有在需要时才会使用它们。

Fabric 是新的 UI 管理器，在图 16.7 中称为 Renderer，预计将通过消除对桥接的需求改变渲染层。现在可以直接在 C++中创建 Shadow Tree，提高了速度并减少了渲染特定元素所需的步骤数量。

为了确保 React Native 与原生部分之间的顺畅通信，Meta 目前正在开发一个名为 CodeGen 的工具。预计将自动化强类型原生代码与动态类型 JS 的兼容性，并使它们同步。通过这次升级，将无须为两个线程重复代码，从而实现顺畅的同步。

新架构可能为开发新设计铺平道路，这些设计能够实现旧 React Native 应用程序中无法使用的功能。事实是，现在可以利用 C++ 的力量。这意味着使用 React Native，现在将能够创建比以前更多种类的应用。

这里讨论了 React Native 如何工作的基本原理。了解使用工具的架构是很重要的。拥有这些知识可以帮助开发者在规划和原型设计过程中避免错误，以及最大化未来应用的潜力。

接下来的部分将简要探讨如何通过模块扩展 React Native。

16.3　解释 JS 和原生模块

React Native 并不覆盖所有原生功能。它只提供了基本应用程序中所需要的最常见的功能。此外，Meta 团队最近也将一些功能移动到自己的模块中，以减少整体应用程序的大小。

例如，用于在设备上存储数据的 AsyncStorage 被移动到了一个单独的包中，如果计划使用 AsyncStorage，就必须对其进行安装。

然而，React Native 是一个可扩展的框架。用户可以添加自己的原生模块，并使用相同的桥接或 JSI 公开 JavaScript API。本书的重点不会放在开发原生模块上，因为我们需要拥有 Objective-C 或 Java 的经验。同时，这也并非必要，因为 React 社区已经为各种情况创建了大量现成可用的模块。我们将在后续章节中学习如何安装原生包。

以下是一些最受欢迎的原生模块，没有它们，大多数项目将难以成功。

16.3.1　React Navigation

React Navigation 是最优秀的 React Native 导航库之一，用于为应用程序创建导航菜单和屏幕。它是初学者的优秀工具，因为它稳定、快速，且较少出现 bug。React Navigation 的文档非常完善，并为所有用例提供了示例。

我们将在第 19 章中进一步了解 React Navigation。

16.3.2　UI 组件库

UI 组件库能够快速组装应用程序布局，而无须浪费时间设计和编码原子元素。此外，这类库通常更加稳定和一致，有助于在 UI 和 UX 方面取得更好的结果。

以下是一些最受欢迎的库（后续章节中将更详细地探讨其中的一些内容）。

● NativeBase：这是一个组件库，使开发者能够构建通用设计系统。它建立在 React Native 之上，允许为 Android、iOS 和 Web 开发应用程序。

● React Native Element：提供一站式 UI 工具包，用于在 React Native 中创建应用程序。

● UI Kitten：这是 Eva 设计系统的 React Native 实现。该框架包含一组具有类似风格的通用 UI 组件。

- React-native-paper：这是一组可定制且适用于生产的 React Native 组件，并遵循 Google 的 Material Design 指南。
- Tamagui：这个 UI 工具包提供的组件可以在移动设备和 Web 上运行。

16.3.3　启动屏幕

为移动应用添加启动屏幕可能是一项烦琐的任务，因为该屏幕应在 JS 线程开始之前出现。react-native-bootsplash 包允许从命令行创建一个精美的启动屏幕。如果提供了一张图片和背景颜色，该包将为你完成所有工作。

16.3.4　图标

图标是界面可视化的一个不可或缺的部分。在每个平台上显示图标和其他矢量图形的方法各不相同。React Native 通过额外的库（如 react-native-vector-icons）统一了这项操作。使用 react-native-svg，还可以在 React Native 应用中渲染可缩放的矢量图形（SVGs）。

16.3.5　错误处理

通常，当开发 Web 应用程序时，用户能够毫不费力地处理错误，因为它们不会超出 JS 的范围。因此，在发生关键错误时，用户有更多的控制力和稳定性，因为如果应用程序根本无法启动，用户可以轻松地看到原因并在 DevTools 中打开日志。

React Native 应用程序的情况更加复杂，因为除了 JS 环境还有一个原生组件，它也可能导致应用程序执行中的错误。因此，当发生错误时，应用程序会立即关闭，且很难弄清楚原因。

react-native-exception-handler 提供了一种简单的技术处理 JS 和原生错误并提供反馈。要使其工作，需要安装并链接该模块。然后，注册全局处理器以处理 JS 和原生异常，如下所示。

```
import { setJSExceptionHandler, setNativeExceptionHandler }
  from "react-native-exception-handler";

setJSExceptionHandler((error, isFatal) => {
  // …
});
```

```
const exceptionhandler = (exceptionString) => {
  // your exception handler code here
};

setNativeExceptionHandler(
  exceptionhandler,
  forceAppQuit,
  executeDefaultHandler
);
```

setJSExceptionHandler 方法和 setNativeExceptionHandler 方法是自定义的全局错误处理程序。如果发生崩溃，则可以显示错误消息，并使用 Google Analytics 进行跟踪，或使用自定义 API 通知开发团队。

16.3.6　推送通知

我们生活在一个由通知构成的世界中。我们每天打开数十个应用，仅仅因为收到了它们的通知。

推送通知通常会连接到一个网关提供商，该提供商向用户的设备发送消息。以下库可以用于为应用添加推送通知：

- react-native-onesignal：用于推送通知、电子邮件和短信的 OneSignal 提供商。
- react-native-firebase：Google Firebase。
- @aws-amplify/pushnotification：AWS Amplify。

16.3.7　空中更新

作为常规应用程序更新的一部分，当构建新版本并上传到应用商店时，可以空中（OTA）替换 JS 包。由于包只包含一个文件，所以更新过程并不复杂。用户可以随心所欲地更新应用程序，而不必等待 Apple 或 Google 验证应用程序。这就是 React Native 的真正力量。

我们之所以能够使用它，是因为微软提供的 CodePush 服务。读者可以在 https://docs.microsoft.com/en-gb/appcenter/distribution/codepush/中找到更多关于 CodePush 的信息。

Expo 也通过 expo-updates 包支持 OTA 更新。

16.3.8　JS 库

对于 JS（非原生）模块，几乎没有任何限制，除了使用不受支持的 API（如 DOM 和 Node.js）的库，用户可以使用任何用 JS 编写的包：Moment、Lodash、Axios、Redux、MobX，等等。

本节只是浅尝辄止地探讨了使用各种模块扩展应用程序的可能性。由于 React Native 拥有成千上万的库，因此一一介绍它们并不现实。为了找到用户需要的特定包，有一个名为 React Native Directory 的项目，它收集并评价了大量包。该项目可以在 https://reactnative. directory/中找到。

现在我们已经了解了 React Native 的内部组织结构以及如何扩展其功能。下一步将检查该框架提供了哪些 API 和组件。

16.4　探索 React Native 组件和 API

后续章节将详细讨论主要的模块和组件。React Native 框架中提供了许多核心组件，可供在应用程序中使用。

几乎所有的应用程序至少要使用这些组件中的一个，这些组件是 React Native 应用程序的基本构建块。

- View：任何应用程序的主要构建块。这相当于 HTML 中的<div>，在移动设备上，它表示为 UIView（iOS）或 android.view（Android）。任何<View/>组件都可以嵌套在另一个<View/>组件内，并且可以有 0 个或多个任何类型的子组件。
- Text：这是一个用于显示文本的 React 组件。与 View 类似，<Text/>支持嵌套、样式设置和触摸处理。
- Image：这可以从多种来源显示图像，如网络图像、静态资源、临时本地图像以及相机胶卷中的图像。
- TextInput：这允许用户使用键盘输入文本。通过属性可以配置多种功能，包括自动更正、自动大写、占位符文本以及不同类型的键盘，如数字键盘。
- ScrollView：这个组件是一个通用的滚动视图和组件容器。可以为可滚动项目设置垂直和水平滚动（通过调整 horizontal 属性）。如果需要渲染一个巨大或无限的项目列表，应该使用 FlatList。这支持一组特殊属性，如拉动刷新和滚动加载（延迟加载）。如果列表需要被划分为多个部分，那么也有一个特殊的组件用于此项功能，即 SectionList。

● Button：React Native 拥有高级组件，可以用来创建自定义按钮和其他可触摸组件，如 TouchableHighlight、TouchableOpacity 和 TouchableWithoutFeedback。

● Pressable：从 React Native 0.63 版本开始，它提供了更精确的触摸控制。基本上，它是用于检测触摸的包装器。这是一个定义良好的组件，可以用作 TouchableOpacity 和 Button 等可触摸组件的替代品。

● Switch：这个组件类似复选框；然而，它在移动设备上以熟悉的开关形式呈现。

后续章节将更深入地探讨常用组件及其属性，并探索很少使用的新组件。此外还将查看代码示例，展示如何组合组件以创建应用程序界面。

所有可用组件的详细信息可以在 https://reactnative.dev/docs/components-and-apis 中找到。

16.5　本　章　小　结

本章回顾了跨平台框架 React Native 的历史以及它为公司解决的问题。据此，公司可以使用单一的通用开发团队构建一套业务逻辑，并同时将其应用于所有平台，从而节省大量时间和金钱。深入了解 React Native 的内部工作原理使我们能够在规划阶段识别潜在问题并解决它们。

此外，本章开始考察 React Native 的基本组件，随着每一章的深入，我们将对它们有更多了解。

第 17 章中将学习如何开始新的 React Native 项目。

第17章 快速启动 React Native 项目

本章将开始使用 React Native。幸运的是，命令行工具为用户处理了创建新项目的大部分样板代码。我们将查看 React Native 应用的不同命令行界面（CLI）工具，并创建第一个简单应用，用户将能够直接上传并在设备上启动它。

本章主要涉及下列主题。

- 探索 React Native 命令行工具。
- 安装和使用 Expo 命令行工具。
- 在手机上查看应用。
- 在 Expo Snack 上查看应用。

17.1 技 术 要 求

读者可以在 GitHub 上的 https://github.com/PacktPublishing/React-and-React-Native-5E/tree/main/Chapter17 中找到本章的代码文件。

17.2 探索 React Native 命令行工具

为了简化和加快开发过程，可使用特殊的命令行工具来安装带有应用模板、依赖项和其他工具（用于启动、构建和测试）的空白项目。我们可以应用两种主要的命令行界面（CLI）方法。

- React Native 命令行工具。
- Expo 命令行工具。

React Native 命令行工具是由 Meta 创建的一个工具。该项目基于原始的命令行工具，包含 3 个部分：原生的 iOS 项目和 Android 项目以及一个 React Native JavaScript 应用程序，使用时需要安装 Xcode 或 Android Studio。React Native 命令行工具的一个主要优势是其灵活性。用户可以将任何库连接到原生模块，或者直接向原生部分编写代码。然而，这一切都需要至少对移动开发有基本的了解。

Expo 命令行工具只是开发 React Native 应用的大型生态系统中的一部分。Expo 是一个框架和平台，用于通用 React 应用程序的开发。它围绕 React Native 和原生平台构建，允许从单一的 JavaScript/TypeScript 代码库中构建、部署、测试以及快速迭代 iOS、Android 和 Web 应用程序。

Expo 框架提供了以下功能。

● Expo CLI：一个命令行工具，可以创建空白项目，然后可运行、构建和更新它们。

● Expo Go：一个用于在设备上直接运行项目（无须编译和签名原生应用），并与整个团队共享的 Android 应用和 iOS 应用。

● Expo Snack：一个 playground，允许在浏览器中开发 React Native 应用。

● Expo 应用服务（EAS）：一套为 Expo 和 React Native 应用深度集成的云服务。应用可以使用 EAS 在云端编译、签名并上传到商店。

Expo 附带了大量现成的功能。以前，Expo 对项目施加了限制，因为它不支持自定义原生模块。目前，这种限制已不复存在。Expo 现在支持添加自定义本地代码，并通过 Expo 开发构建自定义本地代码（Android/Xcode 项目）。要使用任何自定义原生代码，用户可以创建开发构建和配置插件。

由于 Expo 对于缺少移动开发技能的新开发者很有用，我们将使用它来设置第一个 React Native 项目。

17.3　安装和使用 Expo 命令行工具

Expo 命令行工具负责创建运行基本 React Native 应用程序所需的所有框架结构。此外，Expo 还有一些其他工具，可以使开发期间运行应用程序变得简单直接。首先需要设置环境和项目。

（1）在使用 Expo 之前，需要安装 Node.js、Git 和 Watchman。Watchman 是一个监控项目中文件变化以触发重建等操作的工具。所有必要的工具和详细信息可以在以下网址找到：https://docs.expo.dev/getstarted/installation/#requirements。

（2）安装完成后，可以通过运行以下命令来启动一个新项目。

```
npx create-expo-app --template
```

（3）接下来，命令行界面会询问关于未来项目的问题。用户应该在终端看到下列内容：

```
? Choose a template: ' - Use arrow-keys. Return to submit.
   Blank
❯  Blank (TypeScript) - blank app with TypeScript enabled
```

```
Navigation (TypeScript)
Blank (Bare)
```

选择 Blank (TypeScript)选项。

（4）接下来，程序将询问关于项目名称的问题。

```
? What is your app named? ' my-project
```

将其命名为 my-project。

（5）安装所有依赖项后，Expo 将完成项目的创建工作。

```
☑  Your project is ready!
```

现在已经创建了一个空白的 React Native 项目，用户将学习如何在计算机上启动 Expo
开发服务器，并在某个设备上查看应用。

17.4　在手机上查看应用

为了在开发期间在设备上查看 React Native 项目，需要启动 Expo 开发服务器。

（1）在命令行终端中，确保位于项目目录中。

```
cd path/to/my-project
```

（2）进入 my-project 目录后，可以运行以下命令启动开发服务器。

```
npm start
```

（3）在终端中显示有关开发服务器的一些信息。

```
' Metro waiting on exp://192.168.1.15:8081
' Scan the QR code above with Expo Go (Android) or the Camera app
(iOS)
' Using Expo Go
' Press s │ switch to development build
' Press a │ open Android
' Press i │ open iOS simulator
' Press w │ open web
    ' Press j │ open debugger
' Press r │ reload app
' Press m │ toggle menu
' Press o │ open project code in your editor
' Press ? │ show all commands
```

（4）为了在设备上查看应用，需要安装 Expo Go 应用。用户可以在 Android 设备的 Play
Store 或 iOS 设备的 App Store 中找到它。一旦安装了 Expo，即可使用设备上的原生相机扫
描二维码，如图 17.1 所示。

登录 Expo Go 和 Expo CLI，即可在没有二维码的情况下运行应用程序。在图 17.1 中，
可以看到为 my-project 打开的开发会话；单击该会话，应用程序就会运行。

（5）扫描二维码或单击已打开的 Expo Go 会话后，用户会在终端看到新的日志和新连
接的设备。

```
iOS Bundling complete 205ms
```

（6）现在应该能看到应用正在运行，如图 17.2 所示。

此时即可开始开发应用程序了。事实上，如果有多台物理设备需要同时使用，也可以
重复同样的过程。Expo 设置的最大优点是，当在计算机上进行代码更新时，可以在物理设
备上免费获得实时重载。下面将对此进行尝试，以确保一切正常。

（1）打开 my-project 文件夹中的 App.ts 文件，将看到 App 组件。

```
export default function App() {
  return (
    <View style={styles.container}>
      <Text>Open up App.tsx to start working on your app!</Text>
      <StatusBar style="auto" />
    </View>
  );
}
```

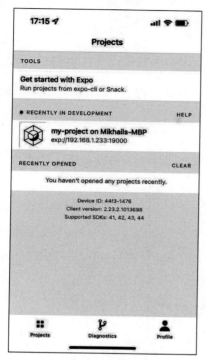

图 17.1　Expo Go 应用

图 17.2　在 Expo Go 中打开的应用

（2）对样式进行更改，以使字体加粗。

```
export default function App() {
  return (
    <View style={styles.container}>
      <Text style={styles.text}>
        Open up App.tsx to start working on your app!
      </Text>
      <StatusBar style="auto" />
    </View>
  );
}

const styles = StyleSheet.create({
  container: {
    flex: 1,
    backgroundColor: "#fff",
    alignItems: "center",
```

```
    justifyContent: "center",
  },
  text: { fontWeight: "bold" },
});
```

（3）添加一种称为 text 的新样式，并将其应用到 Text 组件上。保存文件并返回到设备，即会看到已应用的更改，如图 17.3 所示。

图 17.3　更新文本样式的应用程序

现在，用户已经可以在物理设备上本地运行应用程序了，接下来将利用 Expo Snack 服务在各种虚拟设备模拟器上运行 React Native 应用程序。

17.5　在 Expo Snack 上查看应用

Expo 提供的 Snack 服务是 React Native 代码的 playground。它允许在计算机上以本地方式组织 React Native 项目文件。如果最终制作出了值得进一步构建的内容，则可以导出 Snack。此外还可以创建 Expo 账户并将 Snack 保存起来，以便继续工作或与他人分享。读者可以通过以下链接找到 Expo Snack：https://snack.expo.dev/。

我们可以在 Expo Snack 中从头开始创建一个 React Native 应用，并且它会存储在一个 Expo 账户中，或者也可以从 Git 仓库导入现有项目。导入仓库的好处在于，当向 Git 推送更改时，Snack 也会相应更新。我们在本章中操作的示例项目的 Git URL 如下：https://github.com/PacktPublishing/React-and-React-Native-5E/tree/main/Chapter17/my-project。

单击 Snack 项目菜单中的 Import git repository 按钮，并粘贴此 URL，如图 17.4 所示。

一旦仓库被导入并且 Snack 被保存，用户将获得一个更新的 Snack URL，该 URL 反映了 Git 仓库的位置。例如，本章中的 Snack URL 如下所示：https://snack.expo.dev/@sakhnyuk/2a2429。

打开这个 URL，Snack 界面将会加载，用户可以在运行之前对代码进行更改以测试功能。Snack 的主要优势在于能够轻松地在虚拟设备上运行。在虚拟设备上运行应用的控制选项可以在用户界面的右侧找到，如图 17.5 所示。

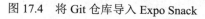

图 17.4　将 Git 仓库导入 Expo Snack　　　　　　图 17.5　Expo Snack 模拟器

在图 17.5 中，手机图像上方的控制按钮用于选择要模拟的设备类型：Android、iOS 或 Web。Tap to play 按钮将启动选定的虚拟设备。Run on your device 按钮允许以二维码方式在 Expo Go 中运行应用。

图 17.6 显示了虚拟 iOS 设备上的应用。

图 17.7 显示了虚拟 Android 设备上的应用。

图 17.6　Expo Snack iOS 模拟器　　　图 17.7　Expo Snack Android 模拟器

此应用程序仅显示文本并应用一些样式，因此在不同平台上看起来基本相同。在学习 React Native 的过程中，读者会发现 Snack 这样的工具非常有用，它可以在两个平台之间进行比较，从而了解它们之间的差异。

17.6　本 章 小 结

本章学习了如何使用 Expo 命令行工具快速启动一个 React Native 项目。首先学习了如何安装 Expo 工具。然后学习了如何初始化一个新的 React Native 项目。接下来启动了 Expo 开发服务器，并了解了开发服务器用户界面的各个部分。

特别地，本章介绍了如何将开发服务器与想要测试应用的任何设备上的 Expo 应用连接起来。Expo 还提供了 Snack 服务，并可以尝试代码片段或整个 Git 仓库。除此之外，本章还学习了如何导入一个仓库并在虚拟的 iOS 和 Android 设备上运行它。

第 18 章将探讨如何在 React Native 应用中构建响应式布局。

第 18 章　使用 Flexbox 构建响应式布局

在本章中，读者将感受到在移动设备屏幕上布局组件的感觉。幸运的是，React Native 填充了许多 CSS 属性，这些属性可能在过去用于实现 Web 应用程序的页面布局。

在深入讨论布局之前，我们将简要了解 Flexbox 以及在 React Native 应用中使用 CSS 样式属性：它与习惯的常规 CSS 样式表不完全相同。然后将使用 Flexbox 实现几个 React Native 布局。

本章主要涉及下列主题。

- 引入 Flexbox。
- 引入 React Native 样式。
- 使用 Styled Components 库。
- 构建 Flexbox 布局。

18.1　技　术　要　求

读者可以在 GitHub 上的 https://github.com/PacktPublishing/React-and-React-Native-5E/tree/main/Chapter18 中找到本章中出现的代码文件。

18.2　引入 Flexbox

在 CSS 引入灵活的箱式布局模型之前，用于构建布局的各种方法都很复杂，而且容易出错。例如，我们在基于表格的布局中使用浮动，而浮动原本是用于将文字包裹在图片周围。Flexbox 通过抽象出许多通常需要提供的属性，解决了这一问题，从而使布局正常工作。

从本质上讲，Flexbox 模型就像听起来的那样：一个灵活的盒子模型。这就是 Flexbox 的魅力所在，即简单性。我们有一个充当容器的盒子，盒子里包含子元素。如图 18.1 所示，容器和子元素在屏幕上的呈现方式都很灵活。

Flexbox 容器包含一个方向，可以是列（上/下）或行（左/右）。实际上，在第一次学习 Flexbox 时，这一点让人感到困惑。大脑拒绝相信行是从左到右排列的——行应该是堆叠在一起的。要记住的关键一点是，这是盒子伸缩的方向，而不是盒子在屏幕上放置的方向。

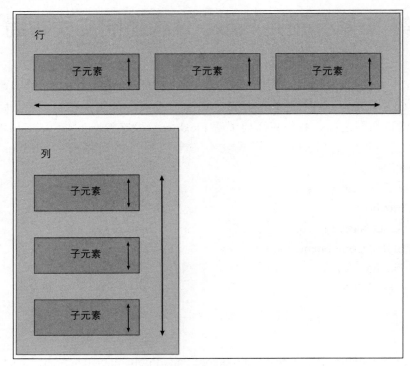

图 18.1　Flexbox 元素

☑ **注意**

如打算深入地了解 Flexbox 概念，请参考 https://css-tricks.com/snippets/css/a-guide-to-flexbox。

上述内容探讨了 Flexbox 布局的基础知识，接下来将了解 React Native 应用程序中的样式是如何工作的。

18.3　引入 React Native 样式

本节将介绍第一个 React Native 应用程序，而不是 Expo 生成的模板。在开始实施 Flexbox 布局之前，作者想确保读者能自如地使用 React Native 样式表。下列内容显示了 React Native 样式表。

```
import { Platform, StyleSheet, StatusBar } from "react-native";
export default StyleSheet.create({
  container: {
    flex: 1,
    justifyContent: "center",
    alignItems: "center",
    backgroundColor: "ghostwhite",
    ...Platform.select({
      ios: { paddingTop: 20 },
      android: { paddingTop: StatusBar.currentHeight },
    }),
  },
  box: {
    width: 100,
    height: 100,
    justifyContent: "center",
    alignItems: "center",
    backgroundColor: "lightgray",
  },
  boxText: {
    color: "darkslategray",
    fontWeight: "bold",
  },
});
```

这是一个 JavaScript 模块，不是 CSS 模块。如果想声明 React Native 样式，则需要使用普通对象。然后调用 StyleSheet.create()函数并从样式模块导出它。注意，样式名称与网络 CSS 非常相似，只是它们是用驼峰式大小写书写的。例如，使用 justifyContent 而不是 justify-content。

可以看到，这个样式表包含 3 个样式：container、box 和 boxText。在 container 样式中，需要调用 Platform.select()函数。

```
...Platform.select({
ios: { paddingTop: 20 },
android: { paddingTop: StatusBar.currentHeight }
})
```

该函数将根据移动设备的平台返回不同的样式。这里正在处理最顶级容器视图的顶部内边距。读者可能会在大多数应用中使用这段代码，以确保 React 组件不会在设备的状态栏下方渲染。根据平台的不同，内边距将需要不同的值。如果是 iOS，paddingTop 是 20。如果是 Android，paddingTop 将是 StatusBar.currentHeight 的值。

☑ **注意**

上述 Platform.select()函数是一个需要为平台差异实施变通方法的例子。例如，如果 iOS 和 Android 上都有 StatusBar.currentHeight，那么就不需要调用 Platform.select()函数。

让我们看看这些样式是如何导入并应用到 React Native 组件的。

```
import React from "react";
import { Text, View } from "react-native";
import styles from "./styles";
export default function App() {
  return (
    <View style={styles.container}>
      <View style={styles.box}>
        <Text style={styles.boxText}>I'm in a box</Text>
      </View>
    </View>
  );
}
```

样式通过 style 属性分配给每个组件。试图在屏幕中间渲染一个带有一些文本的盒子，如图 18.2 所示。确保它看起来符合我们的期望。

图 18.2 屏幕中间的盒子

我们已经学会了如何使用内置模块将样式应用到组件上，但定义样式的方法不止一种。此外还可以选择在 React Native 中编写 CSS。

18.4　使用 Styled Components 库

Styled Components 是一个 CSS-in-JS 库，它使用纯 CSS 来为 React Native 组件设置样式。通过这种方法，用户不需要通过对象定义样式类并提供样式属性。CSS 本身是通过 styled-components 提供的标记模板文字来确定的。

要安装 styled-components，可在项目中运行以下命令。

```
npm install --save styled-components
```

下面尝试重写 18.3 节中的组件。下列代码展示了的 Box 组件。

```
import styled from "styled-components/native";
const Box = styled.View'
  width: 100px;
  height: 100px;
  justify-content: center;
  align-items: center;
  background-color: lightgray;
';
const BoxText = styled.Text'
  color: darkslategray;
  font-weight: bold;
';
```

这个例子包含两个组件，即 Box 和 BoxText。现在可以像平常一样使用它们，但不需要任何其他额外的样式属性。

```
const App = () => {
  return (
    <Box>
      <BoxText>I'm in a box</BoxText>
    </Box>
  );
};
```

后续章节将使用 StyleSheet 对象，但出于性能原因，将避免使用 styled-components。如果想更深入地了解 styled-components，读者可以在 https://styled-components.com/ 中阅读更

多信息。

在了解了如何在 React Native 元素上设置样式后，下面开始使用 Flexbox 创建一些屏幕布局。

18.5 构建 Flexbox 布局

本节将了解几种潜在的布局，用户可以在 React Native 应用程序中使用它们，进而展示 Flexbox 布局模型在移动屏幕上的强大之处，以便能够设计出最适合应用程序的布局。

18.5.1 简单的 3 列布局

首先实现一个简单的布局，它包含 3 部分，在列方向（从上到下）上具有伸缩性。我们首先来看看对应的目标结果，如图 18.3 所示。

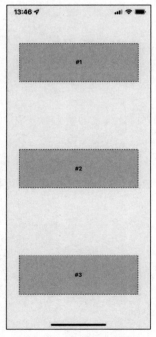

图 18.3　简单的 3 列布局

这个例子的目的是为屏幕的 3 个部分设置样式和标签，以使它们更加突出。在真实的应用程序中，这些组件不一定有任何样式，因为它们被用来在屏幕上排列其他组件。

现在，让我们看一下用于创建这个屏幕布局的组件。

```
import React from "react";
import { Text, View } from "react-native";
import styles from "./styles";
export default function App() {
  return (
    <View style={styles.container}>
      <View style={styles.box}>
        <Text style={styles.boxText}>#1</Text>
      </View>
      <View style={styles.box}>
        <Text style={styles.boxText}>#2</Text>
      </View>
      <View style={styles.box}>
        <Text style={styles.boxText}>#3</Text>
      </View>
    </View>
  );
}
```

容器视图（最外层的<View>组件）表示为列，子视图表示为行。<Text>组件用于标记每一行。在 HTML 元素方面，<View>类似<div>元素，而<Text>类似<p>元素。

☑ **注意**

也许这个例子可以被称为 3 行布局，因为它包含 3 行内容。但是，这 3 个布局部分在它们所在的列方向上具有伸缩性。对此，可以使用最具概念意义的命名约定。

现在，让我们来看看用于创建这个布局的样式。

```
import { Platform, StyleSheet, StatusBar } from "react-native";


export default StyleSheet.create({
  container: {
    flex: 1,
    flexDirection: "column",
    alignItems: "center",
    justifyContent: "space-around",
    backgroundColor: "ghostwhite",
    ...Platform.select({
```

```
      ios: { paddingTop: 20 },
      android: { paddingTop: StatusBar.currentHeight }
    })
  },
  box: {
    width: 300,
    height: 100,
    justifyContent: "center",
    alignItems: "center",
    backgroundColor: "lightgray",
    borderWidth: 1,
    borderStyle: "dashed",
    borderColor: "darkslategray"
  },
  boxText: {
    color: "darkslategray",
    fontWeight: "bold"
  }
});
```

容器的 flex 属性和 flexDirection 属性使得行布局从上到下移动。alignItems 属性和 justifyContent 属性分别将子元素对齐到容器的中心，并在它们周围添加空间。

让我们看看在将设备从竖屏方向旋转到横屏方向时，这个布局看起来如何，如图 18.4 所示。

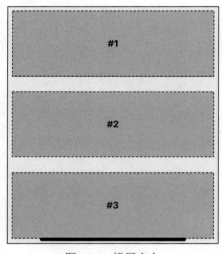

图 18.4 横屏方向

Flexbox 会自动计算如何保留布局。不过，用户可以在此基础上稍作改进。例如，横屏方向现在左右两边有很多浪费的空间。用户可以为正在呈现的盒子创建自己的抽象。下一节将对这种布局进行改进。

18.5.2 改进后的 3 列布局

在上一个示例的基础上，个人认为有几处可以改进。下面修正一下样式，以便 Flexbox 的子元素可以伸展以利用可用空间。还记得在上一个示例中，在将设备从竖屏方向旋转到横屏方向时的情形吗？当时浪费了很多空间。如果组件能自动调整，那就更好了。下面是新样式模块的样子。

```
import { Platform, StyleSheet, StatusBar } from "react-native";

export default StyleSheet.create({
  container: {
    flex: 1,
    flexDirection: "column",
    backgroundColor: "ghostwhite",
    justifyContent: "space-around",
    ...Platform.select({
      ios: { paddingTop: 20 },
      android: { paddingTop: StatusBar.currentHeight },
    }),
  },
  box: {
    height: 100,
    justifyContent: "center",
    alignSelf: "stretch",
    alignItems: "center",
    backgroundColor: "lightgray",
    borderWidth: 1,
    borderStyle: "dashed",
    borderColor: "darkslategray",
  },
  boxText: {
    color: "darkslategray",
    fontWeight: "bold",
  },
});
```

　　这里的关键变化是 alignSelf 属性。这告诉具有 box 样式的元素根据其容器的 flexDirection 调整它们的 width 或 height 以填充空间。此外，box 样式不再定义 width 属性，因为现在这将在运行时计算。

　　图 18.5 显示了竖屏模式下各部分的样子。

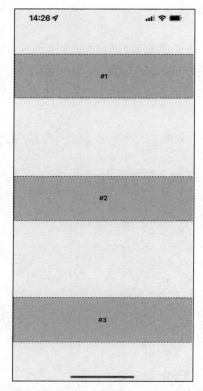

图 18.5　改进后的竖屏方向上的 3 列布局

　　现在，每个部分都占据了屏幕的全部宽度，这正是我们希望发生的情况。空间浪费的问题实际上在横屏方向更为普遍，所以让我们旋转设备，看看这些部分现在发生了什么变化，如图 18.6 所示。

　　现在，布局无论在哪个方向上都能充分利用屏幕的整个宽度。最后实现一个合适的 Box 组件，它可以被 App.js 使用，而不是在各处重复使用样式属性。以下示例是 Box 组件。

```
import React from "react";
import { PropTypes } from "prop-types";
import { View, Text } from "react-native";
```

```
import styles from "./styles";
export default function Box({ children }) {
  return (
    <View style={styles.box}>
      <Text style={styles.boxText}>{children}</Text>
    </View>
  );
}
Box.propTypes = {
  children: PropTypes.node.isRequired,
};
```

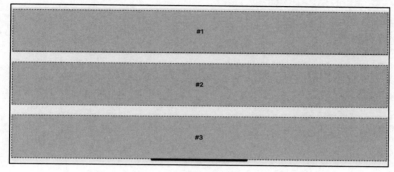

图 18.6　改进后的横屏方向上的 3 列布局

现在，我们已经有了一个漂亮的初步布局。接下来将学习在另一个方向上进行伸缩：从左到右。

18.5.3　灵活的行

本节将学习如何使屏幕布局部分从顶部延伸到底部。为此，读者需要一个灵活的行。以下是这个屏幕的样式。

```
import { Platform, StyleSheet, StatusBar } from "react-native";

export default StyleSheet.create({
  container: {
    flex: 1,
    flexDirection: "row",
    backgroundColor: "ghostwhite",
    alignItems: "center",
    justifyContent: "space-around",
```

```
  ...Platform.select({
    ios: { paddingTop: 20 },
    android: { paddingTop: StatusBar.currentHeight },
  }),
},

box: {
  width: 100,
  justifyContent: "center",
  alignSelf: "stretch",
  alignItems: "center",
  backgroundColor: "lightgray",
  borderWidth: 1,
  borderStyle: "dashed",
  borderColor: "darkslategray",
},

boxText: {
  color: "darkslategray",
  fontWeight: "bold",
},
});
```

以下是 App 组件，它使用了与上一节中相同的 Box 组件。

```
import React from "react";
import { Text, View, StatusBar } from "react-native";
import styles from "./styles";
import Box from "./Box";
export default function App() {
  return (
    <View style={styles.container}>
      <Box>#1</Box>
      <Box>#2</Box>
    </View>
  );
}
```

图 18.7 显示了竖屏模式下屏幕的样式。

由于 alignSelf 属性的作用，两列从屏幕顶部一直延伸到底部，该属性实际上并没有指定伸展的方向。两个 Box 组件从顶部延伸到底部，因为它们显示在灵活的行中。注意这两个部分之间的间距是从左到右的吗？这是因为容器的 flexDirection 属性值为 row。

　　现在，让我们看看当屏幕旋转到横屏方向时，这种灵活方向如何影响布局，如图 18.8 所示。

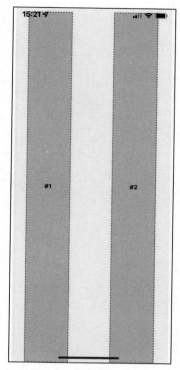

图 18.7　竖屏方向下灵活的行

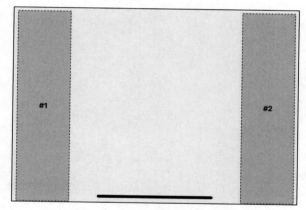

图 18.8　横屏方向下灵活的行

　　由于 Flexbox 的 justifyContent 样式属性值为 space-around，因此空间会按比例添加到左侧、右侧以及各部分之间。接下来将学习关于灵活网格的内容。

18.5.4　灵活的网格

　　有时候，用户需要一个像网格一样流动的屏幕布局。例如，如果有若干个宽度和高度相同的部分，但不确定将会渲染多少个这样的部分。Flexbox 使得构建一个从左到右流动直到屏幕末端的行变得十分容易。然后，它会自动在下一行从左到右继续渲染元素。

　　图 18.9 显示了竖屏模式下的一个示例布局。

　　这种方法的美妙之处在于，不需要提前知道给定行中有多少列。每个子元素的尺寸决定了什么内容能够适应在给定行中。

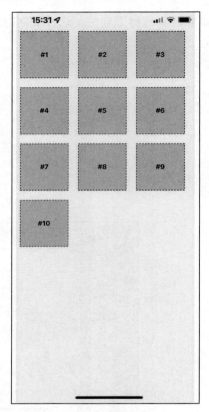

图 18.9　竖屏方向下的灵活网格

要查看用于创建此布局的样式，可以访问 https://github.com/PacktPublishing/React-and-React-Native-5E/tree/main/Chapter18/flexible-grids/styles.ts。

以下是渲染每个部分的 App 组件。

```
import React from "react";
import { View, StatusBar } from "react-native";
import styles from "./styles";
import Box from "./Box";
const boxes = new Array(10).fill(null).map((v, i) => i + 1);
export default function App() {
  return (
    <View style={styles.container}>
      <StatusBar hidden={false} />
      {boxes.map((i) => (
```

```
          <Box key={i}>#{i}</Box>
        ))}
      </View>
  );
}
```

最后，确保横屏方向与此布局兼容，如图 18.10 所示。

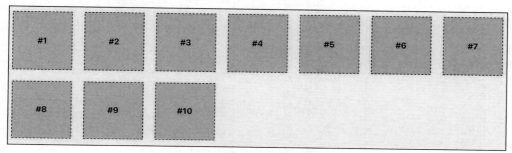

图 18.10　横屏方向下的灵活网格

☑ **注意**

　　读者可能已经注意到右侧有一些多余的空间。记住，这些部分之所以可见，是因为我们希望它们可见。在真实的应用中，它们只是用来组合其他 React Native 组件。然而，如果屏幕右侧的空间出现问题，可以尝试调整子组件的边距和宽度。

　　现在读者已经了解了灵活网格的工作原理，接下来将考察灵活的行和列。

18.5.5　灵活的行和列

　　本节学习如何结合行和列来为应用创建一个复杂的布局。例如，有时，读者需要在行内嵌套列或在列内嵌套行的能力。

　　读者可以访问 https://github.com/PacktPublishing/React-and-React-Native-5E/tree/main/Chapter18/flexible-rows-and-columns/App.tsx 查看一个在行内嵌套列的应用程序的 App 组件。

　　我们已经为布局部分（<Row> 和 <Column>）和内容部分（<Box>）创建了抽象。对应屏幕如图 18.11 所示。

　　这个布局看起来很熟悉，因为该布局在 18.5.4 节曾有所介绍。与图 18.9 相比，关键的区别在于这些内容部分的排列方式。

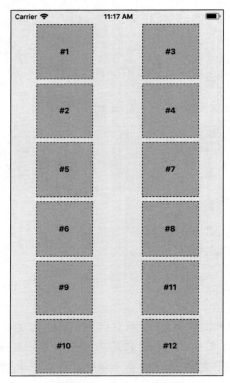

图 18.11   灵活的行和列

例如，#2 不是位于#1 的右侧，而是位于其下方。这是因为将#1 和#2 放置在<Column>中。#3 和#4 也是同样的情况。这两个列被放置在一行中。然后，从下一行开始以此类推。

这只是通过嵌套行 Flexbox 和列 Flexbox 可以实现的众多可能布局中的一种。现在让我们来看看 Row 组件。

```
import React from "react";
import PropTypes from "prop-types";
import { View, Text } from "react-native";
import styles from "./styles";
export default function Box({ children }) {
  return (
    <View style={styles.box}>
      <Text style={styles.boxText}>{children}</Text>
    </View>
  );
```

```
}
Box.propTypes = {
  children: PropTypes.node.isRequired,
};
```

这个组件将行样式应用到<View>组件上。最终结果是在创建复杂布局时，App 组件中的 JSX 标记更加简洁。最后，让我们来看看 Column 组件。

```
import React from "react";
import PropTypes from "prop-types";
import { View } from "react-native";
import styles from "./styles";
export default function Column({ children }) {
  return <View style={styles.column}>{children}</View>;
}
Column.propTypes = {
  children: PropTypes.node.isRequired,
};
```

这看起来就像 Row 组件，只是应用了不同的样式。它也服务于与 Row 相同的目的，为其他组件的布局提供更简单的 JSX 标记。

18.6　本 章 小 结

本章向读者介绍了 React Native 中的样式。尽管可以使用许多熟悉的相同 CSS 样式属性，但 Web 应用程序中使用的 CSS 样式表看起来非常不同。也就是说，它们由纯 JavaScript 对象组成。

随后本章学习了如何使用 React Native 的主要布局机制：Flexbox。这是如今大多数 Web 应用程序的首选布局方式，因此能够在原生应用中重用这种方法是有意义的。其间，我们创建了几种不同的布局，并看到了它们在竖屏和横屏方向上的样式。

第 19 章将开始为应用实现导航。

第19章　屏幕间的导航

本章的重点在于如何在构成 React Native 应用程序的屏幕之间进行导航。原生应用中的导航与 Web 应用中的导航略有不同：主要是因为用户没有意识到 URL 的概念。在 React Native 的早期版本中，有一些基础的导航组件可以用来控制屏幕间的导航。这些组件存在许多挑战，导致完成基本导航任务需要更多的代码。例如，最初的导航组件（如 Navigator 和 NavigatorIOS）实现复杂且缺乏特性，导致性能问题和跨平台的不一致性。

React Native 的较新版本鼓励使用 react-navigation 包，这是本章的重点，尽管还有其他几个选项。读者将学习导航基础知识、向屏幕传递参数、更改标题内容、使用标签和抽屉导航，以及使用导航处理状态。此外，还将探讨一种称为基于文件的导航的现代导航方法。

本章主要涉及下列主题。

- 导航的基础知识。
- 路由参数。
- 导航标题栏。
- 标签和抽屉导航。
- 基于文件的导航。

19.1　技　术　要　求

读者可以在 GitHub 上的 https://github.com/PacktPublishing/React-and-React-Native-5E/tree/main/Chapter19 中找到本章的代码文件。

19.2　导航的基础知识

在 React Native 中，导航至关重要，因为它管理着应用中不同屏幕之间的过渡。通过逻辑地组织应用流程来提升用户体验，使用户能够直观地理解如何访问功能和信息。有效的导航使应用快速且响应灵敏，减少挫折感并增加用户参与度。导航还支持应用的架构，通过明确定义组件如何链接和交互，使其更易于扩展和维护。缺少适当的导航，应用会变得混乱且难以使用，显著影响其成功和用户留存。本节将指导读者在应用中设置导航，通过创建一个应用，读者可以在屏幕之间进行导航。

让我们从使用 react-navigation 包，并从一页移动到另一页的基础知识开始。

开始之前，应该在新项目中安装 react-navigation 包，以及与示例相关的一些额外依赖项。

```
npm install @react-navigation/native
```

然后，使用 expo 安装原生依赖项。

```
npx expo install react-native-screens react-native-safe-area-context
```

上述安装步骤将适用于本章的每个示例，但需要添加一个与堆栈导航器相关的额外包。

```
npm install @react-navigation/native-stack
```

现在，已经准备好开发导航了。以下示例是 App 组件。

```
import Home from "./Home";
import Settings from "./Settings";

const Stack = createNativeStackNavigator<RootStackParamList>();

export default function App() {
  return (
    <NavigationContainer>
      <Stack.Navigator>
        <Stack.Screen name="Home" component={Home} />
        <Stack.Screen name="Settings" component={Settings} />
      </Stack.Navigator>
    </NavigationContainer>
  );
}
```

createNativeStackNavigator()是一个设置导航的函数。它返回一个对象，该对象具有两个属性，即 Screen 组件和 Navigator 组件，这些组件用于配置堆栈导航器。

这个函数的第一个参数对应可以导航的屏幕组件。第二个参数用于更一般的导航选项：在这种情况下，导航器首页应该是默认渲染的屏幕组件。<NavigationContainer>组件是必需的，以便屏幕组件获得它们所需的所有导航属性。

以下示例是 Home 组件。

```
type Props = NativeStackScreenProps<RootStackParamList>;
```

```
export default function Home({ navigation }: Props) {
  return (
    <View style={styles.container}>
      <StatusBar barStyle="dark-content" />
      <Text>Home Screen</Text>
      <Button
        title="Settings"
        onPress={() => navigation.navigate("Settings")}
      />
    </View>
  );
}
```

这是一个典型的功能性 React 组件。读者可以在这里使用基于类的组件，但没有必要，因为此处没有状态或生命周期方法。它渲染了一个应用了容器样式的 View 组件。

紧随其后的是用于标记 screen 的 Text 组件，然后是一个 Button 组件。一个 screen 可以是任何你想要的东西：它只是一个常规的 React Native 组件。导航器组件处理路由和屏幕之间的过渡。

该按钮的 onPress 处理器在单击时导航到 Settings 屏幕。这是通过调用 navigation. navigate('Settings')完成的。navigation 属性是由 react-navigation 传递给屏幕组件的，包含了所需的所有路由功能。与在 React web 应用中使用 URL 不同，这里我们调用导航器 API 函数，并将屏幕的名称传递给它们。

为了在导航中获得类型安全的环境，需要定义一个名为 RootStackParamList 的类型，包含所有路由的信息。我们将其与 NativeStackScreenProps 一起使用来定义路由 Props。RootStackParamList 如下所示。

```
export type RootStackParamList = {
  Home: undefined;
  Settings: undefined;
};
```

可以向每条路由传递 undefined，因为路由上没有参数。因此，只能使用 Settings 或 Home 调用 navigation.navigate()函数。

接下来查看 Settings 组件。

```
type Props = NativeStackScreenProps<RootStackParamList>;

export default function Settings({ navigation }: Props) {
  return (
```

```
<View style={styles.container}>
  <StatusBar barStyle="dark-content" />
  <Text>Settings Screen</Text>
  <Button title="Home" onPress={() => navigation.navigate("Home")} />
</View>
);
}
```

该组件与 Home 组件类似，只是文本不同，当单击按钮时，用户会被带回 Home 屏幕。
Home 屏幕如图 19.1 所示。

单击 Settings 按钮，用户将被带到 Settings 屏幕，如图 19.2 所示。

图 19.1　Home 屏幕

图 19.2　Settings 屏幕

该屏幕看起来几乎与首页屏幕相同，但包含不同的文本和一个不同的按钮，单击按钮
时会回到 Home 屏幕。然而，还有另一种方法可以回到 Home 屏幕。查看屏幕的顶部，可
以看到有一个白色的导航栏。在导航栏的左侧，有一个返回箭头。该箭头就像网络浏览器

中的后退按钮一样工作，会回到上一个屏幕。react-navigation 的好处在于，它会渲染这个
导航栏。

⍓ **注意**

有了这个导航栏，就不必担心布局样式如何影响状态栏，且只需要关心每个屏幕的
布局。

如果在 Android 上运行这个应用程序，将会看到导航栏中也有同样的返回按钮。但还
可以使用大多数 Android 设备上应用程序外部的标准返回按钮。

下一节将学习如何将参数传递给路由。

19.3　路　由　参　数

当开发 React web 应用程序时，一些路由将包含动态数据。例如，可以链接到一个详
情页面，该 URL 会有一些标识符。这样，组件就拥有了渲染特定详细信息所需的内容。相
同的概念也存在于 react-navigation 中。用户不仅可以指定想要导航到的屏幕名称，还可以
传递额外的数据。

下面讨论路由参数的实际应用。

我们将从 App 组件开始。

```
const Stack = createNativeStackNavigator<RootStackParamList>();

export default function App() {
  return (
    <NavigationContainer>
      <Stack.Navigator>
        <Stack.Screen name="Home" component={Home} />
        <Stack.Screen name="Details" component={Details} />
      </Stack.Navigator>
    </NavigationContainer>
  );
}
```

这看起来就像 19.2 节中的例子，只不过这里不是一个 Settings 页面，而是一个 Details
页面。这是想要动态传递数据的页面，以便它能够渲染适当的信息。

为了针对路由启用 TypeScript，需要定义 RootStackParamList。

```
export type RootStackParamList = {
  Home: undefined;
  Details: { title: string };
};
```

下面查看 Home 屏幕组件。

```
type Props = NativeStackScreenProps<RootStackParamList, "Home">;

export default function Home({ navigation }: Props) {
  return (
    <View style={styles.container}>
      <StatusBar barStyle="dark-content" />
      <Text>Home Screen</Text>
      <Button
        title="First Item"
        onPress={() => navigation.navigate("Details", { title: "First
Item" })}
      />
      <Button
        title="Second Item"
        onPress={() => navigation.navigate("Details", { title: "Second
Item" })}
      />
      <Button
        title="Third Item"
        onPress={() => navigation.navigate("Details", { title: "Third
Item" })}
      />
    </View>
  );
}
```

Home 屏幕包含 3 个 Button 组件，每个都导航到 Details 屏幕。注意，在 navigation.navigate()调用中，除了屏幕名称，每个调用都有第二个参数。这些参数是包含特定数据的对象，这些数据被传递到 Details 屏幕。

接下来查看 Details 屏幕，并考察它是如何使用这些路由参数的。

```
type Props = NativeStackScreenProps<RootStackParamList, "Details">;

export default function ({ route }: Props) {
  const { title } = route.params;
```

```
return (
  <View style={styles.container}>
    <StatusBar barStyle="dark-content" />
    <Text>{title}</Text>
  </View>
);
}
```

尽管这个例子只传递了一个标题参数，但可以根据自己的需要向屏幕传递尽可能多的参数。可以使用路由属性的 params 值来访问这些参数并查找其值。

图 19.3 显示了渲染后的 Home 屏幕。

单击 First Item 按钮，用户将被带至使用路由参数数据渲染的 Details 屏幕，如图 19.4 所示。

图 19.3 Home 屏幕

图 19.4 Details 屏幕

用户可以单击导航栏中的后退按钮回到 Home 屏幕。如果单击首页上的任何其他按钮，用户将被带回 Details 屏幕，并带有更新的数据。路由参数是避免编写重复组件所必需的。开发者可以将向 navigator.navigate()函数传递参数视为向 React 组件传递属性。

接下来的部分将学习如何用内容填充导航部分标题。

19.4　导航标题栏

到目前为止，本章创建的导航栏都相当简单，这是因为还没有对它们进行配置，所以 react-navigation 只会渲染一个带有后退按钮的普通标题栏。相应地，我们创建的每个屏幕组件都可以配置特定的导航标题内容。

让我们在 19.3 节讨论的例子基础上继续，该例子使用了按钮导航到详细信息页面。

其中，App 组件有重大更新，如下所示。

```
const Stack = createNativeStackNavigator<RoutesParams>();

export default function App() {
  return (
    <NavigationContainer>
      <Stack.Navigator>
        <Stack.Screen name="Home" component={Home} />
        <Stack.Screen
          name="Details"
          component={Details}
          options={({ route }) => ({
            headerRight: () => {
              return (
                <Button
                  title="Buy"
                  onPress={() => {}}
                  disabled={route.params.stock === 0}
                />
              );
            },
          })}
        />
      </Stack.Navigator>
    </NavigationContainer>
  );
}
```

Screen 组件接收 options prop 作为一个对象或函数，以提供额外的屏幕属性。

headerRight 选项用于在导航栏的右侧添加一个 Button 组件。这就是 stock 参数发挥作用的地方。如果该值为 0，库存中没有任何商品，则须禁用 Buy 按钮。

当前例子以函数的形式传递 options，并读取 stock 屏幕参数来禁用按钮。这是向 Screen 组件传递选项的几种方式之一。我们将应用另一种方式到 Details 组件。

为了理解 stock 属性是如何传递的，可查看这里的 Home 组件。

```
type Props = NativeStackScreenProps<RoutesParams, "Home">;

export default function Home({ navigation }: Props) {
  return (
    <View style={styles.container}>
      <StatusBar barStyle="dark-content" />
      <Button
        title="First Item"
        onPress={() =>
          navigation.navigate("Details", {
            title: "First Item",
            content: "First Item Content",
            stock: 1,
          })
        }
      />
      ...
    </View>
  );
}
```

首先要注意的是，每个按钮都在向 Details 组件传递更多的路由参数，即 content 和 stock。稍后将对此加以讨论。

接下来查看 Details 组件。

```
type Props = NativeStackScreenProps<RoutesParams, "Details">;

export default function Details({ route, navigation }: Props) {
  const { content, title } = route.params;

  React.useEffect(() => {
    navigation.setOptions({ title });
  }, []);
```

```
return (
  <View style={styles.container}>
    <StatusBar barStyle="dark-content" />
    <Text>{content}</Text>
  </View>
);
}
```

这一次，Details 组件渲染了内容 route 参数。与 App 组件一样，开发者为屏幕添加了额外的选项。在这种情况下，使用 navigation.setOptions()方法更新屏幕选项。要自定义标题栏，还可以通过 App 组件为该屏幕添加标题。

现在，让我们看看这一切是如何工作的，并从 Home 屏幕开始，如图 19.5 所示。

现在，导航栏中包含标题文本，这是通过 Screen 组件中的 name 属性设置的。

接下来，尝试单击 First Item 按钮，如图 19.6 所示。

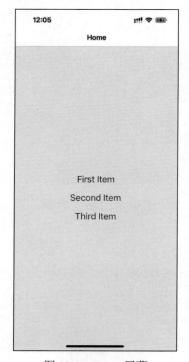

图 19.5　Home 屏幕

图 19.6　First Item 屏幕

导航栏中的标题是根据传递给 Details 组件的 title 参数设置的，这是通过 navigation.

setOptions()方法实现的。在导航栏右侧渲染的 Buy 按钮是由 App 组件中 Screen 组件的
options 属性渲染的。它被启用是因为 stock 参数的值为 1。

　　现在，尝试返回 Home 屏幕并单击 Second Item 按钮，如图 19.7 所示。

图 19.7　Second Item 屏幕

　　标题和页面内容都反映了传递给 Details 的新参数值，但 Buy 按钮也是如此。它处于禁
用状态，因为 stock 参数的值为 0，意味着无法购买。

　　在讨论了如何使用导航标题后，下一节将了解标签和抽屉导航。

19.5　标签和抽屉导航

　　到目前为止，在本章的每个示例中，都使用了 Button 组件来链接到应用中的其他屏幕。
读者可以使用 react-navigation 中的函数，这些函数会根据提供的屏幕组件自动创建标签或
抽屉导航。

创建一个示例，在 iOS 上使用底部标签导航，并在 Android 上使用抽屉导航。

注意

用户并不局限于在 iOS 上使用标签导航或在 Android 上使用抽屉导航。这里只是选择这两个例子展示如何根据平台使用不同的导航模式。如果用户喜欢，也可以在两个平台上使用完全相同的导航模式。

对于这个例子，需要安装一些用于标签和抽屉导航器的其他包。

```
npm install @react-navigation/bottom-tabs @react-navigation/drawer
```

此外，抽屉导航器还需要一些原生模块。

```
npx expo install react-native-gesture-handler react-native-reanimated
```

然后，在 babel.config.js 文件中添加一个插件。最终，该文件应该如下所示。

```
module.exports = function (api) {
  api.cache(true);
  return {
    presets: ["babel-preset-expo"],
    plugins: ["react-native-reanimated/plugin"],
  };
};
```

现在，我们已经准备好继续编码了。以下是 App 组件的样式。

```
const Tab = createBottomTabNavigator<Routes>();
const Drawer = createDrawerNavigator<Routes>();

export default function App() {
  return (
    <NavigationContainer>
      {Platform.OS === "ios" && (
        <Tab.Navigator>
          <Tab.Screen name="Home" component={Home} />
          <Tab.Screen name="News" component={News} />
          <Tab.Screen name="Settings" component={Settings} />
        </Tab.Navigator>
      )}

      {Platform.OS == "android" && (
        <Drawer.Navigator>
```

```
            <Drawer.Screen name="Home" component={Home} />
            <Drawer.Screen name="News" component={News} />
            <Drawer.Screen name="Settings" component={Settings} />
        </Drawer.Navigator>
      )}
    </NavigationContainer>
  );
}
```

导入了 createBottomTabNavigator()函数和 createDrawerNavigator()函数，而不是使用 createNativeStackNavigator()函数创建导航器。

```
import { createDrawerNavigator } from "@react-navigation/drawer";
import { createBottomTabNavigator } from "@react-navigation/bottom-tabs";
```

随后使用 react-native 的 Platform 工具决定使用哪个导航器。根据平台的不同，结果会分配给 App。每个导航器都包含 Navigator 组件和 Screen 组件，用户可以将它们传递给 App。由此产生的 tab 或 drawer 导航将被创建和渲染。

接下来查看 Home 屏幕组件。

```
export default function Home() {
  return (
    <View style={styles.container}>
      <Text>Home Content</Text>
    </View>
  );
}
```

News 和 Settings 组件本质上与 Home 相同。图 19.8 显示了 iOS 上底部 tab 导航。

构成应用的 3 个屏幕列在底部。当前屏幕被标记为活跃状态，用户可以单击其他标签进行切换。

现在，让我们来看看 Android 上抽屉布局的样子，如图 19.9 所示。

要打开 drawer，需要从屏幕左侧轻扫。打开后，用户会看到一些按钮，可以进入应用程序的各个界面。

☑ 注意

从屏幕左侧滑动打开 drawer 是默认模式。用户可以配置 drawer 从任何方向滑动打开。

现在，已经学会了如何使用 tab 和 drawer 导航。接下来将探讨如何仅基于文件定义导航。

图 19.8　标签导航器　　　　　　　　　　　图 19.9　抽屉导航器

19.6　基于文件的导航

本节将讨论 Expo Router，这是一个基于文件的路由器，其工作方式与 Next.js 中的路由类似。要添加一个新屏幕，只需要向 app 文件夹中添加一个新文件即可。它建立在 React Navigation 之上，因此路由具有相同的选项和参数。

☑ **注意**

要获取更多关于 Expo Router 的信息和细节，请查看 https://docs.expo.dev/routing/introduction/。

使用以下命令安装一个新项目。

```
npx create-expo-app -template
```

要安装基于 Expo Router 的项目，只需选择 Navigation (TypeScript)模板。

```
  Blank
  Blank (TypeScript)
> Navigation (TypeScript) - File-based routing with TypeScript enabled
  Blank (Bare)
```

安装完成后，用户将看到项目的 app 文件夹。该文件夹将用于所有的屏幕。让我们尝试复制 19.2 节中的例子。

首先，需要在 app 文件夹内创建 _layout.tsx。该文件作为应用的 root 层，如下所示。

```
import { Stack } from "expo-router";

export default function RootLayout() {
  return <Stack />;
}
```

然后，创建包含 Home 屏幕的 index.tsx 文件。它与 _layout.tsx 相比有一些不同，如下所示。

```
import { Link } from "expo-router";

export default function Home() {
  return (
    <View style={styles.container}>
      <StatusBar barStyle="dark-content" />
      <Text>Home Screen</Text>

      <Link href="/settings" asChild>
        <Button title="Settings" />
      </Link>
    </View>
  );
}
```

可以看到，我们没有使用 navigation 属性，而是使用一个 Link 组件，它可以接收 href 属性，就像网页一样。单击该按钮将进入 Settings 界面。

下面创建 settings.tsx 文件。

```
import { Link } from "expo-router";

export default function Settings() {
```

```
return (
  <View style={styles.container}>
    <StatusBar barStyle="dark-content" />
    <Text>Settings Screen</Text>

    <Link href="/" asChild>
      <Button title="Home" />
    </Link>
  </View>
);
}
```

这里使用了与 index.tsx 文件相同的方法，但在链接中，我们将 href 设置为“/”。

这就是如何以声明的方式轻松定义屏幕，以及在屏幕间导航的 URL 方法。此外，深层链接也让我们受益匪浅。通过这种方法，可以使用应用程序链接打开特定的屏幕。

现在，已经知道如何使用基于文件的路由，这可以改善移动应用程序的开发体验，尤其是基于网络的 URL 和链接思维。

19.7　本　章　小　结

在本章中，我们了解到移动应用和 Web 应用一样需要导航。尽管它们有所不同，但 Web 应用和移动应用导航在概念上有足够的相似性，使得移动应用的路由和导航不必成为一种困扰。

React Native 的旧版本尝试提供组件帮助管理移动应用中的导航，但它们从未真正流行起来。相反，React Native 社区主导了这一领域。其中一个例子就是本章重点介绍的 react-navigation 库。

本章学习了如何使用 react-navigation 进行基本导航。随后讨论了如何在导航栏内控制标题组件。接下来介绍了关于标签和抽屉导航组件的知识。这两个导航组件可以根据屏幕组件自动渲染应用的导航按钮。此外还探讨了如何使用基于文件的 Expo Router。

第 20 章将学习如何渲染数据列表。

第20章 渲染项目列表

本章将学习如何处理项目列表。列表是常见的 Web 应用组件。虽然使用<ul>和<li>元素构建列表相对直接，但在原生移动平台上完成类似的事情要复杂得多。

幸运的是，React Native 提供了一个项目列表界面，隐藏了所有的复杂性。首先，通过一个示例了解项目列表的工作原理。然后，学习如何构建控制列表中显示数据的控件。最后，读者将看到一些从网络上获取的项目示例。

本章主要涉及下列主题。

- 渲染数据集合。
- 对列表进行排序和过滤。
- 获取列表数据。
- 延迟加载列表。
- 实现下拉刷新功能。

20.1 技 术 要 求

读者可以在 GitHub 上找到本章的代码文件，地址为 https://github.com/PacktPublishing/React-and-React-Native-5E/tree/main/Chapter20。

20.2 渲 染 数 据 集 合

列表是展示大量信息最常见的方式。例如，用户可以展示好友列表、消息和新闻。许多应用程序都包含带有数据集合的列表，而 React Native 提供了创建这些组件的工具。

让我们从一个示例开始。用户将使用 React Native 组件 FlatList 渲染列表，它在 iOS 和 Android 上的工作方式相同。列表视图接收一个 data 属性，即一个对象数组。这些对象可以具有任何属性，但它们确实需要一个 key 属性。如果缺少 key 属性，则可以传递 keyExtractor 属性到 FlatList 组件，并指示使用什么代替 key。key 属性类似在<ul>元素内渲染<li>元素。这有助于列表在列表数据发生变化时高效渲染。

现在让我们实现一个基本的列表。以下是渲染一个包含 100 个项目的简单列表的代码。

```
const data = new Array(100)
  .fill(null)
  .map((v, i) => ({ key: i.toString(), value: `Item ${i}` }));

export default function App() {
  return (
    <View style={styles.container}>
      <FlatList
        data={data}
        renderItem={({ item }) => <Text style={styles.item}>{item.value}</
Text>}
      />
    </View>
  );
}
```

让我们逐步了解这里发生的情况，并从 data 常量开始。该常量包含 100 个项目组成的数组。它通过填充一个包含 100 个 null 值的新数组，然后将其映射到一个新数组，这个新数组包含想要传递给<FlatList>的对象。每个对象都有一个 key 属性，因为这是必需的，而其他任何属性都是可选的。在这种情况下，我们决定添加一个 value 属性，该属性稍后在渲染列表时会用到。

接下来渲染<FlatList>组件。该组件位于<View>容器中，因为列表视图需要高度才能正常滚动。data 和 renderItem 属性将传递给<FlatList>，最终由<FlatList>决定渲染的内容。

初看之下，FlatList 组件似乎并没有做太多事情。FlatList 组件应该是通用的，它应该擅长处理更新行为，并为我们在列表中嵌入滚动功能。以下是用于渲染列表的样式。

```
import { StyleSheet } from "react-native";

export default StyleSheet.create({
  container: {
    flex: 1,
    flexDirection: "column",
    paddingTop: 40,
  },

  item: {
    margin: 5,
    padding: 5,
```

```
    color: "slategrey",
    backgroundColor: "ghostwhite",
    textAlign: "center",
  },
});
```

　　此处正在为列表中的每个项目设置样式。否则，每个项目将仅包含文本，这将使得区分其他列表项变得困难。容器样式通过将 flex 设置为 1 赋予列表高度。

　　当前，列表如图 20.1 所示。

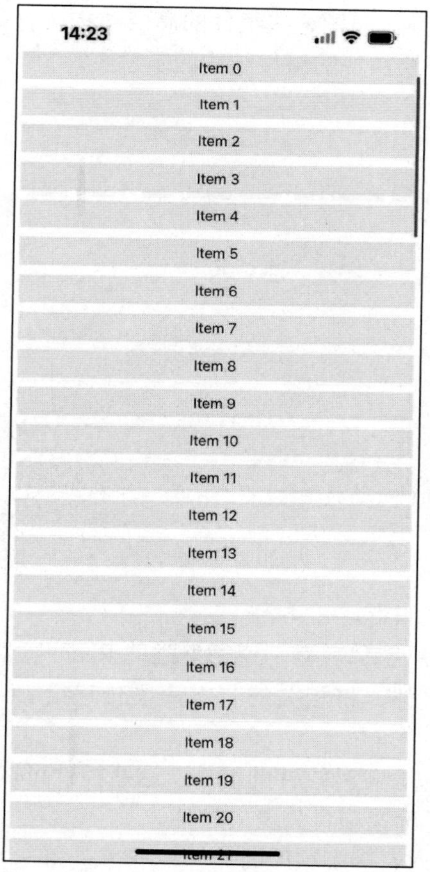

图 20.1　渲染数据集合

　　如果在模拟器中运行这个示例，用户可以在屏幕上的任意位置单击并按住鼠标键，就像手指一样，然后上下滚动浏览项目。

接下来的部分将学习如何添加用于排序和筛选列表的控件。

20.3　对列表进行排序和过滤

现在用户已经了解了 FlatList 组件的基础知识，包括如何传递数据，让我们为刚刚在 20.2 节实现的列表添加一些控件。FlatList 组件可以与其他组件一起渲染。例如，列表控件。它帮助操作数据源，这最终决定了屏幕上渲染的内容。

在实现列表控件组件之前，回顾这些组件的高层结构很有帮助，以便代码有更多的上下文。图 20.2 显示了一个将要实现的组件结构的示意图。

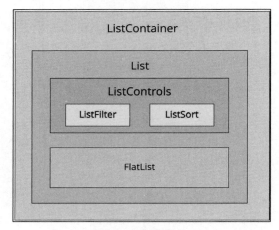

图 20.2　组件结构

以下是其中每个组件的职责。

- ListContainer：列表的整体容器，遵循熟悉的 React 容器模式。
- List：一个无状态组件，将相关的状态片段传递给 ListControls 和 React Native 的 ListView 组件。
- ListControls：一个包含各种控件的组件，这些控件可以改变列表的状态。
- ListFilter：一个用于筛选项目列表的控件。
- ListSort：用于更改列表排序顺序的控件。
- FlatList：实际渲染项目的 React Native 组件。

在某些情况下，像这样拆分一个列表的实现是需要开销的。不过，我认为，如果列表首先需要控件，那么用户所实现的内容很可能会受益于深思熟虑的组件架构。

现在，让我们从 ListContainer 组件开始，并深入研究这个列表的实现。

```
function mapItems(items: string[]) {
  return items.map((value, i) => ({ key: i.toString(), value }));
}

const array = new Array(100).fill(null).map((v, i) => `Item ${i}`);

function filterAndSort(text: string, asc: boolean): string[] {
  return array
    .filter((i) => text.length === 0 || i.includes(text))
    .sort(
      asc
        ? (a, b) => (a > b ? 1 : a < b ? -1 : 0)
        : (a, b) => (b > a ? 1 : b < a ? -1 : 0)
    );
}
```

这里定义了一些实用函数和将要使用的初始数组。

然后，定义 asc 和 filter，分别用于管理列表的排序和过滤，并使用 useMemo() 钩子实现 data 变量。

```
export default function ListContainer() {
  const [asc, setAsc] = useState(true);
  const [filter, setFilter] = useState("");

  const data = useMemo(() => {
    return filterAndSort(filter, asc);
  }, [filter, asc]);
```

这让用户有机会避免手动更新，因为当 filter 和 asc 依赖项更新时，它会自动重新计算。当 filter 和 asc 未发生变化时，它还能避免不必要的重新计算。

这就是我们将这种逻辑应用到 List 组件的方式。

```
return (
  <List
    data={mapItems(data)}
    asc={asc}
    onFilter={(text) => {
      setFilter(text);
    }}
    onSort={() => {
```

```
      setAsc(!asc);
    }}
  />
);
```

这个容器组件需要处理大量的状态。此外还需要向其子组件提供一些重要的行为。如果从封装状态的角度来看待它，就会更容易理解。它的工作就是用状态数据填充列表，并提供在此状态下运行的函数。

在理想情况下，这个容器的子组件应该是漂亮而简单的，因为它们不必直接与状态接口。接下来让我们看看 List 组件。

```
export default function List({ data, ...props }: Props) {
  return (
    <FlatList
      data={data}
      ListHeaderComponent={<ListControls {...props}/>}
      renderItem={({ item }) => <Text style={styles.item}>{item.value}</
Text>}
    />
  );
}
```

该组件将 ListContainer 组件的状态作为属性，并渲染一个 FlatList 组件。与前一个例子的主要区别在于 ListHeaderComponent 属性，这会渲染 List 组件的控件。该属性特别有用，它在可滚动列表内容之外渲染控件，确保控件始终可见。让我们接下来看看 ListControls 组件。

```
type Props = {
  onFilter: (text: string) => void;
  onSort: () => void;
  asc: boolean;
};

export default function ListControls({ onFilter, onSort, asc }: Props) {
  return (
    <View style={styles.controls}>
      <ListFilter onFilter={onFilter} />
      <ListSort onSort={onSort} asc={asc} />
    </View>
  );
}
```

　　该组件汇集了 ListFilter 和 ListSort 控件。因此，如果要添加另一个列表控件，则可以将其添加至此处。

　　现在让我们来看看 ListFilter 的实现。

```
type Props = {
  onFilter: (text: string) => void;
};

export default function ListFilter({ onFilter }: Props) {
  return (
    <View>
      <TextInput
        autoFocus
        placeholder="Search"
        style={styles.filter}
        onChangeText={onFilter}
      />
    </View>
  );
}
```

　　过滤控件是一个简单的文本输入，根据用户类型过滤项目列表。处理这一功能的 onFilter() 函数来自 ListContainer 组件。

　　接下来让我们看看 ListSort 组件。

```
const arrows = new Map([
  [true, "▼"],
  [false, "▲"],
]);

type Props = {
  onSort: () => void;
  asc: boolean;
};

export default function ListSort({ onSort, asc }: Props) {
  return <Text onPress={onSort}>{arrows.get(asc)}</Text>;
}
```

　　最终的列表如图 20.3 所示。

　　默认情况下，整个列表按升序渲染。当用户尚未提供任何内容时，可以看到占位符文本 Search。图 20.4 显示了输入过滤条件并更改排序顺序时的状态。

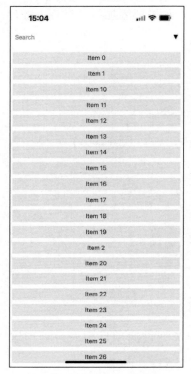

图 20.3　排序和过滤列表　　　　　　图 20.4　更改了排序顺序和搜索值的列表

此搜索涵盖了包含数字 1 的项目，并将结果按降序排序。注意，用户可以先更改顺序或先输入过滤器。过滤器和排序顺序都是 ListContainer 状态的一部分。

下一节将学习如何从 API 端点获取列表数据。

20.4　获取列表数据

通常，用户会从某个 API 端点获取列表数据。本节将了解如何在 React Native 组件中发起 API 请求。好消息是，fetch() API 由 React Native 提供填充（polyfill），因此，移动应用程序中的网络代码在外观和感觉上应与网络应用程序中的代码非常相似。

首先使用返回 promise 的函数构建一个模拟 API，就像 fetch() 函数所做的那样。

```
const items = new Array(100).fill(null).map((v, i) => `Item ${i}`);
```

```
function filterAndSort(data: string[], text: string, asc: boolean) {
  return data
    .filter((i) => text.length === 0 || i.includes(text))
    .sort(
      asc
        ? (a, b) => (b > a ? -1 : a === b ? 0 : 1)
        : (a, b) => (a > b ? -1 : a === b ? 0 : 1)
    );
}

export function fetchItems(
  filter: string,
  asc: boolean
): Promise<{ json: () => Promise<{ items: string[] }> }> {
  return new Promise((resolve) => {
    resolve({
      json: () =>
        Promise.resolve({
          items: filterAndSort(items, filter, asc),
        }),
    });

  });
}
```

随着模拟 API 函数的建立，让我们对 ListContainer 组件做一些更改。现在可以使用 fetchItems()函数而不是本地数据源来加载数据。

下面查看并定义 ListContainer 组件。

```
export default function ListContainer() {
  const [asc, setAsc] = useState(true);
  const [filter, setFilter] = useState("");
  const [data, setData] = useState<MappedList>([]);

  useEffect(() => {
    fetchItems(filter, asc)
      .then((resp) => resp.json())
      .then(({ items }) => {
        setData(mapItems(items));
      });
  }, []);
```

此处使用 useState() 钩子和 useEffect() 钩子定义了状态变量来获取初始列表数据。现在，让我们看看在 List 组件中使用新处理器的情况。

```
return (
  <List
    data={data}
    asc={asc}
    onFilter={(text) => {
      fetchItems(text, asc)
        .then((resp) => resp.json())
        .then(({ items }) => {
          setFilter(text);
          setData(mapItems(items));
        });
    }}
    onSort={() => {
      fetchItems(filter, !asc)
        .then((resp) => resp.json())
        .then(({ items }) => {
          setAsc(!asc);
          setData(mapItems(items));
        });
    }}
  />
);
}
```

任何修改列表状态的操作都需要调用 fetchItems()函数，并在 promise 解决后设置适当的状态。

接下来的部分将学习如何延迟加载列表数据。

20.5 延迟加载列表

本节将实现一种不同类型的列表：一个可以无限滚动的列表。有时，用户实际上并不知道他们在寻找什么，所以过滤或排序并没有帮助。想想登录账户时看到的 Facebook 新闻推送，它是应用程序的主要功能，而且用户很少在寻找特定的内容。用户需要通过滚动列表来了解正在发生的事情。

要使用 FlatList 组件实现这一点，需要在用户滚动到列表末尾时能够获取更多的 API

数据。为了了解这是如何工作的，需要使用大量的 API 数据，而生成器在这方面非常出色。所以，让我们修改 20.4 节中创建的模拟 API，使其不断响应新数据。

```
function* genItems() {
  let cnt = 0;

  while (true) {
    yield `Item ${cnt++}`;
  }
}


let items = genItems();

export function fetchItems({ refresh }: { refresh?: boolean }) {
  if (refresh) {
    items = genItems();
  }

  return Promise.resolve({
    json: () =>
      Promise.resolve({
        items: new Array(30).fill(null).map(() => items.next().value as
string),
      }),
  });
}
```

通过 fetchItems，现在可以在每次到达列表末尾时发起新的 API 请求来获取数据。最终，当内存耗尽时，这将失败，但作者只是想以一般性的术语展示在 React Native 中实现无限滚动的方法。接下来查看带有 fetchItems 的 ListContainer 组件。

```
import React, { useState, useEffect } from "react";
import * as api from "./api";
import List from "./List";
export default function ListContainer() {
  const [data, setData] = useState([]);
  function fetchItems() {
    return api
      .fetchItems({})
      .then((resp) => resp.json())
      .then(({ items }) => {
        setData([
```

```
            ...data,
            ...items.map((value) => ({
              key: value,
              value,
            })),
          ]);
        });
    }
  useEffect(() => {
    fetchItems();
  }, []);
  return <List data={data} fetchItems={fetchItems} />;
}
```

每次调用 fetchItems()时，响应都会与 data 数组连接。这成为了新的列表数据源，而不像在早期例子中所做的那样替换它。

现在，让我们查看 List 组件，看看如何应对到达列表末尾的情况。

```
type Props = {
  data: { key: string; value: string }[];
  fetchItems: () => Promise<void>;
  refreshItems: () => Promise<void>;
  isRefreshing: boolean;
};

export default function List({
  data,
  fetchItems
}: Props) {
  return (
    <FlatList
      data={data}
      renderItem={({ item }) => <Text style={styles.item}>{item.value}</
Text>}
      onEndReached={fetchItems}
    />
  );
}
```

FlatList 接收 onEndReached 处理器属性，当在滚动过程中到达列表末尾时，该属性会被调用。

运行这个示例将会看到，当在滚动时接近屏幕底部，列表就会不断增长。

20.6　实现下拉刷新功能

下拉刷新手势是移动设备上的常见操作。它允许用户在不离开屏幕或手动重新打开应用程序的情况下，通过向下拉动来触发页面刷新，从而刷新视图的内容。Tweetie（后来的 Twitter for iPhone）和 Letterpress 的创造者 Loren Brichter 在 2009 年引入了这种手势。这种手势变得如此受欢迎，以至于苹果公司将其作为 UIRefreshControl 集成到了其 SDK 中。

要在 FlatList 应用中使用下拉刷新，只需要传递一些属性和处理器。下面查看 List 组件。

```
type Props = {
  data: { key: string; value: string }[];
  fetchItems: () => Promise<void>;
  refreshItems: () => Promise<void>;
  isRefreshing: boolean;
};



export default function List({
  data,
  fetchItems,
  refreshItems,
  isRefreshing,
}: Props) {
  return (
    <FlatList
      data={data}
      renderItem={({ item }) => <Text style={styles.item}>{item.value}</
Text>}
      onEndReached={fetchItems}
      onRefresh={refreshItems}
      refreshing={isRefreshing}
    />
  );
}
```

由于提供了 onRefresh 和 refreshing 属性，FlatList 组件自动启用了下拉刷新手势。当拉动列表时，将调用 onRefresh 处理器，而 refreshing 属性将启用加载旋转器以反映加载状态。

为了在 List 组件中应用定义的属性，需要在 ListContainer 组件中实现带有 isRefreshing 状态的 refreshItems 函数。

```
const [isRefreshing, setIsRefreshing] = useState(false);

function fetchItems() {
  return api
    .fetchItems({})
    .then((resp) => resp.json())
    .then(({ items }) => {
    setData([
      ...data,
      ...items.map((value) => ({
        key: value,
        value,
      })),
    ]);
  });
}
```

在 refreshItems 方法以及 fetchItems 方法中，获取列表项并将它们保存为一个新的列表。注意，在调用 API 之前，更新 isRefreshing 状态将其设置为 true 值，在最后一个代码块中，将其设置为 false 值，以向 FlatList 提供加载已经结束的信息。

20.7 本 章 小 结

本章讨论了 React Native 中的 FlatList 组件。这个组件是通用的，因为不会对渲染的项目施加任何特定的外观。相反，列表的外观由开发者决定，FlatList 组件则帮助高效地渲染数据源。FlatList 组件还为其渲染的项目提供了一个可滚动区域。

本章实现了一个示例，利用了列表视图中的节标题。这是渲染静态内容（如列表控件）的好地方。然后介绍了如何在 React Native 中进行网络调用，这就像在任何其他 Web 应用程序中使用 fetch() 一样。

本章最后实现了延迟列表，只有在滚动到已渲染内容的底部后才会加载新项目，从而实现无限滚动。此外还添加了通过拉动手势刷新列表的功能。

第 21 章将学习如何显示网络调用的进度等内容。

第21章 地理位置与地图

本章将学习 React Native 的地理位置和地图功能。将从如何使用 Geolocation API 开始，然后使用 MapView 组件来绘制兴趣点和区域。为此，将使用 react-native-maps 包来实现地图。

本章的目标是介绍 React Native 在地理位置方面以及 react-native-maps 在地图方面的可用功能。

本章主要涉及下列主题。
- 使用 Geolocation API。
- 渲染地图。
- 标注兴趣点。

21.1 技 术 要 求

读者可以在 GitHub 上找到本章的代码文件，地址为 https://github.com/PacktPublishing/ React-and-React-Native-5E/tree/main/Chapter21。

21.2 使用 Geolocation API

Web 应用程序用来确定用户位置的 Geolocation API 也可以被 React Native 应用程序使用。除了地图，该 API 还可以用来从移动设备的 GPS 获取精确的坐标。然后，读者可以利用这些信息向用户展示有意义的位置数据。

然而，Geolocation API 返回的数据本身用处不大。代码必须对此进行处理，将其转化为有用的内容。例如，纬度和经度对用户来说没有意义，但可以使用这些数据来查找对用户有用的信息。这可能就像显示用户当前所在位置一样简单。

让我们实现一个示例，并使用 React Native 的 Geolocation API 查询坐标，然后使用这些坐标从 Google Maps API 查询人类可读的位置信息。

在开始编码之前，让我们使用 npx create-expo-app 创建一个项目，然后添加位置模块。

```
npx expo install expo-location
```

接下来需要在应用中配置位置权限。在移动应用中访问用户的位置需要用户的明确许可。本示例的后续部分将通过调用 Location.requestForegroundPermissionsAsync()方法来实现这一点。这将向用户显示一个权限对话框，要求他们允许或拒绝位置访问。在继续使用位置方法之前，检查返回的状态以确认是否已授予权限非常重要。如果权限被拒绝，应该在代码中优雅地处理这一问题，并在需要时提示用户在应用设置中授予权限。

在实际应用中，在请求权限之前，首先应该在应用配置中设置这些权限。通过向app.json 文件添加一个插件来做到这一点。

```
{
  "expo": {
    "plugins": [
      [
        "expo-location",
        {
          "locationAlwaysAndWhenInUsePermission": "Allow $(PRODUCT_NAME)
to use your location."
        }
      ]
    ]
  }
}
```

应该尽早请求位置权限，例如，在应用首次启动时，或用户首次导航到需要位置信息的屏幕时。通过提前请求权限并妥善处理用户的选择，可以确保应用按预期工作，同时尊重用户的隐私。

当准备好项目后，接下来将查看 App 组件，读者可以在 https://github.com/PacktPublishing/React-and-React-Native-5E/tree/main/Chapter22/where-am-i/App.tsx 中找到该组件。该组件的目标是在屏幕上渲染 Geolocation API 返回的属性，以及查找用户的特定位置并显示它。

要从应用中获取位置，需要授予权限。在 App.tsx 中，已经调用了 Location.requestForegroundPermissionsAsync()来实现这一点。

setPosition()函数在几处用作回调，其工作是设置组件的状态。首先，setPosition()函数设置纬度-经度坐标。通常，不会直接显示这些数据，但该示例展示了 Geolocation API 中可用的数据。其次，它通过 Google Maps API 并使用纬度和经度值查找用户当前所在位置的名称。

　　在示例中，API_KEY 值是空的，可以在 https://developers.google.com/maps/documentation/geocoding/start 获取 API_KEY 值。

　　setPosition()回调与 getCurrentPosition()一起使用，在组件挂载时只调用一次。此外还与 watchPosition()一起使用 setPosition()，每当用户的位置发生变化时都会调用回调。

☑ **注意**

　　iOS 模拟器和 Android Studio 允许用户通过菜单选项更改位置。用户不必每次想要测试更改位置时都将自己的应用安装到实体设备上。

　　一旦位置数据加载完成后，对应屏幕如图 21.1 所示。

图 21.1　位置数据

　　获取的地址信息在应用程序中可能比纬度和经度数据更有用，它适用于需要找到周围的建筑物或公司的应用程序。比物理地址文本更好的方法是在地图上可视化用户的实际位置，读者将在下一节中学习如何做到这一点。

21.3 渲 染 地 图

来自 react-native-maps 的 MapView 组件是在 React Native 应用程序中渲染地图的主要工具。它提供了丰富的工具来渲染地图、标记、多边形、热图等。

☑ **注意**

读者可以在网站 https://github.com/react-native-maps/react-native-maps 上找到更多关于 react-native-maps 的信息。

现在让我们实现一个基本的 MapView 组件，并查看能从现成的组件中得到什么。

```
import { View, StatusBar } from "react-native";
import MapView from "react-native-maps";
import styles from "./styles";

StatusBar.setBarStyle("dark-content");

export default () => (
  <View style={styles.container}>
    <MapView style={styles.mapView} showsUserLocation followsUserLocation
/>
  </View>
);
```

传递给 MapView 的两个布尔属性完成很多工作。showsUserLocation 属性将在地图上激活标记，该标记表示运行此应用程序的设备的实际位置。followsUserLocation 属性告诉地图随着设备移动而更新位置标记。

当前，对应的地图如图 21.2 所示。

设备当前的位置在地图上清晰地标记出来。默认情况下，地图上还会渲染兴趣点。这些是靠近用户的地点，以便他们可以看到周围有什么。

通常，在使用 showsUserLocation 时使用 followsUserLocation 属性是一个好主意。这使得地图缩放到用户所在的区域。

接下来的部分将学习如何在地图上标注兴趣点。

图 21.2　当前位置

21.4　标注兴趣点

顾名思义，标注是在基本地图地理信息之上渲染的额外信息。当渲染 MapView 组件时，默认会获得标注。

MapView 组件可以渲染用户的当前位置以及用户周围的兴趣点。这里的挑战在于，读者希望显示与应用程序相关的而不是默认渲染的兴趣点。

本节将学习如何在地图上为特定位置渲染标记，以及如何在地图上渲染区域。

21.4.1　绘制点

本节将尝试绘制一些当地的啤酒厂。以下是如何将标注传递给 MapView 组件的方法。

```
<MapView
  style={styles.mapView}
```

```
  showsPointsOfInterest={false}
  showsUserLocation
  followsUserLocation
>
  <Marker
    title="Duff Brewery"
    description="Duff beer for me, Duff beer for you"
    coordinate={{
      latitude: 43.8418728,
      longitude: -79.086082,
    }}
  />
  {...}
</MapView>
```

在这个例子中，我们通过将 showsPointsOfInterest 属性设置为 false 来选择不使用这项功能。图 21.3 显示了这些啤酒厂的位置。

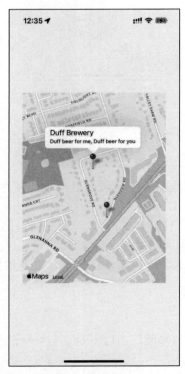

图 21.3　绘制点

当按下地图上显示啤酒厂位置的标记时，就会显示插图提示。赋予<Marker>的 title 和 description 属性值将用于渲染此文本。

21.4.2　绘制覆盖层

本章的最后一部分将学习如何渲染区域覆盖层。可以将区域想象为连接几个点的绘图，而一个点就是一个单独的纬度/经度坐标。区域可以用于多种目的。在当前示例中，我们将创建一个区域，显示在哪里更有可能找到喝 IPA 的人，而不是喝黑啤的人。读者可以通过以下链接查看完整代码：https://github.com/PacktPublishing/React-and-React-Native-5E/tree/main/Chapter22/plotting-overlays/App.tsx。以下是代码的 JSX 部分的内容。

```
<View style={styles.container}>
  <View>
    <Text style={ipaStyles} onPress={onClickIpa}>
      IPA Fans
    </Text>
    <Text style={stoutStyles} onPress={onClickStout}>
      Stout Fans
    </Text>
  </View>
  <MapView
    style={styles.mapView}
    showsPointsOfInterest={false}
    initialRegion={{
      latitude: 43.8486744,
      longitude: -79.0695283,
      latitudeDelta: 0.002,
      longitudeDelta: 0.04,
    }}
  >
    {overlays.map((v, i) => (
      <Polygon
        key={i}
        coordinates={v.coordinates}
        strokeColor={v.strokeColor}
        strokeWidth={v.strokeWidth}
      />
    ))}
  </MapView>
</View>
```

区域数据由几个纬度/经度坐标组成，这些坐标定义了区域的形状和位置。区域被放置在 overlays 状态变量中，将其映射到 Polygon 组件中。这段代码的其余部分主要是关于单击两个文本链接时状态的处理过程。

默认情况下，IPA 区域的渲染如图 21.4 所示。

当单击 Stout Fans 按钮时，IPA 覆盖层会从地图上移除，Stout Fans 区域会被添加上去，如图 21.5 所示。

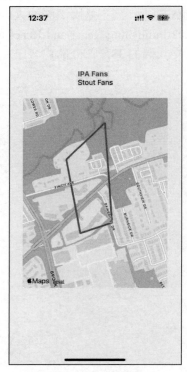

图 21.4　IPA Fans

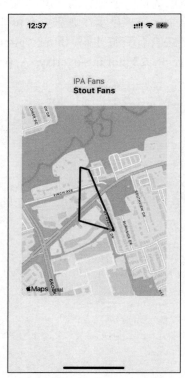

图 21.5　Stout Fans

当需要突出显示一个区域而不是一个经纬度点或地址时，覆盖层就非常有用。举例来说，它可能是一款用于查找所选区域或社区内出租公寓的应用程序。

21.5　本 章 小 结

本章学习了 React Native 中的地理位置和地图功能。Geolocation API 的工作原理与其

Web 版本相同。在 React Native 应用程序中使用地图的唯一可靠方法是安装第三方 react-native-maps 包。

　　本章介绍了基本配置的 MapView 组件，以及它们如何跟踪用户的位置并显示相关的兴趣爱好点。本章随后探讨了如何绘制自己的兴趣爱好点和感兴趣的区域。

　　第 22 章将学习如何使用类似 HTML 表单控件的 React Native 组件来收集用户输入。

第22章 收集用户输入

在网络应用程序中，可以通过标准 HTML 表单元素收集用户输入，这些元素在所有浏览器上的外观和行为都是相似的。而在本地 UI 平台中，收集用户输入的工作则更加细致。

本章将学习如何使用各种用于收集用户输入的 React Native 组件。这些组件包括文本输入、从选项列表中选择、复选框和日期/时间选择器。所有这些都会在每个应用程序的注册或登录流程以及购买表单中使用。创建此类表单的经验非常宝贵，本章将帮助读者了解如何在未来的应用程序中创建表单。在本章读者将了解 iOS 和 Android 之间的差异，以及如何为应用程序实现适当的抽象。

本章主要涉及下列主题。

- 收集文本输入。
- 从选项列表中选择。
- 在开启和关闭之间切换。
- 收集日期/时间输入。

22.1 技 术 要 求

读者可以在 GitHub 上找到本章的代码文件，地址为 https://github.com/PacktPublishing/React-and-React-Native-5E/tree/main/Chapter22。

22.2 收集文本输入

在实现文本输入时，需要考虑很多问题。例如，应该有占位符文本吗？应该在屏幕上显示敏感数据吗？应该在输入文本时处理文本，还是在用户移动到另一个字段时处理？

在 Web 应用中，有一个特殊的 \<input\> HTML 元素允许收集用户输入。在 React Native 中，为此目的使用 TextInput 组件。下面构建一个示例，并渲染几个\<TextInput\>组件的实例。

```
function Input(props: InputProps) {
  return (
```

```
    <View style={styles.textInputContainer}>
      <Text style={styles.textInputLabel}>{props.label}</Text>
      <TextInput style={styles.textInput} {...props} />
    </View>
  );
}
```

我们已经实现了输入组件，并将多次重复使用。接下来将考察文本输入的几个用例。

```
export default function CollectingTextInput() {
  const [changedText, setChangedText] = useState("");
  const [submittedText, setSubmittedText] = useState("");
  return (
    <View style={styles.container}>
      <Input label="Basic Text Input:" />
      <Input label="Password Input:" secureTextEntry />
      <Input label="Return Key:" returnKeyType="search" />
      <Input label="Placeholder Text:" placeholder="Search" />
      <Input
        label="Input Events:"
        onChangeText={(e) => {
          setChangedText(e);
        }}
        onSubmitEditing={(e) => {
          setSubmittedText(e.nativeEvent.text);
        }}
        onFocus={() => {
          setChangedText("");
          setSubmittedText("");
        }}
      />
      <Text>Changed: {changedText}</Text>
      <Text>Submitted: {submittedText}</Text>
    </View>
  );
}
```

这里不会深入讨论这些<TextInput>组件各自的作用，Input 组件中的标签已经解释了这一点。图 22.1 显示了这些组件在屏幕上的状态。

纯文本输入显示已输入的文本。Password Input 框不显示任何字符。当输入为空时，Placeholder Text 会显示占位符文本。此外还显示 Changed 文本状态。用户看不到 Submitted 文本状态，因为在截图前没有按下虚拟键盘上的 Submitted 按钮。

让我们来看看输入元素的虚拟键盘，其中通过 returnKeyType 属性更改了 Return Key 文本，如图 22.2 所示。

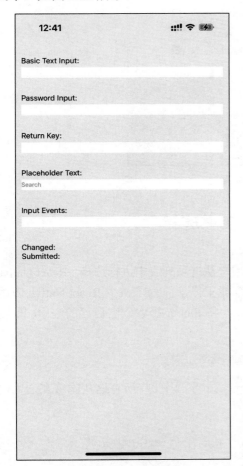

图 22.1　文本输入

图 22.2　更改了返回键文本的键盘

当键盘上的 Return key 反映了用户按下后将发生的事情时，用户就会感觉与应用程序更加契合。

另一个常见的用例是更改键盘类型。通过向 TextInput 组件提供 keyboardType 属性，将看到不同变体的键盘。当需要输入 PIN 码或电子邮件地址时，非常方便。图 22.3 显示了一个数字键盘的示例。

在熟悉了如何收集文本输入后，接下来将学习如何从选项列表中选择一个值。

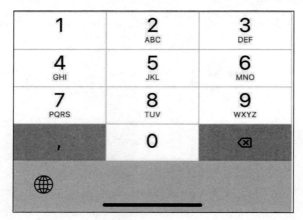

图 22.3　数字键盘类型

22.3　从选项列表中选择

在 Web 应用程序中，通常使用<select>元素让用户从选项列表中进行选择。React Native
自带了一个 Picker 组件，它在 iOS 和 Android 上都能工作，但为了减少 React Native 应用
的大小，Meta 团队决定在未来的版本中将其删除，并将 Picker 提取到它自己的包中。要使
用该包，需要通过运行以下命令在项目中安装它。

```
npx expo install @react-native-picker/picker
```

根据用户使用的平台设计该组件的样式需要一些技巧，因此将所有这些隐藏在通用的
Select 组件中。Select.ios.js 模块如下所示。

```
export default function Select(props: SelectProps) {
  return (
    <View style={styles.pickerHeight}>
      <View style={styles.pickerContainer}>
        <Text style={styles.pickerLabel}>{props.label}</Text>
        <Picker style={styles.picker} {...props}>
          {props.items.map((i) => (
            <Picker.Item key={i.label} {...i} />
          ))}
        </Picker>
      </View>
    </View>
```

```
  );
}
```

对于一个简单的 Select 组件来说，这是很大的开销。事实证明，要对 React Native 的 Picker 组件进行样式设置相当困难，因为它在 iOS 和 Android 上的样式完全不同。尽管如此，我们仍希望使其更具跨平台性。

Select.android.js 模块如下所示。

```
export default function Select(props: SelectProps) {
  return (
    <View>
      <Text style={styles.pickerLabel}>{props.label}</Text>
      <Picker {...props}>
        {props.items.map((i) => (
          <Picker.Item key={i.label} {...i} />
        ))}
      </Picker>
    </View>
  );
}
```

对应的样式如下所示。

```
container: {
    flex: 1,
    flexDirection: "column",
    backgroundColor: "ghostwhite",
    justifyContent: "center",
  },

  pickersBlock: {
    flex: 2,
    flexDirection: "row",
    justifyContent: "space-around",
    alignItems: "center",
  },

  pickerHeight: {
    height: 250,
  },
```

像往常一样，通过 container 和 pickersBlock 样式，定义屏幕的基础布局。接下来，让我们看看 Select 组件的样式。

```
pickerContainer: {
  flex: 1,
  flexDirection: "column",
  alignItems: "center",
  backgroundColor: "white",
  padding: 6,
  height: 240,
},

pickerLabel: {
  fontSize: 14,
  fontWeight: "bold",
},

picker: {
  width: 150,
  backgroundColor: "white",
},

selection: {
  flex: 1,
  textAlign: "center",
},
```

现在，可以渲染 Select 组件。App.js 文件如下所示。

```
const sizes = [
  { label: "", value: null },
  { label: "S", value: "S" },
  { label: "M", value: "M" },
  { label: "L", value: "L" },
  { label: "XL", value: "XL" },
];

const garments = [
  { label: "", value: null, sizes: ["S", "M", "L", "XL"] },
  { label: "Socks", value: 1, sizes: ["S", "L"] },
  { label: "Shirt", value: 2, sizes: ["M", "XL"] },
  { label: "Pants", value: 3, sizes: ["S", "L"] },
  { label: "Hat", value: 4, sizes: ["M", "XL"] },
];
```

这里，我们为 Select 组件定义了默认值。让我们看一下最终的 SelectingOptions 组件。

```
export default function SelectingOptions() {
  const [availableGarments, setAvailableGarments] = useState<typeof
garments>(
    []
  );
  const [selectedSize, setSelectedSize] = useState<string | null>(null);
  const [selectedGarment, setSelectedGarment] = useState<number |
null>(null);
```

通过这些钩子，实现了选择器的状态。接下来将使用它们并将它们传递到组件中。

```
  <View style={styles.container}>
    <View style={styles.pickersBlock}>
      <Select
        label="Size"
        items={sizes}
        selectedValue={selectedSize}
        onValueChange={(size: string) => {
          setSelectedSize(size);
          setSelectedGarment(null);
          setAvailableGarments(
            garments.filter((i) => i.sizes.includes(size))
          );
        }}
      />
      <Select
        label="Garment"
        items={availableGarments}
        selectedValue={selectedGarment}
        onValueChange={(garment: number) => {
          setSelectedGarment(garment);
        }}
      />
    </View>
    <Text style={styles.selection}>{selectedSize && selectedGarment &&
`${selectedSize} ${garments.find((i) => i.value === selectedGarment)?.
label}`}</Text>
  </View>
```

这个示例的基本思想是，第一个选择器中选定的选项会改变第二个选择器中可用的选项。当第二个选择器发生变化时，标签显示 selectedSize 和 selectedGarment 作为字符串。对应屏幕如图 22.4 所示。

Size 选择器显示在屏幕的左侧。当尺寸值发生变化时，屏幕右侧的 Garment 选择器中的可用值会相应变化以反映尺寸的可用性。两个选择器之后的当前选择会以字符串形式显示。

图 22.5 显示了当前应用在 Android 设备上的样式。

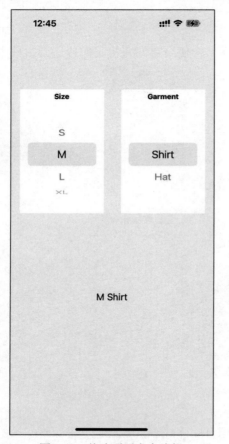

图 22.4　从选项列表中选择

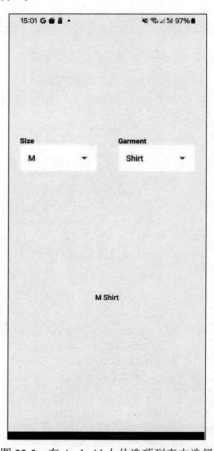

图 22.5　在 Android 上从选项列表中选择

当 iOS 版本的 Picker 组件渲染一个可滚动的选项列表时，Android 版本只提供了打开对话框模式以选择选项的按钮。

接下来的部分将了解在开启和关闭状态之间切换的按钮。

22.4　在开启和关闭之间切换

在 Web 表单中还会看到的另一个常见元素是复选框。例如，在设备上切换 Wi-Fi 或蓝牙。React Native 有一个 Switch 组件，在 iOS 和 Android 上都能工作。幸运的是，该组件比 Picker 组件更容易进行样式设置。下面考察一个简单的抽象概念，可以为开关提供标签。

```
type CustomSwitchProps = SwitchProps & {
  label: string;
};

export default function CustomSwitch(props: CustomSwitchProps) {
  return (
    <View style={styles.customSwitch}>
      <Text>{props.label}</Text>
      <Switch {...props} />
    </View>
  );
}
```

现在，让我们学习如何使用多个开关控制应用程序状态。

```
export default function TogglingOnAndOff() {
  const [first, setFirst] = useState(false);
  const [second, setSecond] = useState(false);

  return (
    <View style={styles.container}>
      <Switch
        label="Disable Next Switch"
        value={first}
        disabled={second}
        onValueChange={setFirst}
      />

      <Switch
        label="Disable Previous Switch"
        value={second}
        disabled={first}
```

```
        onValueChange={setSecond}
    />
    </View>
  );
}
```

这两个开关互相切换对方的 disabled 属性。当第一个开关被切换时，会调用 setFirst()
函数，该函数将更新第一个状态的值。根据 first 的当前值，它将被设置为 true 或 false。第
二个开关的工作方式相同，只是它使用 setSecond()函数和第二个状态值。

打开一个开关将禁用另一个开关，因为我们已经将每个开关的 disabled 属性值设置为
另一个开关的状态。例如，第二个开关设置了 disabled={first}，这意味着每当第一个开关
被打开时，它就会被禁用。图 22.6 显示了 iOS 上屏幕的样式。

图 22.7 显示了 Android 上同一屏幕的样式。

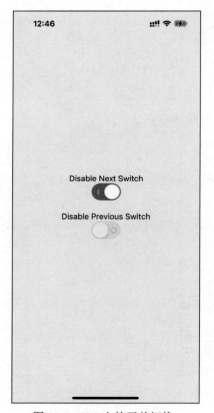
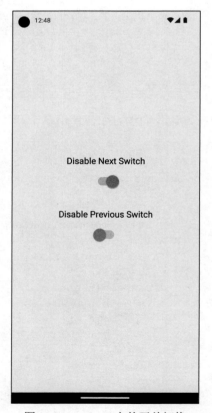

图 22.6　iOS 上的开关切换　　　　　　　图 22.7　Android 上的开关切换

可以看到，CustomSwitch 组件在 Android 和 iOS 上实现了相同的功能，也就是说，同时使用一个组件适应两个平台。接下来的部分将学习如何收集日期/时间输入。

22.5 收集日期/时间输入

本章的最后一个部分将学习如何实现日期/时间选择器。React Native 文档建议使用 @react-native-community/datetimepicker 独立日期/时间选择器组件用于 iOS 和 Android，这意味着需要处理组件之间的跨平台差异。

要安装 datetimepicker，可在项目中运行以下命令。

```
npx expo install @react-native-community/datetimepicker
```

下面从 iOS 的 DatePicker 组件开始，如下所示。

```
export default function DatePicker(props: DatePickerProps) {
  return (
    <View style={styles.datePickerContainer}>
      <Text style={styles.datePickerLabel}>{props.label}</Text>
      <DateTimePicker
        mode="date"
        display="spinner"
        value={props.value}
        onChange={(event, date) => {
          if (date) {
            props.onChange(date);
          }
        }}
      />
    </View>
  );
}
```

该组件没有太多内容，它只是在 DateTimePicker 组件上添加了一个标签。Android 版本工作方式略有不同。更好的方法是使用命令式 API，对应实现如下所示。

```
export default function DatePicker({label, value, onChange }:
DatePickerProps) {
  return (
    <View style={styles.datePickerContainer}>
```

```
      <Text style={styles.datePickerLabel}>{label}</Text>
      <Text
        onPress={() => {
          DateTimePickerAndroid.open({
            value: value,
            mode: "date",
            onChange: (event, date) => {
              if (event.type === "set" && date) {
                onChange(date);
              }
            },
          });
        }}
      >
        {value.toLocaleDateString()}
      </Text>
    </View>
  );
}
```

这两个日期选择器之间的关键区别在于，Android 版本不使用像 iOS 中的 DateTimePicker 那样的 React Native 组件。相反，必须使用命令式的 DateTimePickerAndroid.open() API。当用户按下组件渲染的日期文本时，会触发该 API 并打开一个日期选择器对话框。好消息是，这个组件将该 API 隐藏在了一个声明式组件后面。

☑ **注意**

作者还实现了一个遵循这一模式的时间选择器组件。建议读者从以下链接下载对应的代码：https://github.com/PacktPublishing/React-and-React-Native-5E/tree/main/Chapter22，这样就可以看到细微的差别并运行示例。

下面将学习如何使用日期和时间选择器组件。

```
export default function CollectingDateTimeInput() {
  const [date, setDate] = useState(new Date());
  const [time, setTime] = useState(new Date());

  return (
    <View style={styles.container}>
      <DatePicker
        label="Pick a date, any date:"
        value={date}
```

```
      onChange={setDate}
    />
    <TimePicker
      label="Pick a time, any time:"
      value={time}
      onChange={setTime}
    />
  </View>
);
}
```

现在，有了 DatePicker 和 TimePicker 组件，可以帮助我们在应用程序中选择日期和时间。而且，它们都可以在 iOS 和 Android 上使用。图 22.8 显示了选择器在 iOS 上的样式。

可以看到，iOS 的日期和时间选择器使用了本章之前介绍的 Picker 组件。Android 的日期选择器看起来有很大的不同，如图 22.9 所示。

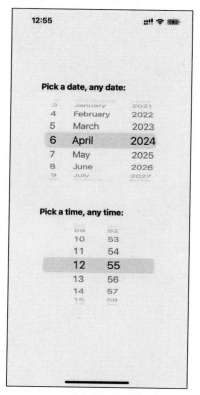

图 22.8　iOS 日期和时间选择器

图 22.9　Android 日期选择器

Android 版本与 iOS 的日期/时间选择器采取了完全不同的方法，但我们可以在两个平台上使用创建的同一个 DatePicker 组件。

22.6　本 章 小 结

本章讨论了各种 React Native 组件，它们与常用的 Web 表单元素非常相似。本章首先学习了文本输入以及每个文本输入都有自己的虚拟键盘。接下来学习了 Picker 组件，允许用户从选项列表中选择一个项目。然后学习了 Switch 组件，有点像复选框。有了这些组件，用户将能够构建任何复杂的表单。

最后，我们学习了如何在 iOS 和 Android 上实现通用的日期/时间选择器。第 23 章将学习 React Native 中的模态对话框。

第23章 响应用户手势

到目前为止，本书中实现的所有示例都依赖用户手势。传统的 Web 应用程序主要处理鼠标事件。然而，触摸屏依赖用户的手指操纵元素，这与鼠标有着根本的不同。

本章将学习关于滚动的知识。这是除了触摸最常见的手势。接着将学习在用户与组件交互时的适当级别的反馈。最后，将实现可以滑动的组件。

本章的目标是展示 React Native 内部的手势响应系统是如何工作的，以及该系统通过组件公开的一些方法。

本章主要涉及下列主题。
- 用手指滚动。
- 提供触摸反馈。
- 使用可滑动和可取消的组件。

23.1 技 术 要 求

读者可以在 GitHub 上找到本章的代码文件，地址为 https://github.com/PacktPublishing/React-and-React-Native-5E/tree/main/Chapter23。

23.2 用手指滚动

在 Web 应用程序中，滚动是通过使用鼠标指针拖动滚动条来回或上下移动，或者通过旋转鼠标滚轮来完成的。这在移动设备上不起作用，因为移动设备没有鼠标，一切都是通过屏幕上的手势控制的。

例如，想要向下滚动，可以用拇指或食指通过在屏幕上物理移动手指来向上拉动内容。

滚动实现起来比较困难，也更加复杂。当在移动屏幕上滚动时，会考虑到拖动动作的速度。快速拖动屏幕，然后放开，屏幕会根据手指移动速度继续滚动。此外也可以在滚动发生时触摸屏幕以停止滚动。

然而，不必处理这些复杂性。ScrollView 组件处理了许多滚动的复杂性。实际上，我们在第 20 章中已经使用过 ScrollView 组件。ListView 组件内置了 ScrollView。

注意

可以通过实施手势生命周期方法来调整用户交互的底层部分。用户可能不需要这样做，如果读者感兴趣，可以在 https://reactnative.dev/docs/gesture-responder-system 上阅读相关信息。

读者可以在 ListView 之外使用 ScrollView。例如，如果只是渲染文本和其他部件等任意内容，而不是列表，那么只需将其封装在 <ScrollView> 中即可。对应示例如下。

```
export default function App() {
  return (
    <View style={styles.container}>
      <ScrollView style={styles.scroll}>
        {new Array(20).fill(null).map((v, i) => (
          <View key={i}>
            <Text style={{[styles.scrollItem, styles.text]}>Some text</
Text>
            <ActivityIndicator style={styles.scrollItem} size="large" />
            <Switch style={styles.scrollItem} />
          </View>
        ))}
      </ScrollView>
    </View>
  );
}
```

ScrollView 组件本身并没有太大用处，它的作用是包装其他组件。它需要高度才能正确工作。以下是滚动样式的示例。

```
scroll: {
   height: 1,
   alignSelf: "stretch",
 },
```

高度属性设置为 1，但是 alignSelf 的 stretch 值允许项目正确显示。最终结果如图 23.1 所示。

当向下拖动内容时，屏幕右侧会出现一个垂直滚动条。运行这个示例，可以尝试进行各种手势操作，如让内容自行滚动，然后让它停止。

当用户在屏幕上滚动内容时，会收到视觉反馈。用户在触摸屏幕上的某些元素时也应收到视觉反馈。

图 23.1　ScrollView

23.3　提供触摸反馈

　　到目前为止，本书中使用 React Native 工作的所有示例都使用了纯文本作为按钮或链接。在 Web 应用程序中，要使文本看起来可以单击，只需用适当的链接将其封装起来。React Native 中没有链接组件，因此可以将文本样式设计得像按钮一样。

注意

　　在移动设备上将文本样式设为链接的问题在于，它们太难按下。按钮为手指提供了一个更大的目标，而且更容易获得触摸反馈。

　　让我们将一些文本样式化为按钮，以使文本看起来可以触摸。但当用户开始与按钮交互时，还希望给他们提供一些视觉反馈。

React Native 提供了几个组件来帮助实现这一点。

- TouchableOpacity。
- TouchableHighlight。
- Pressable API。

在深入讨论代码之前，先看看当用户与这些组件交互时，它们在视觉上是什么样子的。下面从 TouchableOpacity 开始，如图 23.2 所示。

这里渲染了 3 个按钮。顶部标有 Opacity 的按钮目前正在被用户按下。按钮在被按下时透明度会降低，这为用户提供了重要视觉反馈。

图 23.3 显示了按下 Highlight 按钮时的状态。

图 23.2　TouchableOpacity

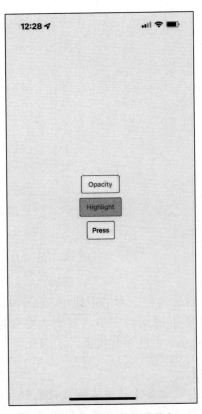

图 23.3　TouchableHighlight

与按下时改变透明度不同，TouchableHighlight 组件在按钮上添加了一个高亮层。在这种情况下，它是通过在字体和边框颜色中使用的石板灰色的更透明版本突出显示的。

最后一个按钮示例由 Pressable 组件提供。Pressable API 被引入并作为核心组件包装器，同时支持在其定义的任何子元素上的不同的按压交互阶段。借助于这样的组件，即可处理 onPressIn、onPressOut（第 24 章将对此进行讨论）和 onLongPress 回调，并实现想要的任何可触摸反馈。图 23.4 显示了单击 PressableButton 时的状态。

继续按住这个按钮，将会得到一个 onLongPress 事件，此时按钮将更新，如图 23.5 所示。

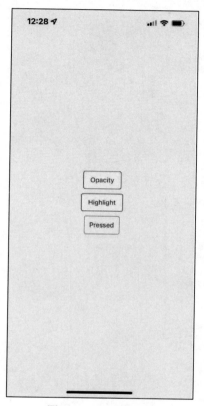

图 23.4　可按压按钮

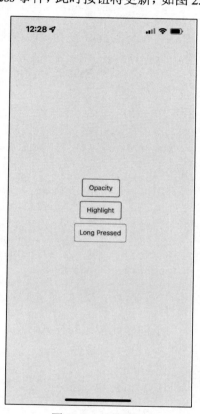

图 23.5　长按按钮

使用哪种方法并不重要，重要的是在用户与按钮交互时为他们提供适当的触摸反馈。实际上，用户可能希望在同一个应用中使用所有方法，但用于不同的目的。

让我们创建一个 OpacityButton 和 HighlightButton 组件，这样可以方便地使用前两种方法。

```
type ButtonProps = {
  label: string;
```

```
  onPress: () => void;
};

export const OpacityButton = ({ label, onPress }: ButtonProps) => {
  return (
    <TouchableOpacity
      style={styles.button}
      onPress={onPress}
      activeOpacity={0.5}
    >
      <Text style={styles.buttonText}>{label}</Text>
    </TouchableOpacity>
  );
};

export const HighlightButton = ({ label, onPress }: ButtonProps) => {
  return (
    <TouchableHighlight
      style={styles.button}
      underlayColor="rgba(112,128,144,0.3)"
      onPress={onPress}
    >
      <Text style={styles.buttonText}>{label}</Text>
    </TouchableHighlight>
  );
};
```

以下是用于创建此按钮的样式。

```
button: {
    padding: 10,
    margin: 5,
    backgroundColor: "azure",
    borderWidth: 1,
    borderRadius: 4,
    borderColor: "slategrey",
  },
  buttonText: {
    color: "slategrey",
  },
```

现在让我们来看看基于 Pressable API 的按钮。

```
const PressableButton = () => {
  const [text, setText] = useState("Not Pressed");

  return (
    <Pressable
      onPressIn={() => setText("Pressed")}
      onPressOut={() => setText("Press")}
      onLongPress={() => {
        setText("Long Pressed");
      }}
      delayLongPress={500}
      style={({ pressed }) => [
        {
          opacity: pressed ? 0.5 : 1,
        },
        styles.button,
      ]}
    >
      <Text>{text}</Text>
    </Pressable>
  );
};
```

以下是如何将这些按钮放入主应用模块的方法。

```
export default function App() {
  return (
    <View style={styles.container}>
      <OpacityButton onPress={() => {}} label="Opacity" />
      <HighlightButton onPress={() => {}} label="Highlight" />
      <PressableButton />
    </View>
  );
}
```

注意，onPress 回调实际上并不执行任何操作：我们传递它们是因为它们是必需的属性。
接下来的部分将学习用户在屏幕上滑动元素时提供反馈。

23.4　使用可滑动和可取消的组件

原生移动应用程序比移动 Web 应用程序更易于使用的部分原因是它们更直观。通过使用手势，可以快速掌握事物的运作方式。例如，用手指在屏幕上滑动一个元素是一个常见的手势，但这种手势必须可以被发现。

假设正在使用一个应用程序，且不完全确定屏幕上的某个东西的作用。所以，用户用手指按下并尝试拖动该元素。该元素开始移动，但不确定会发生什么。当抬起手指时，元素移回原位——用户刚刚发现了这个应用程序的部分工作方式。

这里将使用 Scrollable 组件实现这样的可滑动和可取消行为。用户可以创建一个通用组件，允许滑动文本离开屏幕，当这种情况发生时，可调用一个回调函数。在查看通用组件本身之前，先让我们看看渲染可滑动元素的代码。

```tsx
export default function SwipeableAndCancellable() {
  const [items, setItems] = useState(
    new Array(10).fill(null).map((v, id) => ({ id, name: "Swipe Me" }))
  );

  function onSwipe(id: number) {
    return () => {
      setItems(items.filter((item) => item.id !== id));
    };
  }

  return (
    <View style={styles.container}>
      {items.map((item) => (
        <Swipeable
          key={item.id}
          onSwipe={onSwipe(item.id)}
          name={item.name}
          width={200}
        />
      ))}
    </View>
  );
}
```

这将在屏幕上渲染 10 个<Swipeable>组件，如图 23.6 所示。

现在，开始向左滑动某个条目，它将会移动，如图 23.7 所示。

如果滑动的距离不够远，则手势将被取消，条目将如预期地移回原位。如果完全滑动它，则该条目将从列表中完全移除，屏幕上的条目将被空白填补。

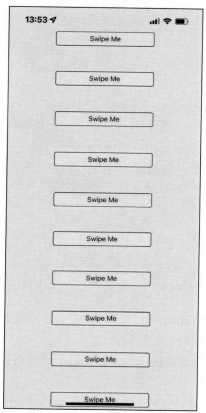

图 23.6　带有可滑动组件的屏幕

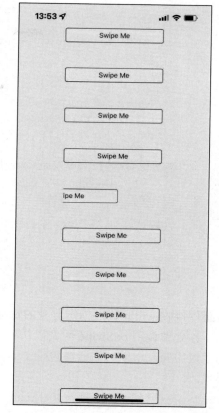

图 23.7　可滑动的组件

现在，让我们来看一下 Swipeable 组件本身。

```
type SwipeableProps = {
  name: string;
  width: number;
  onSwipe: () => void;
};

export default function Swipeable({ name, width, onSwipe }:
SwipeableProps) {
  function onScroll(e: NativeSyntheticEvent<NativeScrollEvent>) {
    console.log(e.nativeEvent.contentOffset.x);
    e.nativeEvent.contentOffset.x >= width && onSwipe();
  }
```

```
return (
  <View style={styles.swipeContainer}>
    <ScrollView
      horizontal
      snapToInterval={width}
      showsHorizontalScrollIndicator={false}
      scrollEventThrottle={10}
      onScroll={onScroll}
    >
      <View style={{[styles.swipeItem, { width }]}>
        <Text style={styles.swipeItemText}>{name}</Text>
      </View>

      <View style={{[styles.swipeBlank, { width }]} />
    </ScrollView>
  </View>
);
}
```

该组件接收 width 属性指定自身的宽度，snapToInterval 用于创建带有滑动取消的分页式行为，并处理调用 onSwipe 回调以从列表中移除项目的距离。

为了启用向左滑动，需要在包含文本的组件旁边添加一个空白组件。以下是用于此组件的样式。

```
swipeContainer: {
  flex: 1,
  flexDirection: "row",
  width: 200,
  height: 30,
  marginTop: 50,
},

swipeItem: {
  height: 30,
  backgroundColor: "azure",
  justifyContent: "center",
  borderWidth: 1,
  borderRadius: 4,
  borderColor: "slategrey",
},
```

```
swipeItemText: {
  textAlign: "center",
  color: "slategrey",
},

swipeItemBlank: {
  height: 30,
},
```

swipeItemBlank 样式具有与 swipeItem 相同的高度，但不包含其他功能。另外，它是不可见的。

现在已经涵盖了本章的所有主题。

23.5　本 章 小 结

原生平台上的手势与移动 Web 平台相比有着显著的区别。本章首先研究了 ScrollView 组件，以及它如何为包装的组件提供原生的滚动行为。

接下来，实现了具有触摸反馈的按钮。这是在移动 Web 上难以正确处理的另一个领域。本章学习了如何使用 TouchableOpacity、TouchableHighlight 和 Pressable API 组件实现这一点。

最后，我们实现了一个通用的 Swipeable 组件。滑动是一个常见的移动模式，它允许用户探索事物的工作方式。

第 24 章将学习如何使用 React Native 控制动画。

第24章 显 示 进 度

本章旨在向用户传达进度方面的内容。React Native 有不同组件，用于处理想要传达的不同类型的进度。

首先，将学习为什么需要在应用中传达进度。然后将学习如何实现进度指示器和进度条。最后将讨论具体的示例，展示如何在数据加载时与导航一起使用进度指示器，以及如何使用进度条来传达一系列步骤中的当前位置。

本章主要涉及下列主题。

- 理解进度和可用性。
- 指示进度。
- 探索导航指示器。
- 测量进度。
- 步骤进度。

24.1 技 术 要 求

读者可以在 GitHub 上找到本章的代码文件，地址为 https://github.com/PacktPublishing/React-and-React-Native-5E/tree/main/Chapter24。

24.2 理解进度和可用性

想象一下，有一台微波炉，没有指示装置，也不会发出声音。与它互动的唯一方式就是按下一个标有"烹饪"字样的按钮。虽然这个装置听起来很荒谬，但这正是许多软件用户所面临的问题，即没有任何进度指示。微波炉在煮东西吗？如果是，我们怎么知道什么时候能完成？

改善微波炉情况的一种方法是添加一个"哔哔"声。这样，用户在按下烹饪按钮后会得到反馈。已经克服了一个障碍，但用户仍然会问："食物什么时候会准备好？"对此，最好还是添加某种进度测量显示，如一个计时器。

并不是 UI 程序员不理解这种可用性问题的基本原则，这种类型的问题在优先级方面很容易被忽视。在 React Native 中，相关组件可以为用户提供不确定的进度反馈和精确的进度测量。如果想要得到良好的用户体验，将这些事情作为最高优先级不失为一个好主意。

现在用户已经理解了进度在可用性中的作用，接下来将学习如何在 React Native UI 中指示进度。

24.3　指　示　进　度

本节将学习如何使用 ActivityIndicator 组件。顾名思义，当需要向用户指示正在发生某事时，将会渲染此组件。实际的进度是不确定的，但至少有一个标准化的方式显示正在发生某事，尽管还没有结果可以显示。

让我们创建一个示例，以便可以看到这个组件是什么样子的。以下是 App 组件。

```
import React from "react";
import { View, ActivityIndicator } from "react-native";
import styles from "./styles";
export default function App() {
  return (
    <View style={styles.container}>
      <ActivityIndicator size="large" />
    </View>
  );
}
```

<ActivityIndicator />组件是不依赖平台的。图 24.1 显示了它在 iOS 上的样式。

它在屏幕中央渲染了一个动画旋转图标。这是根据 size 属性指定的大号旋转图标。ActivityIndicator 旋转图标也可以是小号的，如果在另一个较小的元素内渲染它，那将更有意义。

图 24.2 显示了旋转图标在 Android 设备上的样式。

旋转图标看起来稍显不同，但应用在两个平台上传达了相同的信息：用户正在等待某件事情。

在这个例子中，旋转图标会永远旋转。不用担心，接下来将讨论一个更现实的进度指示器示例，并展示如何与导航和加载 API 数据一起工作。

 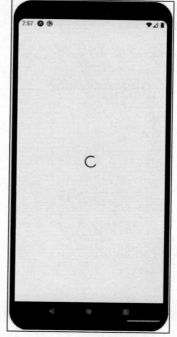

图 24.1　iOS 上的活动指示器　　　　　　图 24.2　Android 上的活动指示器

24.4　探索导航指示器

上述内容介绍了 ActivityIndicator 组件。本节将学习在导航加载数据的应用程序时如何使用它。例如，用户从第一页或屏幕导航到第二页。然而，第二页需要从 API 获取它可以显示给用户的数据。因此，当网络调用正在进行时，显示一个进度指示器而不是一个缺少有用信息的屏幕更有意义。

这一过程稍显复杂，因为必须确保每次用户导航到屏幕时，屏幕所需的数据都从 API 中获取。相关目标如下所示。

- 让 Navigator 组件自动为即将渲染的场景获取 API 数据。
- 使用 API 调用返回的承诺作为一种手段来显示旋转图标，并在承诺解决后隐藏它。

由于组件可能不关心是否显示旋转图标，让我们将其实现为一个通用的 Wrapper 组件。

```
export function LoadingWrapper({ children }: Props) {
  const [loading, setLoading] = useState(true);

  useEffect(() => {
    setTimeout(() => {
      setLoading(false);
    }, 1000);
  }, []);

  if (loading) {
    return (
      <View style={styles.container}>
        <ActivityIndicator size="large" />
      </View>
    );
  } else {
    return children;
  }
}
```

LoadingWrapper 组件接收一个子组件，并在加载条件下将其返回（读取渲染）。它有一个带有超时的 useEffect()钩子，当它解析时，会将加载状态更改为 false。可以看到，加载状态决定了是渲染旋转图标还是渲染子组件。

有了 LoadingWrapper 组件，让我们看看与 react-navigation 一起使用的第一个屏幕组件。

```
const First = ({ navigation }: Props) => (
  <LoadingWrapper>
    <View style={styles.container}>
      <Button title="Second" onPress={() => navigation.navigate("Second")}
/>
      <Button title="Third" onPress={() => navigation.navigate("Third")}
/>
    </View>
  </LoadingWrapper>
);
```

这个组件渲染了一个布局，该布局被之前创建的 LoadingWrapper 组件所封装。它封装了整个屏幕，以便在 setTimeout 方法等待时显示一个旋转图标。这是一种将额外逻辑隐藏在一个地方并在每个页面上重用它的有用方法。在实际应用中，可以向 LoadingWrapper 传递额外的属性代替 setTimeout 方法，从而完全控制屏幕本身的加载状态。

24.5 测量进度

只显示进度的弊端是，用户看不到终点。这会让用户感到不安，就像在没有计时器的微波炉中等待食物煮熟一样。这就是尽可能使用确定性进度条的原因。

与 ActivityIndicator 组件不同，React Native 中没有与平台无关的进度条组件。因此，我们将使用 react-native-progress 库来渲染进度条。

☑ 注意

过去，React Native 有专门的组件用于显示 iOS 和 Android 的进度条，但由于 React Native 的尺寸优化，Meta 团队正在努力将这些组件转移到单独的软件包中。因此，ProgressViewIOS 和 ProgressBarAndroid 已被移到 React Native 库之外。

现在，让我们构建应用程序将使用的 ProgressBar 组件。

```
import * as Progress from "react-native-progress";

type ProgressBarProps = {
  progress: number;
};

export default function ProgressBar({ progress }: ProgressBarProps) {
  return (
    <View style={styles.progress}>
      <Text style={styles.progressText}>{Math.round(progress * 100)}%</
    Text>
      <Progress.Bar width={200} useNativeDriver progress={progress} />
    </View>
  );
}
```

ProgressBar 组件接收 progress 属性，并渲染标签和进度条。<Progress.Bar />组件接收一组属性，但我们只需要 width、progress 和 useNativeDriver（为了更好的动画效果）。现在，让我们在 App 组件中使用这个组件。

```
export default function MeasuringProgress() {
  const [progress, setProgress] = useState(0);
```

```
useEffect(() => {
  let timeoutRef: NodeJS.Timeout | null = null;

  function updateProgress() {
     setProgress((currentProgress) => {
    if (currentProgress < 1) {
      return currentProgress + 0.01;
    } else {
      return 0;
    }
  });
  timeoutRef = setTimeout(updateProgress, 100);

  }

  updateProgress();

  return () => {
    timeoutRef && clearTimeout(timeoutRef);
  };
}, []);

return (
  <View style={styles.container}>
    <ProgressBar progress={progress} />
  </View>
);
}
```

最初，<ProgressBar>组件以 0%的比例渲染。在 useEffect()钩子中，updateProgress()函数使用定时器模拟想要显示进度的实际过程。

☑ **注意**

在现实世界中，用户可能不会使用计时器模拟。然而，在某些特定场景中，这种方法可能很有价值，如在显示统计数据或监控文件上传到服务器的进度时。在这些情况下，即使不是依赖于直接的计时器，用户仍然可以访问使用的当前进度值。

图 24.3 显示了当前屏幕的状态。

显示进度的量化度量很重要，这样用户可以估计某件事情将需要多长时间。下一节将学习如何使用步骤进度条向用户展示他们在屏幕导航方面的当前位置。

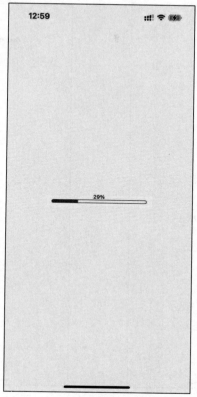

图 24.3 进度条

24.6 步 骤 进 度

在最后一个示例中，将创建一个应用程序，通过预定义的步骤数显示用户的操作进度。例如，将一个表单分成几个合理的部分，并以这样一种方式组织它们：当用户完成一个部分时，就会进入下一步。进度条将为用户提供有益的反馈。

在标题下方的导航栏中插入一个进度条，这样用户就能知道已经进展到了哪里，以及还剩下多少。此外还将重复使用本章前面使用过的 ProgressBar 组件。

让我们先来看看结果。在这个应用程序中有 4 个屏幕可供用户浏览。图 24.4 显示了第一页（场景）。

标题下方的进度条反映了用户已经完成了导航的 25%。图 24.5 显示了第三个屏幕。

图 24.4　第一个屏幕

图 24.5　第三个屏幕

进度更新会反映用户在路径堆栈中的位置。让我们来看看这里的应用程序组件：https://github.com/PacktPublishing/React-and-React-Native-5E/blob/main/Chapter21/step-progress-new/App.tsx。

该应用有 4 个屏幕。渲染这些屏幕的组件存储在 routes 常量中，然后使用 createNativeStackNavigator() 来配置堆栈导航器。创建 routes 数组的原因是，它可以被 initialParams 传递至各个路由的 progress 参数使用。为了计算进度，我们采用当前路由索引作为路由长度的值。

例如，Second 位于第 2 个位置（索引为 1+1），数组的长度为 4。这将把进度条设置为 50%。

此外，Next 和 Previous 按钮调用 navigation.navigate() 时必须传递 routeName，因此我们向 screenOptions 处理器添加了 nextRouteName 和 prevRouteName 变量。

24.7　本章小结

本章将学习如何向用户展示幕后正在发生的事情。首先讨论了为什么显示进度对应用程序的可用性很重要。然后实现了一个基本屏幕，显示正在取得的进展。之后实现了一个 ProgressBar 组件，用于衡量具体的进度。

对于不确定的进度，指示器是很好的选择。本章实现了在网络通话等待时显示进度指标的导航功能。最后实现了一个进度条，向用户显示他们在预定义的步骤数中所处的位置。

第 25 章将了解 React Native 地图和地理位置数据的实际应用。

第25章　展示模态屏幕

本章的目标是展示如何以不干扰当前页面的方式向用户呈现信息。页面使用 View 组件并直接在屏幕上渲染。然而，有时有一些重要信息需要用户查看，但不一定想把用户从当前页面上移开。

本章将首先学习如何显示重要信息。通过了解哪些信息是重要的以及何时使用它，学习如何获得用户的认可：无论是针对错误还是成功场景。然后将实现被动通知，向用户显示发生了一些事情。最后将实现模态视图，显示后台正在发生的事情。

本章主要涉及下列主题。

- 术语定义。
- 获取用户确认。
- 错误确认。
- 被动通知。
- 活动模态框。

25.1　技　术　要　求

读者可以在 GitHub 上找到本章的代码文件，地址为 https://github.com/PacktPublishing/React-and-React-Native-5E/tree/main/Chapter25。

25.2　术　语　定　义

在深入讨论警告、通知和确认之前，让我们花几分钟时间思考一下每一项的含义。我认为这很重要，因为如果被动地通知用户一个错误，它很容易被忽略。以下是希望展示的信息类型及其定义。

- 警告：刚刚发生了一件重要的事情，需要确保用户看到发生了什么。用户可能需要确认警告。
- 确认：这是警告的一部分。例如，如果用户刚刚执行了一项操作，并希望在继续执行之前确认操作是否成功，那么他们就必须确认已经看到了相关信息，以便关闭模态。确认也可以存在于警告中，警告用户即将执行的操作。

● 通知：发生了一些事情，但还没有重要到完全阻止用户正在做的事情。这种情况通常会自行消失。

关键在于，在信息有价值但不关键的地方使用通知。仅在用户不确认正在发生的事情，功能工作流就无法继续时，才使用确认。在接下来的部分中，将看到用于不同目的的警告和通知的示例。

25.3　获取用户确认

本节将学习如何显示模态视图以获得用户的确认。首先将学习如何实现成功场景，即一个操作会产生一个成功的结果，确保用户知道这个结果。然后将学习如何实现错误场景，在这种情境下，不让用户在未确认问题的情况下继续操作。

让我们首先实现一个模态视图，作为用户成功执行操作的结果。以下是 Modal 组件，用于向用户显示确认模态框。

```
type Props = ModalProps & {
  onPressConfirm: () => void;
  onPressCancel: () => void;
};

export default function ConfirmationModal({
  onPressConfirm,
  onPressCancel,
  ...modalProps
}: Props) {
  return (
    <Modal transparent onRequestClose={() => {}} {...modalProps}>
      <View style={styles.modalContainer}>
        <View style={styles.modalInner}>
          <Text style={styles.modalText}>Dude, srsly?</Text>
          <Text style={styles.modalButton} onPress={onPressConfirm}>
            Yep
          </Text>
          <Text style={styles.modalButton} onPress={onPressCancel}>
            Nope
          </Text>
```

```
        </View>
      </View>
    </Modal>
  );
}
```

　　传递给 ConfirmationModal 的属性被转发到 React Native 的 Modal 组件，稍后将对此予以解释。图 25.1 显示了确认模态框的样式。

图 25.1　确认模态框

　　用户完成操作后显示的模态使用了自己的样式和确认信息。它也包含两个操作，但可能只需要一个，这取决于该确认是操作前确认还是操作后确认。以下是该模式框使用的样式。

```
modalContainer: {
  flex: 1,
  justifyContent: "center",
  alignItems: "center",
},
```

```
modalInner: {
  backgroundColor: "azure",
  padding: 20,
  borderWidth: 1,
  borderColor: "lightsteelblue",
  borderRadius: 2,
  alignItems: "center",
},

modalText: {
  fontSize: 16,
  margin: 5,
  color: "slategrey",
},

modalButton: {
  fontWeight: "bold",
  margin: 5,
  color: "slategrey",
},
```

使用 React Native 的 Modal 组件时，确认模态视图的外观几乎完全取决于开发者的设计。可以将它们视为常规视图，唯一的区别是它们渲染在其他视图之上。

很多时候，并不需要自己设计模态视图的样式。例如，在 Web 浏览器中，可以简单地调用 alert()函数，它在浏览器设置样式的窗口中显示文本。

React Native 也包含类似的功能，即 Alert.alert()。以下是如何打开一个原生警告的方式。

```
function toggleAlert() {
    Alert.alert("", "Failed to do the thing...", [
      {
        text: "Dismiss",
      },
    ]);
  }
```

图 25.2 显示了 iOS 上警告的样子。

就功能而言，这里并没有什么不同。虽然有一个标题和文字，但如果你愿意，可以很容易地将其添加到模态视图中。真正的不同之处在于，这个模态视图看起来像 iOS 模态视图，而不是应用程序的样式。图 25.3 显示了 Android 上的警告。

　　这个模态框看起来就像 Android 模态框，而且不需要为它设计样式。在大多数情况下，使用警告而不是模态框是更好的选择。让样式看起来像 iOS 或 Android 的一部分，是有意义的。不过，有时需要对模态的外观进行更多控制，如在显示错误确认时。

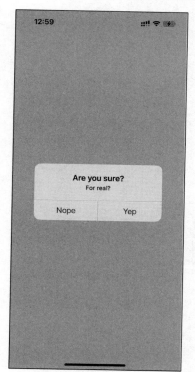

图 25.2　iOS 上的确认警告

图 25.3　Android 上的确认警告

　　渲染模态框的方法与渲染警告的方法不同。不过，它们仍然都是声明式组件，会根据属性值的变化而改变。

25.4　错误确认

　　在 25.3 节所学到的所有原则都适用于需要用户确认错误的情况。如果需要更多控制以显示效果，可使用模态框。例如，模态是红色并且看起来令人警惕，如图 25.4 所示。
　　以下是用于创建这种外观的样式。或许用户想要一些更微妙的设计，但关键是可以根据自己的喜好来设计这个外观。

```
modalInner: {
backgroundColor: "azure",
padding: 20,
borderWidth: 1,
borderColor: "lightsteelblue",
borderRadius: 2,
alignItems: "center",
},
```

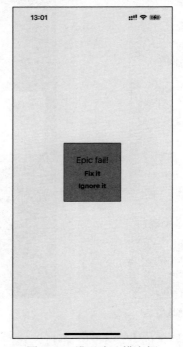

图 25.4　错误确认模态框

在 modalInner 样式属性中，已经定义了屏幕样式。接下来将定义模态样式。

```
modalInnerError: {
  backgroundColor: "lightcoral",
  borderColor: "darkred",
},

modalText: {
  fontSize: 16,
  margin: 5,
```

```
    color: "slategrey",
},

modalTextError: {
  fontSize: 18,
  color: "darkred",
},

modalButton: {
  fontWeight: "bold",
  margin: 5,
  color: "slategrey",
},

modalButtonError: {
  color: "black",
},
```

用户在成功确认时使用的模式样式仍在这里。这是因为错误确认模式需要许多相同的样式属性。

下面介绍如何将这两种方法应用到 Modal 组件中。

```
const innerViewStyle = [styles.modalInner, styles.modalInnerError];
const textStyle = [styles.modalText, styles.modalTextError];
const buttonStyle = [styles.modalButton, styles.modalButtonError];

type Props = ModalProps & {
  onPressConfirm: () => void;
  onPressCancel: () => void;
};

export default function ErrorModal({
  onPressConfirm,
  onPressCancel,
  ...modalProps
}: Props) {
  return (
    <Modal transparent onRequestClose={() => {}} {...modalProps}>
      <View style={styles.modalContainer}>
        <View style={innerViewStyle}>
          <Text style={textStyle}>Epic fail!</Text>
          <Text style={buttonStyle} onPress={onPressConfirm}>
```

```
        Fix it
      </Text>
      <Text style={buttonStyle} onPress={onPressCancel}>
        Ignore it
      </Text>
    </View>
   </View>
  </Modal>
 );
}
```

在将样式传递给样式组件属性之前，这些样式会被组合成数组。样式错误总是最后出现，因为相冲突的样式属性（如 backgroundColor）会被数组中后面的属性覆盖。

除了错误确认中的样式，还可以添加任何高级控件。这实际上取决于应用程序如何让用户处理错误：例如，可能会有几种处理方式。

然而，更常见的情况是出现了一些问题，除了确保用户意识到这一情况外，无能为力。在这种情况下，只需显示一个警告即可，如图 25.5 所示。

图 25.5　错误警告

　　现在已经能够显示需要用户参与的错误通知，接下来将了解一些不那么激进的通知，它们不会干扰用户当前正在进行的操作。

25.5　被　动　通　知

　　到目前为止，本章所检查的所有通知都要求用户输入。这是有意为之，因为这是强迫用户查看的重要信息。对于重要但被忽略也不会有重大影响的通知，可以使用被动通知。这些通知的显示方式比模态框更不明显，并且不需要任何用户操作来消除它们。

　　本节将创建一个使用 react-native-roottoast 库提供的 Toast API 的应用。它被称为 Toast API，因为显示的信息看起来像一片弹出的吐司。Toast 是 Android 中一个常见的组件，用于显示一些不需要用户响应的基本信息。由于 iOS 没有 Toast API，因此我们将使用一个库，该库实现了在两个平台上都能良好工作的类似 API。

　　以下是 App 组件的示例。

```
export default function PassiveNotifications() {
  return (
    <RootSiblingParent>
      <View style={styles.container}>
      <Text
        onPress={() => {
          Toast.show("Something happened!", {
            duration: Toast.durations.LONG,
          });
        }}
      >
        Show Notification
      </Text>
      </View>
    </RootSiblingParent>
  );
}
```

　　首先应该将应用程序封装在 RootSiblingParent 组件中，然后就可以使用 Toast API 了。要打开一个 Toast 通知，可以调用 Toast.show 方法。

　　图 25.6 显示了 Toast 通知的样式。

　　通知 Something happened!在屏幕底部显示，并在短暂的延迟后被移除。关键是这个通知并不那么明显。

图 25.7 显示了 iOS 设备上相同的 Toast 通知。

图 25.6　Android Toast 通知

图 25.7　iOS 通知

下一节将了解活动模态框，它可以向用户显示正在发生的事情。

25.6　活动模态框

本节将实现一个显示进度指示器的模态框。这里的想法是先显示模态，然后在 promise 解析后将其隐藏。下面是通用 Activity 组件的代码，使用 ActivityIndicator 显示一个模态框。

```
type ActivityProps = {
  visible: boolean;
  size?: "small" | "large";
};
```

```
export default function Activity({ visible, size = "large" }:
ActivityProps) {
  return (
    <Modal visible={visible} transparent>
      <View style={styles.modalContainer}>
        <ActivityIndicator size={size} />
      </View>
    </Modal>
  );
}
```

　　用户可能会想把 promise 传递给组件，这样当 promise 解析时，组件就会自动隐藏。这不是一个好主意，因为这样一来，就必须把状态引入这个组件中。此外，还需要依赖 promise 才能运行。按照实现该组件的方式，可以根据 visible 属性来显示或隐藏模态框。

　　图 25.8 显示了活动模态框在 iOS 上的样子。

图 25.8　活动模态框

模态框上有一个半透明的背景，被放置在带有 Fetch Stuff...链接的主视图之上。单击此链接后，将显示活动加载器。以下是在 styles.js 中创建这种效果的方法。

```
modalContainer: {
   flex: 1,
   justifyContent: "center",
   alignItems: "center",
   backgroundColor: "rgba(0, 0, 0, 0.2)",
},
```

与其将实际的 Modal 组件设置为透明，不如在 backgroundColor 中设置透明度，这样可以营造出覆盖层的外观。现在，让我们来看一下控制此组件的代码。

```
export default function App() {

  const [fetching, setFetching] = useState(false);
  const [promise, setPromise] = useState(Promise.resolve());

  function onPress() {
    setPromise(
      new Promise((resolve) => setTimeout(resolve, 3000)).then(() => {
        setFetching(false);
      })
    );
    setFetching(true);
  }

  return (
    <View style={styles.container}>
      <Activity visible={fetching} />
      <Text onPress={onPress}>Fetch Stuff...</Text>
    </View>
  );
}
```

当单击获取链接时，会创建一个新的 promise，以模拟异步网络活动。然后，当该 promise 解析时，可以将 fetching 状态更改回 false，以便隐藏活动对话框。

25.7　本 章 小 结

本章讨论了向移动用户展示重要信息的必要性。有时涉及用户的明确反馈，即便是仅仅确认消息。在其他情况下，被动通知更为有效，因为它们比确认模态对话框更不明显。

　　我们可以使用两种工具向用户展示信息：模态对话框和警告框。模态对话框更加灵活，因为它们就像常规视图一样。警告框适用于显示纯文本，并且它们处理了样式问题。在 Android 上，我们还有 ToastAndroid 接口。另外，在 iOS 上也可以实现这一点，只是需要更多的工作。

　　第 26 章将深入探讨 React Native 中的手势响应系统，这将提供比浏览器更好的移动体验。

第26章 使 用 动 画

动画可以用来提升移动应用中的用户体验。它们通常帮助用户迅速认识到某些事物已经改变，或者帮助他们将注意力集中在重要的事情上。提高了用户体验和用户满意度。此外，动画本身看起来也很有趣。例如，当在 Instagram 应用中点赞帖子时的心跳反应，或者在刷新页面时 Snapchat 的幽灵动画。

在 React Native 中处理和控制动画有几种不同的方法。首先，我们将考察可以使用的动画工具，发现它们的优缺点，并进行比较。然后将实现几个示例，以便更好地了解 API。

本章主要涉及下列主题。
- 使用 React Native Reanimated。
- 动画布局组件。
- 动画组件样式。

26.1 技 术 要 求

读者可以在 GitHub 上找到本章的代码文件，地址为 https://github.com/PacktPublishing/React-and-React-Native-5E/tree/main/Chapter26。

26.2 使用 React Native Reanimated

在 React Native 的世界中，我们有许多库和方法来为组件添加动画，包括内置的 Animated API。本章将选择使用一个名为 React Native Reanimated 的库，并将其与 Animated API 进行比较，以了解为什么它是最佳选择。

26.3 Animated API

Animated API 是在 React Native 中为组件添加动画的最常用工具。它涵盖了一套方法，可以帮助创建动画对象、控制其状态并处理它。Animated API 的主要优点是，它可以与任何组件一起使用，而不仅仅是像 View 或 Text 这样的动画组件。

然而，该 API 是在 React Native 的旧架构中实现的。动画 API 使用 JavaScript 和 UI 原生线程之间的异步通信，更新至少延迟一帧，持续时间约为 16 毫秒。有时，如果 JavaScript 线程同时运行 React 的 diff 算法并比较或处理网络请求，延迟时间可能会更长。使用 React Native Reanimated 库可以解决掉帧或延迟帧的问题，该库基于新架构，可以在 UI 线程中处理 JavaScript 线程的所有业务逻辑。

26.3.1　React Native Reanimated

React Native Reanimated 可以用来提供更全面的抽象化 Animated API，以便与 React Native 一起使用。它提供了一个带有多阶段动画和自定义转换的命令式 API，同时提供了一个声明式 API，可以用来描述简单的动画和转换，类似 CSS 转换的工作方式。它建立在 React Native Animated 之上，并在本地线程上重新实现了它。这使用户能够使用熟悉的 JavaScript 语言，同时利用最高性能和简单的 API。

此外，React Native Reanimated 还定义了 worklet，即可以在用户界面线程内同步执行的 JavaScript 函数。这样就可以立即执行动画，而无须等待新的帧。让我们来看看简单的 worklet 是什么样子的。

```
function simpleWorklet() {
  "worklet";
  console.log("Hello from UI thread");
}
```

为了使 simpleWorklet() 函数在 UI 线程中被调用，唯一需要做的是在 function 块的顶部添加 worklet 指令。

React Native Reanimated 提供了多种钩子和方法帮助处理动画。

● useSharedValue()钩子：这个钩子返回一个 SharedValue 实例，这是主要的状态数据对象，它存在于 UI 线程上下文中，并且与核心 Animated API 中的 Animated.Value 概念相似。当 SharedValue 发生变化时，会触发 Reanimated 动画。它的主要的优点是，对共享值的更新可以在 React Native 和 UI 线程之间同步，而不会触发重新渲染。这使得复杂的动画能够以 60 FPS 的流畅度运行，而不会阻塞 JS 线程。

● useDerivedValue()钩子：这个钩子创建了一个新的共享值，每当其计算中使用的共享值发生变化时，它就会自动更新。它允许用户创建依赖其他共享值的共享值，同时保持它们所有的响应性。useDerivedValue 用于在 UI 线程上基于源共享值的更新创建派生状态的 worklet。然后，这个派生状态可以驱动动画或其他副效用，而不会在 JS 线程上触发重新渲染。

- useAnimatedStyle()钩子：这个钩子允许创建一个样式对象，它能够基于共享值来对其属性进行动画处理。它将共享值的更新映射到相应的视图属性。useAnimatedStyle 是将共享值连接到视图并启用在 UI 线程上运行的平滑动画的主要方式。

- withTiming、withSpring、withDecay：这些是动画实用程序方法，它们使用各种曲线和物理效果以平滑的动画方式更新共享值。它们允许通过指定目标值和动画配置来声明式地定义动画。

我们已经了解了 React Native Reanimated 是什么，以及它与 Animated API 的不同之处。接下来将尝试安装 React Native Reanimated 并将其应用到应用程序中。

26.3.2 安装 React Native Reanimated 库

要安装 React Native Reanimated 库，可在 Expo 项目中运行以下命令。

```
expo install react-native-reanimated
```

安装完成后，需要在 babel.config.js 中添加 Babel 插件。

```
module.exports = function(api) {
  api.cache(true);
  return {
    presets: ['babel-preset-expo'],
    plugins: ['react-native-reanimated/plugin'],
  };
};
```

该插件的主要目的是将 JavaScript worklet 函数转换为在 UI 线程中工作的函数。添加了 Babel 插件后，重新启动开发服务器并清除打包器缓存。

```
expo start -clear
```

本节介绍了 React Native Reanimated 库。我们发现它比内置的 Animated API 更加优秀。在接下来的部分中，我们将在实际示例中使用 React Native Reanimated 库。

26.4 动画布局组件

一个常见的用例是为组件的进入和退出布局添加动画。这意味着当组件首次渲染以及当卸载组件时，会出现动画效果。React Native Reanimated 是一个 API，允许对布局进行动画处理，并添加如 FadeIn、BounceIn 和 ZoomIn 等动画效果。

React Native Reanimated 还提供了一个特殊的 Animated 组件，它与 Animated API 中的 Animated 组件相同，但具有额外的属性。

- entering：在组件挂载并渲染时接收一个预定义的动画。
- exiting：接收相同的动画对象，但会在组件卸载时调用。

下面创建一个简单的待办事项列表，其中包含一个用于创建任务的按钮，以及一个功能，允许在单击时删除任务。

☑ 注意

截图无法展示动画效果，因此建议用户打开代码并尝试实现这些动画以查看结果。

首先查看一下待办事项列表应用的主屏幕，以及目前项目是如何渲染的，如图 26.1 所示。

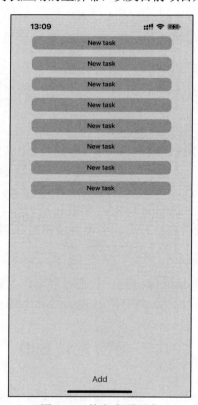

图 26.1　待办事项列表

这是一个简单的示例，包含一个任务项列表和一个用于添加新任务的按钮。当快速多次按下 **Add** 按钮时，列表项会以动画的形式从屏幕左侧进入，如图 26.2 所示。

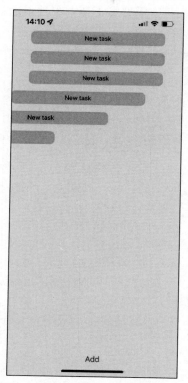

图 26.2　包含动画渲染的待办事项列表

这种魔法效果是在 **TodoItem** 组件中实现的，具体过程如下所示。

```
export const TodoItem = ({ id, title, onPress }) => {
  return (
    <Animated.View entering={SlideInLeft}
      exiting={SlideOutRight}>
      <TouchableOpacity onPress={() => onPress(id)}
        style={styles.todoItem}>
        <Text>{title}</Text>
      </TouchableOpacity>
    </Animated.View>
  );
};
```

可以看到，这里没有复杂的逻辑，代码量也不多。我们只是将 Animated 组件作为动画的根元素，并将来自 React Native Reanimated 库的预定义动画传递给 entering 和 exiting 属性。

要查看项目如何从屏幕上消失，需要按下待办事项以运行退出动画。现在已经按下了几个项目，并尝试在图 26.3 中捕捉结果。

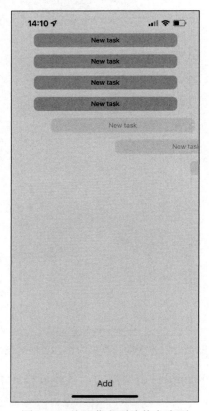

图 26.3　从屏幕上删除待办事项

应用程序组件的全貌如下所示。

```
export default function App() {
  const [todoList, setTodoList] = useState([]);
  const addTask = () => {
    setTodoList([
      ...todoList,
      { id: String(new Date().getTime()), title: "New task"
      },
```

```
    ]);
  };
  const deleteTask = (id) => {
    setTodoList(todoList.filter((todo) => todo.id !== id));
  };
```

我们使用 useState() 钩子创建了一个 todoList 状态,并为添加和删除任务提供了处理函数。接下来查看如何将动画应用到布局上。

```
return (
  <View style={styles.container}>
    <View style={{ flex: 1 }}>
      {todoList.map(({ id, title }) => (
        <TodoItem key={id} id={id} title={title}
          onPress={deleteTask} />
      ))}
    </View>
    <Button onPress={addTask} title="Add" />
  </View>
);
}
```

在这个例子中,我们学习了一种简单的方式来应用动画,使我们的应用程序看起来更好。然而,React Native Reanimated 库比我们想象的要强大得多。下一个例子展示如何通过直接将动画应用到组件的样式上来制作和创建动画。

26.5 动画组件样式

在一个更复杂的例子中,我们将创建一个带有单击反馈的按钮。这个按钮将使用第 23 章中学到的 Pressable 组件构建。该组件接收 onPressIn、onLongPress 和 onPressOut 事件。作为这些事件的结果,我们将能够看到触摸行为如何在按钮上反映出来。

首先定义 SharedValue 和 AnimatedStyle。

```
const radius = useSharedValue(30);
const opacity = useSharedValue(1);
const scale = useSharedValue(1);
const color = useSharedValue(0);

const backgroundColor = useDerivedValue(() => {
```

```
      return interpolateColor(color.value, [0, 1], ["orange", "red"]);
    });

const animatedStyles = useAnimatedStyle(() => {
  return {
    opacity: opacity.value,
    borderRadius: radius.value,
    transform: [{ scale: scale.value }],
    backgroundColor: backgroundColor.value,
  };
}, []);
```

为了对样式属性进行动画处理，我们使用 useSharedValue() 钩子创建了一个 SharedValue 对象。它接收默认值作为参数。接下来使用 useAnimatedStyle() 钩子创建了样式对象。该钩子接收一个回调函数，该回调函数应返回一个样式对象。useAnimatedStyle() 钩子类似 useMemo() 钩子，但所有计算都在 UI 线程中执行，并且所有 SharedValue 的更改都会调用该钩子以重新计算样式对象。按钮的背景颜色是使用 useDerivedValue 通过在橙色和红色之间插值来创建的，以提供平滑的过渡。

接下创建处理函数，这些函数将根据按钮的按压状态更新样式属性。

```
const onPressIn = () => {
  radius.value = withSpring(20);
  opacity.value = withSpring(0.7);
  scale.value = withSpring(0.9);
};
const onLongPress = () => {
  scale.value = withSpring(0.8);
  color.value = withSpring(1);
};
const onPressOut = () => {
  radius.value = withSpring(30);
  opacity.value = withSpring(1);
  scale.value = withSpring(1, { damping: 50 });
  color.value = withSpring(0);
};
```

第一个处理函数 onPressIn 会从默认值更新 borderRadius、opacity 和 scale。

此外，还使用 withSpring 更新这些值，这使得样式更新更加平滑。像第一个处理函数一样，其他处理函数也会更新按钮的样式，但方式不同。onLongPress 将按钮变为红色并使其变小。onPressOut 将所有值重置为默认值。

在实现了所有必要的逻辑后，现在可以将其应用到布局中。

```
<View style={styles.container}>
  <Animated.View style={{[styles.buttonContainer,
    animatedStyles]}}>
  <Pressable
    onPressIn={onPressIn}
    onPressOut={onPressOut}
    onLongPress={onLongPress}
    style={styles.button}
  >
    <Text style={styles.buttonText}>Press me</Text>
  </Pressable>
  </Animated.View>
</View>
```

最终结果如图 26.4 所示。

图 26.4　具有默认、按压和长按样式的按钮

图 26.4 显示了按钮的 3 种状态：默认、按压和长按。

26.6　本 章 小 结

本章学习了如何使用 React Native Reanimated 库为布局和组件添加动画。探讨了该库的基本原则，并阐述了幕后的工作原理，以及它是如何在不使用 Bridge 连接应用程序的 JavaScript 和 Native 层的情况下在 UI 线程内执行代码的。

本章还考察了 React Native Reanimated 库的相关示例。在第一个例子中，学习了如何使用预定义的声明式动画应用布局动画，使组件能够美观地出现和消失。在第二个例子中，使用 useSharedValue() 钩子和 useAnimatedStyle() 钩子对按钮的样式进行了动画处理。

动画组件和布局方面的技能可使应用程序更加美观和响应灵敏。第 27 章将学习如何控制应用程序中的图像。

第27章 控制图像显示

到目前为止，本书中的例子还没有在移动屏幕上渲染任何图像。这并不反映移动应用程序的现实情况。Web 应用程序展示了许多图像。原生移动应用程序甚至比 Web 应用程序更依赖图像，因为当用户拥有有限的空间时，图像是一个强大的工具。

本章将学习如何使用 React Native 的 Image 组件，并从加载不同来源的图像开始。接下来将学习如何使用 Image 组件调整图像大小，以及如何为延迟加载的图像设置占位符。最后将学习如何使用@expo/vector-icons 包实现图标。这些部分涵盖了在应用程序中使用图像和图标的最常见用例。

本章主要涉及下列主题。
- 加载图像。
- 调整图像大小。
- 延迟加载图像。
- 渲染图标。

27.1 技 术 要 求

读者可以在 GitHub 上找到本章的代码和图像文件，地址为 https://github.com/PacktPublishing/React-and-React-Native-5E/tree/main/Chapter27。

27.2 加 载 图 像

本节将介绍如何加载图像。用户可以渲染 <Image> 组件并像其他任何 React 组件一样传递其属性。但这个特定的组件需要图像 BLOB 数据才能发挥作用。BLOB（Binary Large Object 的缩写）是一种用于存储大型非结构化二进制数据的数据类型。BLOB 通常用于存储图像、音频和视频等多媒体文件。

首先查看下列代码。

```
const reactLogo = "https://reactnative.dev/docs/assets/favicon.png";
const relayLogo = require("./assets/relay.png");
```

```
export default function App() {
  return (
    <View style={styles.container}>
      <Image style={styles.image} source={{ uri: reactLogo }} />
      <Image style={styles.image} source={relayLogo} />
    </View>
  );
}
```

将 BLOB 数据加载到<Image>组件中有两种方式。第一种方式是从网络加载图像数据。这是通过传递一个带有 URI 属性的对象到 source 属性完成的。这个示例中的第二个<Image>组件正在使用本地图像文件。它通过调用 require()函数并将结果传递给 source 属性来实现这一点。

渲染后的结果如图 27.1 所示。

图 27.1　图像加载

下列代码展示了用于这些图像的样式。

```
image: {
  width: 100,
  height: 100,
  margin: 20,
},
```

注意，如果缺少 width 和 height 的样式属性，图像将无法渲染。下一节将学习当设置了宽度和高度值时，图像缩放是如何工作的。

27.3　调整图像大小

Image 组件的 width 和 height 样式属性决定了在屏幕上渲染的大小。例如，用户在某个时候需要处理分辨率更大的图像（相比于 React Native 应用程序显示的分辨率）。简单地设置 Image 上的 width 和 height 样式属性就足以适当地缩放图像。

查看下列代码，这些代码允许使用控件动态调整图像的尺寸。

```
export default function App() {
  const source = require("./assets/flux.png");
  const [width, setWidth] = useState(100);
  const [height, setHeight] = useState(100);

  return (
    <View style={styles.container}>
      <Image source={source} style={{ width, height }} />
      <Text>Width: {width}</Text>
      <Text>Height: {height}</Text>
      <Slider
        style={styles.slider}
        minimumValue={50}
        maximumValue={150}
        value={width}
        onValueChange={(value) => {
          setWidth(value);
          setHeight(value);
        }}
      />
    </View>
```

```
  );
}
```

如果使用的是默认的 100×100 尺寸，那么图像如图 27.2 所示。

图像的缩小版本如图 27.3 所示。

图 27.2　100×100 图像　　　　　　　　　　　图 27.3　50×50 图像

最后，图像的放大版本如图 27.4 所示。

☑ 注意

用户可以将一个名为 resizeMode 的属性传递给 Image 组件。这决定了缩放后的图像如何适应实际组件的尺寸。

读者将在 27.5 节看到此属性的实际应用。

可以看到，图像的尺寸由 width 和 height 样式属性控制。甚至可以在应用程序运行时通过更改这些值来调整图像大小。下一节将学习如何延迟加载图像。

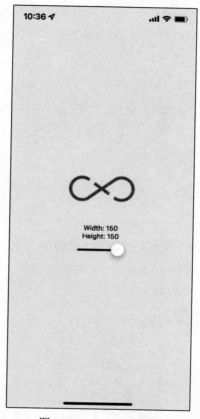

图 27.4　150×150 图像

27.4　延迟加载图像

有时，用户不一定希望图像在渲染的确切时刻加载。例如，用户可能正在渲染在屏幕上暂时不可见的内容。大多数情况下，在图像实际可见之前从网络获取图像源是完全可以接受的。但是，如果在微调应用程序时发现，通过网络加载大量图像会导致性能问题，那么可以使用延迟加载策略。

在移动环境中更常见的用例是处理这样的情况：用户已经渲染了一个或多个可见的图

像，但网络响应缓慢。在这种情况下，需要立即渲染一个占位符图像，以便用户看到一些内容，而不是空白区域。

首先可以实现一个抽象，它包装了在加载后显示的实际图像。以下是实现这一点的代码。

```
const placeholder = require("./assets/placeholder.png");
type PlaceholderProps = {
  loaded: boolean;
  style: StyleProp<ImageStyle>;
};

function Placeholder({ loaded, style }: PlaceholderProps) {
  if (loaded) {
    return null;
  } else {
    return <Image style={style} source={placeholder} />;
  }
}
```

这里，可以看到只有在原始图像未加载时才会渲染占位符图像。

```
type Props = {
  style: StyleProp<ImageStyle>;
  resizeMode: ImageProps["resizeMode"];
  source: ImageSourcePropType | null;
};

export default function LazyImage({ style, resizeMode, source }: Props) {
  const [loaded, setLoaded] = useState(false);

  return (
    <View style={style}>
      {!!source ? (
        <Image
          source={source}
          resizeMode={resizeMode}
          style={style}
          onLoad={() => {
            setLoaded(true);
          }}
        />
      ) : (
        <Placeholder loaded={loaded} style={style} />
```

```
    )}
  </View>
  );
}
```

该组件渲染了一个包含两个 Image 组件的 View 组件。它还有一个初始为 false 的 loaded 状态。当 loaded 为 false 时，会渲染占位符图像。当 onLoad()处理函数被调用时，loaded 状态设置为 true。这意味着占位符图像被移除，主图像被显示。

现在，让我们使用刚刚实现的 LazyImage 组件。渲染一个没有 source 的图像，应该会显示占位符图像。让我们添加一个按钮，为延迟加载的图像提供 source。当它加载时，占位符图像应该被替换。以下是主应用程序模块的代码。

```
const remote = "https://reactnative.dev/docs/assets/favicon.png";

export default function LazyLoading() {
  const [source, setSource] = useState<ImageSourcePropType | null>(null);

  return (
    <View style={styles.container}>
      <LazyImage
        style={{ width: 200, height: 150 }}
        resizeMode="contain"
        source={source}
      />
      <Button
        label="Load Remote"
        onPress={() => {
          setSource({ uri: remote });
        }}
      />
    </View>
  );
}
```

图 27.5 显示了屏幕最初的样式。

然后，单击 Load Remote 按钮，最终可以看到实际想要的图像，如图 27.6 所示。

根据网络速度的不同，即使在单击 Load Remote 按钮之后，占位符图像仍然可见。这是有意为之的，因为在确定实际图像准备好显示之前，用户不想移除占位符图像。现在，让我们在 React Native 应用程序中渲染一些图标。

图 27.5　图像的初始状态

图 27.6　加载后的图像

27.5　渲 染 图 标

本章的最后一节将学习如何在 React Native 组件中渲染图标。使用图标来表示含义可以使 Web 应用程序更加易用。那么，原生移动应用程序又有什么不同呢？

我们将使用@expo/vector-icons 包将各种矢量字体包引入 React Native 应用。这个包已经是应用程序基础的 Expo 项目的一部分，现在，可以导入 Icon 组件并渲染它们。让我们实现一个示例，根据选定的图标类别渲染几个 FontAwesome 图标。

```
export default function RenderingIcons() {
  const [selected, setSelected] = useState<IconsType>("web_app_icons");
```

```
const [listSource, setListSource] = useState<IconName[]>([]);
const categories = Object.keys(iconNames);

function updateListSource(selected: IconsType) {
  const listSource = iconNames[selected] as any;
  setListSource(listSource);
  setSelected(selected);
}

useEffect(() => {
  updateListSource(selected);
}, []);
```

这里已经定义了所有必要的逻辑来存储和更新图标数据。接下来将把它应用到布局中。

```
return (
  <View style={styles.container}>
    <View style={styles.picker}>
      <Picker selectedValue={selected} onValueChange={updateListSource}>
        {categories.map((category) => (
          <Picker.Item key={category} label={category} value={category}
/>
        ))}
      </Picker>
    </View>
    <FlatList
      style={styles.icons}
      data={listSource.map((value, key) => ({ key: key.toString(), value
}))}
      renderItem={({ item }) => (
        <View style={styles.item}>
          <Icon name={item.value} style={styles.itemIcon} />
          <Text style={styles.itemText}>{item.value}</Text>
        </View>
      )}
    />
  </View>
);
}
```

当运行这个示例时，对应结果如图 27.7 所示。

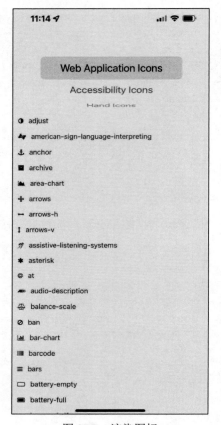

图 27.7　渲染图标

27.6　本 章 小 结

本章学习了如何处理 React Native 应用程序中的图像。在原生应用程序中，图像的重要性与在 Web 环境中一样：它们提高了用户体验。

我们学习了加载图像的不同方法，以及如何调整大小。此外还学习了如何实现延迟加载图像，即在实际图像加载时显示占位符图像。最后学习了如何在 React Native 应用程序中使用图标。这些技能将帮助管理图像，使应用程序更具有信息性。

第 28 章将学习 React Native 中的本地存储，这在应用程序离线时非常有用。

第28章 离 线 使 用

用户期望应用程序能够在不稳定的网络连接下无缝运行。如果移动应用程序无法应对短暂的网络问题，那么用户将会选择使用不同的应用程序。当没有网络时，必须在设备上本地持久化数据。或者，应用程序根本不需要网络访问，在这种情况下，仍然需要本地存储数据。

本章将学习如何使用 React Native 完成 3 件事。首先将学习如何检测网络连接的状态。其次将学习如何本地存储数据。最后将学习如何在网络恢复后同步因网络问题而存储的本地数据。

本章主要涉及下列主题。

- 检测网络状态。
- 存储应用程序数据。
- 同步应用程序数据。

28.1 技 术 要 求

读者可以在 GitHub 上找到本章的代码文件，地址为 https://github.com/PacktPublishing/React-and-React-Native-5E/tree/main/Chapter28。

28.2 检 测 网 络 状 态

代码尝试在断开连接时使用 fetch()函数进行网络请求将会发生错误。开发者可能已经为这些情况设置了错误处理代码，因为服务器可能会返回其他类型的错误。

然而，在连接出现问题的情况下，希望在用户尝试进行网络请求之前检测到这个问题。主动检测网络状态有两个潜在原因。第一是为了在检测到应用程序重新在线之前防止用户执行任何网络请求。为此，可以向用户显示一个友好的消息，说明由于网络已断开，他们无法执行任何操作。早期网络状态检测的另一个可能的好处是，可以准备离线执行操作，并在网络再次连接时同步应用程序状态。

让我们来看一些代码，这些代码使用来自 @react-native-community/netinfo 包的 NetInfo 实用工具来处理网络状态的变化。

```
const connectedMap = {
  none: "Disconnected",
  unknown: "Disconnected",
  cellular: "Connected",
  wifi: "Connected",
  bluetooth: "Connected",
  ethernet: "Connected",
  wimax: "Connected",
  vpn: "Connected",
  other: "Connected",
} as const;
```

connectedMap 涵盖了所有连接状态，并将帮助我们在屏幕上渲染它们。现在，让我们看看 App 组件。

```
export default function App() {
  const [connected, setConnected] = useState("");

  useEffect(() => {
    function onNetworkChange(connection: NetInfoState) {
      const type = connection.type;
      setConnected(connectedMap[type]);
    }

    const unsubscribe = NetInfo.addEventListener(onNetworkChange);

    return () => {
      unsubscribe();
    };
  }, []);

  return (
    <View style={styles.container}>
      <Text>{connected}</Text>
    </View>
  );
}
```

该组件将根据 connectedMap 中的字符串值渲染网络状态。NetInfo 对象的 onNetworkChange

事件将导致连接状态发生变化。

例如，当第一次运行这个应用程序时，屏幕看起来如图 28.1 所示。

然后，如果关闭宿主机上的网络连接，模拟设备的网络状态也会随之改变，导致应用程序的状态发生变化，如图 28.2 所示。

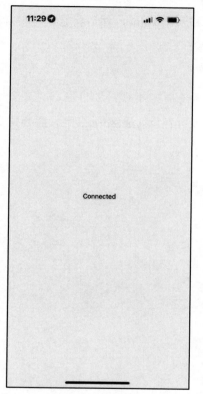

图 28.1　连接状态

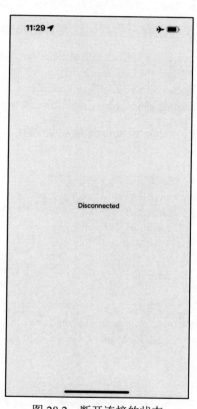

图 28.2　断开连接的状态

这就是可以在应用程序中使用网络状态检测的方式。如上所述，除了显示消息，还可以使用网络状态来防止用户进行 API 请求。另一种有价值的方法是，在网络重新在线之前将用户输入保存在本地，稍后将对此进行讨论。

28.3　存储应用程序数据

要在设备上存储数据，有一种名为 AsyncStorage API 的特殊跨平台解决方案。它在 iOS

和 Android 平台上的工作原理相同。需要将此 API 用于首先不需要任何网络连接的应用程序，或者用于存储数据，这些数据最终将在网络可用后使用 API 端点进行同步。

要安装 async-storage 软件包，可运行以下命令。

```
npx expo install @react-native-async-storage/async-storage
```

让我们查看一些代码，允许用户输入一个 key 和一个 value，然后将它们存储起来。

```
export default function App() {
  const [key, setKey] = useState("");
  const [value, setValue] = useState("");
  const [source, setSource] = useState<KeyValuePair[]>([]);
```

key、value 和 source 值将处理状态。为了将其保存在 AsyncStorage 中，需要定义下列函数。

```
function setItem() {
  return AsyncStorage.setItem(key, value)
    .then(() => {
      setKey("");
      setValue("");
    })
    .then(loadItems);
}

function clearItems() {
  return AsyncStorage.clear();
}

async function loadItems() {
  const keys = await AsyncStorage.getAllKeys();
  const values = await AsyncStorage.multiGet(keys);
  setSource([...values]);
}

useEffect(() => {
  loadItems();
}, []);
```

我们已经定义了处理程序来保存输入框中的值，并清除 AsyncStorage，以及在启动应用程序时加载保存的项目。以下是 App 组件渲染的标记。

```
return (
  <View style={styles.container}>
    <Text>Key:</Text>
    <TextInput
      style={styles.input}
      value={key}
      onChangeText={(v) => {
        setKey(v);
      }}
    />
    <Text>Value:</Text>
    <TextInput
      style={styles.input}
      value={value}
      onChangeText={(v) => {
        setValue(v);
      }}
    />
    <View style={styles.controls}>
      <Button label="Add" onPress={setItem} />
      <Button label="Clear" onPress={clearItems} />
    </View>
```

上述代码块中的标记被表示为用于创建、保存和删除项目的输入框和按钮。接下来将使用 FlatList 组件渲染项目列表。

```
    <View style={styles.list}>
      <FlatList
        data={source.map(([key, value]) => ({
          key: key.toString(),
          value,
        }))}
        renderItem={({ item: { value, key } }) => (
          <Text>
            {value} ({key})
          </Text>
        )}
      />
    </View>
  </View>
);
```

　　在了解这段代码的作用之前，看一下如图 28.3 所示的屏幕，因为它将解释在存储应用程序数据时将要涵盖的大部分内容。

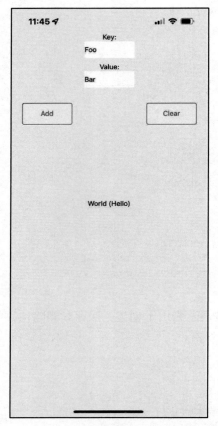

图 28.3　存储应用程序数据

　　图 28.3 显示了两个输入框和两个按钮，并允许用户输入一个新的 key 和 value。Add 按钮允许用户将此键值对本地存储在他们的设备上，而 Clear 按钮清除之前已存储的任何项目。

　　AsyncStorage API 在 iOS 和 Android 上的工作原理是相同的。然而，在底层，AsyncStorage 的工作方式因其运行的平台不同而有很大差异。React Native 能够在这两个平台上提供相同的存储 API，这得益于其简单性：它只涉及键值对。任何比这更复杂的功能都留给应用开发者来实现。

　　在这个例子中，我们围绕 AsyncStorage 创建的抽象是最基本的。核心思想是设置和获取项目。然而，即便是这样直接的操作也值得拥有一个抽象层。例如，这里实现的 setItem()

方法将发起对 AsyncStorage 的异步调用,并在完成时更新项目的 state。加载项目更加复杂,因为需要将获取键和值作为两个独立的异步操作来执行。

这样做是为了保持用户界面的响应速度。如果在将数据写入磁盘的过程中需要进行屏幕重绘,那么通过阻塞来阻止屏幕重绘将会导致次优的用户体验。

下一节将了解如何在设备重新联机后将设备离线时本地存储的数据与远程服务同步。

28.4 同步应用程序数据

到目前为止,读者已经学习了如何检测网络连接的状态以及如何在 React Native 应用程序中本地存储数据。接下来将把这两个概念结合起来,实现一个能够检测网络中断并继续运行的应用程序。

其基本思想是,只有在确定设备在线时才发出网络请求。如果知道设备不在线,则可以在本地存储任何状态变化。然后,当重新在线时,就可以将这些存储的更改与远程 API 同步。

让我们实现一个简化的 React Native 应用程序来完成这项任务。第一步是实现一个抽象层,它位于 React 组件和存储数据的网络调用之间,我们将这个模块称为 store.ts。

```
export function set(key: Key, value: boolean) {
  return new Promise((resolve, reject) => {
    if (connected) {
      fakeNetworkData[key] = value;
      resolve(true);
    } else {
      AsyncStorage.setItem(key, value.toString()).then(
        () => {

          unsynced.push(key);

          resolve(false);
        },
        (err) => reject(err)
      );
    }
  });
}
```

set 方法依赖 connected 变量,根据是否有互联网连接,处理不同的逻辑。实际上,get

方法也遵循相同的方案。

```
export function get(key?: Key): Promise<boolean | typeof fakeNetworkData>
{
  return new Promise((resolve, reject) => {

    if (connected) {
      resolve(key ? fakeNetworkData[key] : fakeNetworkData);
    } else if (key) {
      AsyncStorage.getItem(key)
        .then((item) => resolve(item === "true"))
        .catch((err) => reject(err));
    } else {
      AsyncStorage.getAllKeys()
        .then((keys) =>
          AsyncStorage.multiGet(keys).then((items) =>
            resolve(Object.fromEntries(items) as any)
          )
        )
        .catch((err) => reject(err));
    }
  });
}
```

该模块导出了两个函数，set()函数和 get()函数。它们分别用于设置和获取数据。由于这只是一个展示如何在本地存储和网络端点之间同步的示例，该模块仅使用 fakeNetworkData 对象模拟实际网络。

我们先来看看 set()函数。这是一个异步函数，总是返回一个解析为布尔值的 promise。如果返回值为 true，则表示在线，且网络调用成功。如果为 false，则表示处于离线状态，并且使用了 AsyncStorage 来保存数据。

get()函数也采用了同样的方法。它返回一个 promise，该 promise 解析了一个表示网络状态的布尔值。如果提供了键参数，则会查找该键的值。否则，将从网络或 AsyncStorage 返回所有值。

除了这两个函数，该模块还完成了以下两项内容。

```
NetInfo.fetch().then(
  (connection) => {
    connected = ["wifi", "unknown"].includes(connection.type);
  },
  () => {
```

```
      connected = false;
    }
  }
);
NetInfo.addEventListener((connection) => {
  connected = ["wifi", "unknown"].includes(connection.type);

  if (connected && unsynced.length) {
    AsyncStorage.multiGet(unsynced).then((items) => {
      items.forEach(([key, val]) => set(key as Key, val === "true"));
      unsynced.length = 0;
    });
  }
});
```

它使用 NetInfo.fetch()来设置连接状态。然后添加了一个监听器来监听网络状态的变化。这就是当离线时本地保存的项目如何在重新连接网络时与网络同步的方式。

现在，让我们看看使用这些函数的主要应用程序。

```
export default function App() {
  const [message, setMessage] = useState<string | null>(null);
  const [first, setFirst] = useState(false);
  const [second, setSecond] = useState(false);
  const [third, setThird] = useState(false);
  const setters = new Map([
    ["first", setFirst],
    ["second", setSecond],
    ["third", setThird],
  ]);
```

这里定义了将在 Switch 组件中使用的 state 变量。

```
function save(key: Key) {
  return (value: boolean) => {
    set(key, value).then(
      (connected) => {
        setters.get(key)?.(value);
        setMessage(connected ? null : "Saved Offline");
      },
      (err) => {
        setMessage(err);
      }
    );
```

```
    };
}
```

save()函数帮助我们在不同的 Switch 组件中重用逻辑。接下来是 useEffect() 钩子，在页面首次渲染时获取保存的数据。

```
useEffect(() => {
  NetInfo.fetch().then(() =>
    get().then(
      (items) => {
        for (let [key, value] of Object.entries(items)) {
          setters.get(key)?.(value);
        }
      },
      (err) => {
        setMessage(err);
      }
    )
  );
}, []);
```

接下来查看页面的最终标记。

```
return (
  <View style={styles.container}>
    <Text>{message}</Text>
    <View>
      <Text>First</Text>
      <Switch value={first} onValueChange={save("first")} />
    </View>
    <View>
      <Text>Second</Text>
      <Switch value={second} onValueChange={save("second")} />
    </View>
    <View>
      <Text>Third</Text>
      <Switch value={third} onValueChange={save("third")} />
    </View>
  </View>
);
```

App 组件的任务是保存 3 个 Switch 组件的状态，这在为用户提供在线和离线模式之间的无缝过渡时是具有挑战性的。幸运的是，另一个模块中实现的 set()函数和 get()函数抽象隐藏了应用程序功能背后的大部分细节。

然而，在尝试加载任何项目之前，需要在该模块中检查网络状态。否则，get()函数将假定用户处于离线状态，即使连接是正常的。

图 28.4 显示了应用程序的状态。

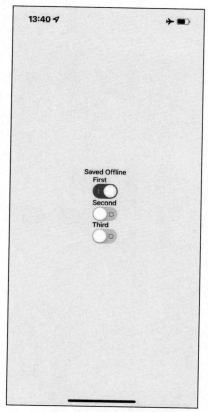

图 28.4　同步应用程序数据

注意，在更改用户界面中的内容之前，用户实际上不会看到 Saved Offline 信息。

28.5　本 章 小 结

本章介绍了如何在 React Native 应用程序中离线存储数据。在本地存储数据的主要原因是，当设备离线时，应用程序无法与远程 API 通信。不过，并非所有应用程序都需要调用 API，AsyncStorage 可用作通用存储机制，我们只需要围绕它实现适当的抽象。

　　除此之外，本章还学习了如何检测 React Native 应用程序的网络状态变化。知道设备何时离线非常重要，这样存储层就不会进行无意义的网络调用。相反，可以让用户知道设备已离线，然后在连接可用时同步应用程序状态。